阿德勒心理学经典文丛

The Practice and Theory of Individual Psychology

个体心理学实践与理论

〔奥〕阿尔弗雷德·阿德勒⊙著

谈艺喆⊙译

U0131635

台海出版社

图书在版编目(CIP)数据

个体心理学实践与理论 / (奥)阿尔弗雷德·阿德勒
著；谈艺喆译 . -- 北京：台海出版社，2023.3
ISBN 978-7-5168-3504-3

Ⅰ . ①个… Ⅱ . ①阿… ②谈… Ⅲ . ①个性心理学
Ⅳ . ① B848

中国国家版本馆CIP数据核字(2023)第033386号

个体心理学实践与理论

| 著　　者：〔奥〕阿尔弗雷德·阿德勒　　译　者：谈艺喆 |
| 出版人：蔡　旭　　　　　　　　　　封面设计：同人阁·书装设计 |
| 责任编辑：姚红梅 |

出版发行：台海出版社
地　　址：北京市东城区景山东街 20 号　　邮政编码：100009
电　　话：010 — 64041652（发行，邮购）
传　　真：010 — 84045799（总编室）
网　　址：www.taimeng.org.cn/thcbs/default.htm
E－mail：thcbs@126.com

经　　销：全国各地新华书店
印　　刷：涿州市京南印刷厂
本书如有破损、缺页、装订错误，请与本社联系调换

开　　本：880mm×1030mm　　　　1/32
字　　数：293 千字　　　　　　　印　张：12.5
版　　次：2023年3月第1版　　　　印　次：2023年7月第1次印刷
书　　号：ISBN 978-7-5168-3504-3
定　　价：98.00 元

前　言

　　个体心理学现在已经明确是一门科学，但其学科范围有限，且不容许任何的折中，这种不妥协并非源于其创立者的态度或意图，而是治疗过程中各种现象之间相互关联，且有不可动摇的逻辑关系。我们绝不会用其他心理学的原理代替人类心理学已经建立的基础原理，并且在长时间研究了精神生活的其他方面后，我们也绝不会对性的要素进行专门研究。调查显示，个体心理学涵盖了心理学的全部范畴，因此它能够全面地反映出人格不可分割的统一性。

　　我们对前辈们满怀敬意和钦佩，我们所取得的成绩仅仅是将前辈在个体心理学上的辉煌成就发展成一门科学；同时，我们还提出了迄今为止从未在心理学的文献中发现过的基本原理。

　　然而，这并不意味着我们对这门科学的进一步发展没有任何设想，我们目前关心的是，如何证明人格的统一性。现在，我们能更加迅速地将人类思维中最奇怪的异常现象，追溯到某种使我们无法应对现实的个人特性上。当前的教科书里，其中无意识部分已经划分出几个层次，每一个层次都可以成为患者对其病情无知的避难所。但是对我们来说，无意识主要表现为患者无法理解自己的冲动，这与其所处的社会环境有关。这一点与我们早期的结论相一致。我们越来越清楚地认识到，做梦是为了面对某个已经出现的问题所做的准备工作，依据对优越感的渴望，而后才以类比的方式提出问题。我们取消了传统的生活模式（最重要的防护措施之一），就可能出现神经质或性变态的行为，这表明把快乐与痛苦作为反社会行为的缘由是毫无价值的。即使采取了错误的做法，也可以随时修改，并采取进一步的防护措施。我们甚至清楚，他人暗示和自我暗示的影响只是一种局部现象，除非与整体环境联系起来，否则这些暗示永远无法得到合理的解释。

我们认为，所有形式的神经症和发育衰退都是自卑感和失望的表现，它们都有有力的证据。如果成功地治愈了这些疾病——甚至缓解最严重的病情——那么作为一种标准，它的实际应用就表明个体心理学在测试中表现良好。为了鼓励学生，我还想再补充一点，如果遵循一定的步骤，那么在第一次会诊时，我们的心理学家就可以对患者基本的心理错误有一个清晰的认识。这样，治愈之路就此启程。

阿尔弗雷德·阿德勒（Alfred Adler）

1923年10月23日于维也纳

目　录

第1章 个体心理学及其假设与结果

（1914年）

据调查，大多数心理学家的观点和理论在其调查范围和研究方法上都有一定的局限性，他们会有意识地将人类的经验和知识排除在研究之外。心理学家否认艺术、创新的视觉效果和直觉本身的价值，以及它们的重要性。然而，当实验心理学家为了确定心理反应的类型，收集和设计了这些实验现象时——确切地说，他们更关注的是心理活动的生理学表现，而其他心理学家仍在沿用传统的或者局部稍做调整的系统来呈现各种形式的表达和临床表现。由此，心理学家自然而然就会再次发现个体表达的心理活动与生理学表现之间的相互依存和联系，因为这些从一开始就会隐含在他们对心理学的示意性态度（schematic attitude）中。

心理学家要么采取上述的实验方法，要么尝试着用一个小型、可以测量出个体生理特征数据的方程式来构建心理状态和思维方式。尽管从这个角度来看，排除研究人员所有的主观思考和主观体验是一种优势，但实际上是人类的主观思考与主观体验控制着所有这些联系的本质。

这些方法以及它作为人类心理研究所体现的重要性，使我们想起一种过时且僵化的自然科学的分类法，如今它已完全被另一种观点所替代，这种新观点试图从相互关联的整体角度，从生物学、哲学和心理学方面研究生命的现象及其个体的变化。这也是心理学研究的目的所在，我称之为"比较个体心理学"（comparative individual-psychology）。一开始，我们先假设个体的统一性（unity of the individual），然后试图获得个体统一的人格图像，我们把这种人格图像看作是个体生命的临床表现和表达形式的一种变体。将不同的个体特征放在同一个层面进行相互比较，最终将其融合，形成一张完整的人物肖像，从而具有个体化的特征。[1]

　　想必大家已经注意到，这种观察人类心理活动的方法既不独特，也无创新。尽管也有其他的研究方法，但这种方法在儿童心理学的研究中尤其重要。无论是画家、雕刻家、音乐家还是诗人，这些艺术家的作品都会呈现出个人的一些创作特点，从这些作品的细微特征中，人们可以推测出艺术家的个性特征与创作原则，艺术家在创作时隐藏在作品中的个人想法就得以显现。在任何一个社会，如果没有科学的引领，人们会一直处于"将来要往何处去"的困惑之中。我们明确表示，科学引领的生活与此相反：任何个人在对一件事做出判断时，都力求切中要点，就是把自己所有的心理表现集中到这个目标上，如果有必要的话，他甚至可以集中到一个虚构的目标上。

　　我匆匆忙忙回家的时候，人们肯定能从我驾驶的马车、我的表情、我走路的步伐和姿态上看出来我是要回家了；不过，我的反应可能因为各种各样的原因，与人们预期的有所不同。但是，我们个体心理学家必须把握一个关键，让我们感兴趣的、实际的和心理学上的唯一的重点，就是这个人回家时要走的那条路。

─────────

　　[1] 威廉·斯特恩（William Stern）采用了一种不同的方法，得到了相同的结论。——原注（以下若无特别说明，均为原书注释）

如果知道一个人的目标是什么，我大致就能知道他接下来会有什么样的行动。我能够把他的每一个连续的动作按照它们的顺序排列，分析它们之间的联系，并纠正其中的错误；必要时，根据心理学知识对这些联系进行必要的调整。如果我只知道他做某事的原因、他的本能反应、反应时间、重复次数等，我还是无法知道他的内心深处到底有什么变化。

我们一定要记住：我们所观察的人如果不是朝着某个目标前进的话，他就不会知道自己该做什么。如果他不知道决定他"生命轨迹"的目标是什么，那么他的整个认知反应系统以及系统之间的因果联系，都让我们无法确定他接下来会采取的一系列行动。事实上，他的行动可以与任何心理上的反应相一致。在联想测试中，这种认知的不足表现得最明显。我从未想过一个绝望无助的人会把"树"与"绳子"联系起来；然而，当我知道一个人的目标居然是自杀的一刹那，我就能料到他所说的"树"与"绳子"的特定意义——我甚至会把刀子、毒药和武器从他身边拿走，放到远离他的地方。

如果更仔细地去研究这件事情，我们会发现所有精神事件的发展过程都具有以下规律：在没有认识到目标的时候，我们无法去思考、感受、希望或行动。因为世界上所有的因果关系都不足以化解未知的混乱，也难以消除无计划的状态。所有活动都会停滞在不受控制的探索阶段，我们的精神生活也无法按计划进行。如果我们的心理和思想不能合而为一，成为一个整体，那么我们的人格特征与个人风格就不会保持一致。在人与人之间的相互接触上，我们就会变成类似于阿米巴虫（单细胞生物）等级的生物体。

没有人会否认，给我们的精神生活设定一个目标，会让我们更好地适应现实生活。实际上，在个别的事例中，仍然存在着把现象和其固有的联系分割开的情况。从这个角度来看，一个婴儿或一个分娩后身体尚未恢复的妇女肯定没办法像正常人一样走路。如果没有任何理论的指导，处理这个问题的人自然会发现自己错失了问题的深层次意义。然而，事实却是在一个人迈出第一步之前，他就要明确自己的行动目标。

以同样的方式可以证明，人们所有的精神活动都是根据预先设定好的目标来确定一个方向。经过短暂的儿童心理发展阶段之后，所有短期的和部分可见的目标都是由一个预想中的终极目标来决定的，我们的感知是把终极目标认定为一个绝对固定的终点。换句话说，人类的精神生活就像一位优秀剧作家笔下所塑造的人物——他们一直在表演，完全融入剧情，直至谢幕。

因此，从个体心理学的角度无偏见地研究每种人格之后，我们可以得出一个重要的结论：如果要让我们了解某个人，只有把他的每一个心理现象都看作是他追求某个目标之前所做的准备，我们才能够真正掌握和理解个体心理的意义。

很显然，一旦我们意识到心理过程存在多样性的意义，这些过程已经将其从环境中剥离出来，在很大程度上促进了我们在心理学上理解这个概念。我们以一个"健忘的人"为例：假设他很清楚自己健忘的事实，并且在一次心理测试中，暴露出他复述无意义音节的能力很差的弱点。根据目前心理学的实用方法，我们更应该称之为"滥用"，可以得出以下推论：可能由于遗传或病理方面的原因，这个人缺乏这种复述无意义音节的能力。顺便补充一点，在这类调查研究中，我们通常会发现这一推论已经以不同的形式在前提中表述出来，我们只是在循环论证罢了。例如，在这种情况下，我们就会得出这样的结论：如果一个人记性不好，或者他只能记住几个单词，那么他的复述能力就会很差。

　　然而，个体心理学有完全不同的研究过程。我们先排除所有的生理原因，再探寻患者的记忆力很差，其背后有什么目的呢？我们只有对个体的整个生活环境做深入的了解，才有可能理解个体行为背后的深层原因。我们可能会发现下文所述的大量病例都展现了这样一种现象：患者试图向自己和他人证明，由于某些根本性的原因（这些原因无法说明或者处于潜意识的状态，但它们最明显的表现就是记忆力差），他才会拒绝做出某些特定的行为或某些给定的决定（如职业、学业、考试和婚姻方面的变化等）。我们应该把这种记忆力差视为一种行为倾向，并且将其进一步理解为个体对抗各项生活任务的一种方式。在每一次对患者进行复述能力的测试时，都可能会出现由于个体心理活动而产生的记忆力差的现象。接下来要问的是，这种缺陷或不幸是如何产生的呢？它们可能是患者事先"计划好的"：他故意强调自身已有的生理缺陷，并将其解释为个体的疾病。另一些心理缺陷则可能是因为患者在主观上处于一种非正常的状态，沉迷于危险的悲观预期，从而削弱了他们对自己能力的信心，无法完全展现自己的能力、注意力或意志力。

　　在有关情感的病例中，我们也可以观察到类似的现象。以一位患有间歇性焦虑症（anxiety recurring at certain intervals）的女士为例，如果我们没有发现患者有其他的疾病史，就可以假定她患有某种遗传性疾病、血管舒缩系统（vaso-motor system）疾病或迷走神经（vagus nerve）疾病等。如果我们在患者之前的病史中发现了一些可怕的人生经历或创伤记录，并且这些经历都与她的疾病相关，那么我们可能对这个患者就有了更全面的了解。然而，我们在研究她的个性与个人意志力时，发现一种过度发展的权力意志（will-to-power），即患者把焦虑作为一种攻击性武器，与这种权力意志相互关联。一旦这种权力意志有所削弱，它与焦虑情绪之间所达成的平衡就会消失，这时焦虑的情绪就会爆发出一定的影响力。例如，患者的丈夫未经她的允许就擅自出门，她的权力意志受到藐视，于是她就变得非常焦虑不安。

个体心理学这门科学需要一个明显的个性化过程，因此我们不能对其过于泛化。为了对患者进行一般性的指导，我提出一条规则：一旦个体的精神活动或人生计划的目标得到认可，我们就可以假定个体的所有活动都将与其一生的目标相吻合。

这个表述有几个小的附加条件，这样可以使它的适用范围更广一些。即使把这个原则倒转过来，它仍然适用：只要把个体本身能够正确理解的所有局部行为结合起来，就可以形成个体完整的人生计划和最终目标。因此，我们坚持认为，在无须考虑倾向、环境和经验的情况下，所有的精神力量都会受到一种指导思想的控制，所有的情感、知觉、思维、意愿、行为、梦想以及精神病理学现象等，都被一个统一的人生目标所支配。我想说明一点：个体的主观评价比他的能力范围、人生经历和所处的环境更重要，而且这种评价与现实之间往往有一定的不同寻常的关系。然而，这种评价通常会让我们产生一种永久的自卑情绪。这种情绪取决于我们大脑中的潜意识的思维机制、想象中的目标，以及我们对最终补偿的尝试和生命计划。

很多人都有"权力意志"。到目前为止，我所讨论的内容与研究"理解心理学"或"人格心理学"的理论家所讨论的内容一样令人生气，因为他们总是在即将告诉我们他们究竟研究出了什么成果时戛然而止，比如雅斯贝尔斯（Jaspers）。如果只是简单地讨论调查研究，即个体心理学这一方面的结果，那是非常危险的。因此，为了全面地了解和研究个体心理学，我们必须把生命中的动态活动转变成静态的文字和图像，忽略其中的差异，得到统一的规则；简言之，我们在描述个体心理学时走了弯路，而在实际的患者治疗中绝不能犯同样的错误：正如弗洛伊德（Freud）学派尝试的那样，用一条"没有情感"的规则来研究个体的精神生活。

接下来是我的假设，我会向大家呈现出我在精神生活的研究中所得到的最重要的结论。请允许我再次强调这样一个事实：我即将描述的是精神生活的动态性，一种对健康人士和患者同样适用的动态性。神经症患者的个体与健康的个体之间的区别在于，前者的生命计划中充满了更加强烈的保护性倾向，而在"设定目标"和依据目标进行相应调整的生命计划上二者没有本质的区别。

因此，我将谈到个体的整体目标。一项全面深入的研究告诉我们，一旦我们认识到一个普遍的前提，即精神活动具有追求优越感的目标，我们就能够完全理解个体的各种心理活动。伟大的思想家们已经提出过很多与此类似的观点；在某种程度上，大家都知道这个事实。而在大多数情况下，它却隐藏在黑暗之中，只有在个体精神错乱或欣喜若狂的情况下才会呈现在人们的面前。一个人无论是想成为艺术家，在职业领域里出类拔萃，还是想在家中成为"一家之主"，上能通天，与神对话；下能彻地，目空一切。无论他经历过多么大的世间苦难，每个人都必须尊他为大。在他人生的每一段旅程中，无论是在追求难以企及的理想，还是古老的神灵，他都超越了一切限制和规范。在优越感的驱使下，他向往着能像神一样控制他人，并且坚信自己具有神奇的魔力。谈恋爱时，他渴望体验到自己凌驾于伴侣之上的权力；在职业选择中，他的脑海里幻想着各种各样夸大的期望和忧虑；在对复仇的期盼中，他幻想着扫除一切障碍，赢得一场自杀式的胜利。为了控制一件物品或者一个人，他通常会用最直接的手段，表现出勇敢无畏、骄傲自满、盛气凌人、固执己见、残暴不仁的性格。另一方面，他在经验的驱使下，宁愿走迂回的道路，采取顺从、屈服、温和与谦逊的方式来赢得胜利。性格特征也不是独立存在的，因为它们都会因人而异，以适应个体的生命计划，它们真正代表了个体为冲突而做的最重要的准备。

虽然有时候他们对优越感目标的追求表现出非常奇怪的行为，但这个目标并不是来自现实世界。从本质上讲，它是来自"虚构"和"想象"的范畴。在这些观点中，汉斯·费英格[1]（Hans Vaihinger,1852—1933，德国哲学家）在《仿佛哲学》（*The Philosophy of 'As If'*）里说得非常正确：尽管目标本身没有意义，但是它们在实践中却具有重要的意义。就我们的研究而言，这一巧合可以让我们得出这样的结论：从现实的角度来看，这种优越感目标的虚构荒谬至极，但它已经成为我们现实生活中的主要部分。正是追求优越感这件事，教会了我们如何辨别个体之间的差异，感受

---

[1] 费英格（Hans Vaihinger, 1852—1933），19世纪的德国哲学家，新康德主义哲学家。他在认识论、科学哲学和数学哲学以及哲学史学方面做出了重要贡献。他受到伊曼努尔·康德（Immanuel Kant）、亚瑟·叔本华（Arthur Schopenhauer）和弗里德里希·朗格（Friedrich Albert Lange）等哲学的影响，提出"虚构"理论作为其"仿佛"（as if）哲学的基础，被认为在实用主义方向发展了康德主义。主要哲学著作为《死亡哲学》（*Die Philosophie des Als Ob*, 1911），即《"仿佛"哲学》（*The Philosophy of 'As if'*）。他认为人类为了在非理性、无序的世界安宁地生存下去，甘于接受"虚构"与谎言。人类为了生存，必须对现实的各种现象创立各种"虚构"的解释，"仿佛"相信这种反映现实的方法是有理性根据的，而将有逻辑矛盾的部分忽视，置之不理。其他著作有《超验美学》和《范畴的超验演绎》。——译者注

到内心的平衡，获得安全感，并塑造和指导我们的行为和日常活动，促使我们勇往直前地追求精神目标，从而完善自我。当然，它也将一种敌对和斗争的倾向引入我们的生活之中，让我们的情感变得复杂多样，而且总是让我们与现实产生隔阂，因为它让我们的内心充满了试图超越现实的想法。无论是谁，只要是个认真而严肃的人，哪怕是按照字面的意义去追求这种像神一样的目标，在生活中寻求生命的真谛，他很快就会逃离现实生活并做出妥协；如果幸运的话，他会通过艺术与现实生活达成妥协，但更多的人却会选择宗教崇拜，患上神经症疾病，或走上犯罪的道路。[1]

　　我在此不做详细的介绍，但是，从每个个体身上，我们都能清楚地看到他们这种超凡脱俗的目标。有时我们是从他们的行为举止中看到的，有时是在他们的需求和期望中表现出来的，有时也能在他们模糊的记忆、幻想和梦境中寻到蛛丝马迹。如果我们刻意去寻找它，反而很难找到。然而，个体在生理上和心理上所表现出来的态度都清楚地表明，这种目标源于我们对权力的追求，其本身就承载着一个完美的理想。在那些神经症的病例中，我们总会发现患者自身与环境、与逝者、与古代英雄之间有一种强烈的对立现象。

　　我们很容易就能验证这种解释的正确性。如果每个个体心中都想拥有一种理想化的优越感，就像我们在神经质的人身上发现的那种夸张的优越感，那么我们会发现人们想要压迫、贬低和轻视他人也就不足为奇了。而个体身上表现出的性格特点，比如心胸狭隘、独断专行、嫉妒、幸灾乐祸、自负、自夸、不信任、贪婪等，所有这些都是可以替代实质性争斗和冲突的态度。虽然个

---

[1] 参考本书第8章《距离产生的问题》的内容。

体出于自我保护而需要这些态度，但是它们对个体的重要意义远远超过个体的实际需求。

同样地，除了在追寻终极目标时，个体表现出热情与自信之外，他们身上也可以同时或交替地表现出骄傲、好胜、勇敢、挽救他人、帮助他人与指导他人的性格或品德。心理学的调查研究要求研究者必须秉持客观的立场，他们的道德评价不会干扰调查的结果。事实上，个体不同的性格特征会中和研究者的善恶标准。最后，我们必须理解这些充满敌意的特征，神经症患者尤其隐藏得比较深，所以当我们注意到患者的这些敌意特征时，患者感到震惊和恼怒也就无可厚非了。比如，在有两个孩子的家庭中，年长的孩子会通过蔑视他人和固执己见来攫取自己在家庭中的权力，而这也会造成令人不愉快的局面。年幼的孩子则会采用更聪明的做法，以顺从者的身份成功地变成家庭的小可爱，他所有的愿望都得到了满足。随着野心不断地刺激这个年长的孩子，他身上所有的服从意愿都遭到摧毁，并且形成了病态的强迫现象。即使父母注意到年长孩子努力地服从他们，可是因为他所具有的强迫性思维，父母的每一个命令对他都没有任何效果，因此，年长孩子用强迫性的思维方式指使自己服从父母的一切行为也会立刻消失殆尽。由此可见，年幼的孩子为了和年长的孩子达到同样的目的，他采用了一种更加聪明的手段。

就儿童而言，在他们的幼年时期，他们对权力和优越感的追求都会竭尽全力地表现出来，但是，他们只能接受那些不变的、真实的、生理学上根深蒂固的社会情感（community-feeling）所允许的东西。他们从这些认识中逐渐形成了温柔的个性、对邻居的友善态度，还拥有了友谊和爱情。他们对权力的渴望只能用一种含蓄的方式表现出来，并按照群体意识（group consciousness）[1]所允许的方式暗暗地寻找自己的发展之路。

在此，请允许我特别强调一个早已形成的基本观念：所有的人都了解人性。个体身上的每一种明显态度的形成，都可以追溯到他的童年时代。在幼儿园时，个体对未来的所有态度就已经形成并准备好。个体只有通过高度的自省，或通过医生对患有神经症的个体进行个体心理学的分析治疗，他们才能从根本上改变已有的这些态度。

我用一个常见的病例来更加详细地讨论神经症患者是如何设定目标的。一个非常有才华的男子，举止文雅，彬彬有礼，赢得了一位品德高尚的女孩的芳心，并与她订了婚。然后他将自己的教育理念强加到这个女孩身上，对她提出了非常苛刻的要求。开始的一段时间，女孩还忍受着这些难以承受的压力，但最终还是与男子断绝了关系，结束了男子对她更进一步的折磨。随后，这位男子的精神一下子就崩溃了，心理上受到了打击，患上了精神疾病。医生对该男子进行个体心理学的检查表明，正如对未婚妻专横跋扈的要求，他的那些优越感目标早就把他脑海里所有结婚的念头抹杀掉了。他的真实目标就是偷偷地悔婚，他之所以偷偷地进行，是因为他觉得自己无法与想象中的婚姻生活进行公开的抗争。他的这种不自信可以追溯到他的童年时期。那时，他是家里的独生子，与自己早年守寡的母亲一起生活，他多少有点儿与世隔绝。在此期间，他经常和母亲争吵，这给他留下了难以磨灭的印象，他从未敢公开承认自己的这种印象：他没有足够的男子气概，觉得自己应付不了女人。这种心理上的态度就是一种永久

---

[1] 所谓群体意识是指群体成员共同具有的信仰、价值观和规范准则等，是共同性和特殊性的统一。群体意识是群体实践的结果，是对群体共同的社会生活的反映。群体意识是以共同价值观的认定和实现为核心内容，伴之以归属感等情感。——译者注

的自卑感，所以人们很容易就理解为，这种心理上的态度确实干扰了他的现实生活，强迫他通过其他非正常的方式，而不是符合现实社会所要求的方式来获得威信。

很明显，这位患者达到了自己的目的，他准备悄悄地独自生活，他对终身伴侣的恐惧以及由此引发的争吵和不安，已经在他的内心生根发芽。不可否认的是，他对自己的未婚妻和母亲采取了同样的态度，也就是说他想要征服她们。这种由渴望胜利而引发的态度，被弗洛伊德学派严重曲解为恋母情结的永久性乱伦。事实上，这种强烈的童年自卑感是由患者与母亲之间的痛苦关系造成的，同时也促使他采取各种防护措施，以避免在日后的生活中与妻子发生任何争吵。无论我们如何理解爱的定义，在这种特殊的病例中，这种强烈的童年自卑感只是这个男人达到其目的的一种手段，而这个目的就是确保最终战胜某个可以与他结婚的女人。由此，我们就可以理解这个男人不断对未婚妻施压、命令和取消婚约的缘由了。这种手段并不是"偶然发生"的，恰恰相反，他曾在自己母亲身上使用过，并且精心安排之后才使用的。他根本不会遭遇婚姻失败的问题，因为他从一开始就不能接受婚姻。

尽管这个男人的行为并没有任何令人费解的地方，他那种盛气凌人的态度不过是他假借爱情而做出的攻击性行为，但是我们有必要做一些解释，来说明他精神崩溃的事实其实是不太容易理解的，由此我们才真正地走进了神经症心理学的研究领域。这位患者曾在幼儿园的时候遭到一名女生的欺凌。在这样的情况下，该患者就会加强自我保护，退避到一个远离危险的地方。[1]患者

---

[1] 参见本书第8章的《距离产生的问题》。

正是利用自己的崩溃情绪来滋长内心痛苦的回忆，从而再次让他明白，他在心理上战胜母亲和未婚妻是有罪的，他是以不利于女性的方式解决婚姻问题的。这就使得他在未来的生活中更加地谨慎行事，甚至是彻底告别爱情与婚姻！这个男人现在正值而立之年。我们假设一下，他在以后的十年或二十年里继续忍受着自己的痛苦，而且他还要花同样长的时间来"悼念"自己失去的理想。所以，他会以此保护自己免受爱情的伤害，也让自己永远不再面临失恋。

就像他小时候拒绝吃饭、睡觉或想做其他事情时，他就会把自己装成将死之人，用那些老旧的但现在被强化的经验来解释自己的精神崩溃。他的命运越来越走向低谷，他使未婚妻因为她的悔婚而背负着所有的耻辱，但他本人却在社会环境里与个人品德上都比她显得更加优秀。你瞧，他已经达到自己渴求的目的了，因为他成了那个看起来更加优秀的人，他成了看起来更好的男人，而他的未婚妻却成了罪人。任何女孩都无法应付他这样的男人。他以这种方式完成了孩提时代的夙愿，成功地向所有人展示出他比女性更优越，他战胜了女性。

我们现在可以理解，这种神经症患者的表现永远是不确定的，患者本人也不会得到充分的满足。上述病例中的男人在这个世界里悠闲地生活着，就是对女人赤裸裸的羞辱。[1]

如果他知道自己内心的隐秘计划，他就会意识到自己的所作所为是多么的卑劣和邪恶，不过，这样一来，他就无法实现让自己的地位高于女人的目标。他会像我们看待他那样来看待自己，他会看到自己如何弄虚作假。他所做的每件事都是走向事先设定

---

[1] 我们可以识别出患者身上的偏执特征。请参考本书第20章《神经症和精神病患者的生活谎言和责任》。

好的目标。他的成功不能说是"命中注定"，而且也不能说是他的威望越来越高，但是他的目标、他的生命计划，以及他的人生谎言都需要他拥有这种威望！因此，上述病例中的类似情况还会再次发生在他身上：他的生命计划仍然是潜意识的，因此患者就会相信导致这一切的是他自己无法改变的命运，而不是他全权负责的、经过长期精心准备的、深思熟虑的生命计划。

我无法详细叙述我所说的神经症患者与自身的最终问题之间所设置的"距离"是什么，但是，每位患者的"距离"是不一样的，在上述病例中，"距离"指的是婚姻。关于神经症患者是如何完成这一目标任务的，我将在第4章继续讨论。在此我想指出的是，不管怎样，这个"距离"会通过"犹豫不决的"态度、原则、观点和生活的谎言清晰地勾勒出来。在"距离"的演变过程中，神经症[1]和精神病发挥了主导作用。这种"距离"通常会引起个体的反常行为，而反常行为又会引起各种心因性阳痿等病症的频繁发生。这样，个体通过构建一个或多个"如果情况有所不同……"的假设来总结自己的叙述，并且让自己的真实想法与现实生活之间达成和解，最终使他适应自己所处的现实世界的生活。

由此所产生的教育问题的重要性，以及我们个体心理学最注重的教育问题都遵循前面已讨论的内容。

从目前的研究内容可以看出，就像用心理治疗法医治的病例一样，我们需要采用逆向分析法：首先需要确定神经症患者的优

---

[1] 神经症，又叫神经官能症，它是由于神经系统组织发生病变、机能发生障碍导致的疾病，包括神经衰弱、强迫症以及恐惧症等，它会使患者深感痛苦，并且产生心理功能障碍和社会功能障碍。——译者注

越感目标，由此来分析患者发生冲突态度（conflict-attitude）[1]的类型，特别是神经症患者所采用的类型，然后再尝试着探究其重要的心理机制的根源。前面我们已经提到过，心理动力学的一个基本特征是心理机制中不可或缺的艺术性，它会对个体目标的设定进行艺术手法的创作和虚构，让个体进行自身的调整，并且可能延展到现实的世界中。现在，我简单地解释一下像神一样的目标是如何将个体与环境的关系转变为敌对的关系，以及这种敌对关系如何驱动个体达到像神一样的目标的。他要么采取直接的方式，如攻击性措施，要么采用间接的方式，如防御性措施。如果我们将这种攻击性态度追溯到个体的童年时期，我们就会发现一个非常明显的事实：在孩子的整个成长过程中，他的自卑感体现在他与父母、他与整个世界的关系之中。在孩提时代，由于他的生理器官还没有发育成熟，他对周围世界没有明确的认识，再加上他缺乏独立性，所以他需要依赖更强有力的人。在他依附于别人时，他常常会感到痛苦和自卑，这种感觉会伴随他的一生。这种自卑感也造成了他孩提时代时常坐立不安，渴望有所表现，他会扮演出不同的角色，比较自己的力量与他人的力量。他会憧憬未来，在身心上做好准备迎接未来。一个孩子所有潜在的可教育性都取决于梦想未实现的不满足感，这样，未来才有可能给他带来补偿性的空间。他的冲突态度再一次体现在他的自卑感上，这个冲突被他看作一种补偿，而这种补偿会永久性地解决他目前的不满足，并让他把自己想象成优越于他人的人。这样，孩子会假设一个目标，一个想象中的优越感目标，通过这个目标，他的贫穷将会变为富足，他的从属地位会变成领导地位，他的痛苦也会

---

[1] “生存之争”“世间众生之争”等等，只不过是同一类型的不同表现形式。

变成幸福与快乐，他的无知无能变成了全知全能，他缺乏的艺术天赋也转变成了丰富的艺术创作力。一个孩子感到不安的时间越长，程度就越明显，他会越发清楚地感到身体或心理上的缺陷所带来的痛苦，他越是能意识到自己在生活中如何被人忽视，他也因此将自己的优越感目标设定得更高，并且更加恪守信念地坚持下去。如果你想要认识这种目标的本质，就应该去观察一个孩子在玩耍、选择职业或是幻想自己未来职业情景时的表现。这种心理现象的明显变化通常是以纯粹的、外在的形式表现出来的。因为一个孩子在设定一个新目标的时候，他都会预先想象自己一定能赢得目标。在这里我还要提及个体在构建生命计划时会产生的一种变体（variant），这个变体经常出现在攻击性较弱的孩子、女性和患者的身上。这种变体包括他们滥用自己的弱点，来迫使他人服从自己。这样的个体以后还会继续采用同样的手段，直到他们的生命计划和生活谎言被揭穿的那一天。

细心的观察者会发现，一旦他允许把"性别的作用"降低到次要的位置，代偿动力[1]（compensatory dynamics，也叫补偿动力）就会呈现出不同寻常的一面。此外，他还会意识到正是代偿动力促使他个人向超人（superhuman）的目标前进。在我们现代的文明社会中，年轻女孩和男孩都会感觉到自己被迫付出了不同寻常的努力。我们应当承认，他们所做的许多努力都具有明显的进步性。为了让孩子们保持住这种进步性，避免他们误入歧途，甚至诱发他们的疾病，我们要使他们改弦更张，这是我们的

---

[1] 人体代偿是指人体某些器官因疾病受损后，机体调动未受损部分和有关的器官、组织或细胞来替代或补偿其代谢和功能，使人体内建立起新的平衡的过程。补偿动力学是一套重要的机制，可以稳定受环境波动影响的系统的群落和生态系统的属性。——译者注

目标，也是让我们远远超出医学技术极限的目标。社会教育、儿童教育和大众教育也正是基于我们研究的主题，去寻找能够产生深远影响的根源。这个观点的目的是为了增强人们的现实感、责任感，让人们用相互之间的善意替代潜在的仇恨。为了达到这样的一种理想状态，我们需要有意识地培养人们对共同利益的责任感，有意识地去摧毁那些权力意志。

在孩子身上寻找权力幻想的人，将会发现这种幻想在陀思妥耶夫斯基的《少年》这本小说中生动形象地描写了出来。我的一位患者的经历很明显地体现出了这一点。在他的梦境和思想中，这样的愿望会反复出现：别人应该死去，他就有足够的生存空间；别人应该缺衣少食，他才能获得更多有利的机会。这种态度让我们想起了现在许多人身上的冷漠与无情，他们把所有的罪恶都归咎于这个世界上的人太多了。这类人的冲动无疑会让战争在世界范围内更容易爆发。在上述病例中，这种虚构出来的确定性已经被资本贸易的残酷现实所动摇，不可否认，在资本主义社会中，一个人的条件越好，另一个人的条件就越差。例如，有一个四岁的男孩就曾告诉我："我想成为一名掘墓人，我想帮别人挖坟墓。"[1]

---

[1] 这里作者想要告诉我们每一个人都有他的理想，只不过不同的人理想不一样罢了。——译者注

第2章　心理的雌雄同体和男性反抗[1]

——神经系统疾病的基本问题

（1912年）

　　我们发现心理变化会引起神经障碍，这个观点说明我们在神经系统疾病方面的研究取得了巨大的进步，我们将从心理学本身对此进行研究。由于史特鲁姆皮尔（Struempel）和莫比斯（Moebius）等优秀科学家的加入，使这个课题引起了大众的广泛关注。同样，我们必须在催眠实验和催眠疗法的领域里进一步丰富法国科学家的经验，这些经验证明了神经症患者也可以通过心理疗法得到治愈。尽管我们取得了一些进展，但到现在仍然没有确定的治疗方法，就算是最著名的科学家，仍然需要通过已有的药物、电疗和水疗等方法来治疗神经衰弱症、歇斯底里症、强迫性神经症和焦虑性神经症。多年来，我们研究取得的成果涉及大量的前沿词语，如得出复杂神经系统机制的含义和本质，并做了深入的研究。对有些人来说，研究的关键在于"易怒的弱点"，

---

　　[1] 男性反抗（masculine protest），也可以译成"男性抗议"或"男性钦羡"。阿德勒人格理论术语，指个体为克服自卑感而追求更多男性品质的做法。阿德勒认为自卑感是人格发展的动力，驱使人产生对优越的渴望。该行为具有更多的男性品质、更少的女性品质，能使人更有力量，为男性和女性所致力追求。（摘自2003年上海教育出版社出版，林崇德等主编《心理学大辞典》）——译者注

而其他人则认为关键在于"暗示性""休克""遗传特征""退行性变""病理反应""心理平衡的易变性"以及同类型的其他概念，这些概念应该就是神经系统疾病的病因。而对患者来说，得到的却是一种毫无结果的暗示疗法，医生们希望把得病的想法从患者脑海里赶出去，让患者永远不受心理伤害的尝试，都是徒劳无益的。如果患者碰巧遇到一位知识渊博、经验丰富的医生对其进行治疗，在医生的护理和照顾下，这种治疗方法就成为有用的"道德疗法"。但是，外行们会对这种治疗方法产生偏见，而这种偏见也会因为过早的结论，以及因为观察到偶发性神经症的急速发作而进一步加剧，从而给人一种印象：神经症患者正遭受着"自我暗示"的折磨，患者对自己故意夸大病情感到内疚，好像他可以通过强化自身的力量来克服疾病出现的症状。

　　在治疗期间，奥地利精神科医生约瑟夫·布洛伊尔（Josef Breuer）萌生了对患者进行心理咨询的想法。首先治疗的是一名癔症性麻痹症（hysterical paralysis）患者，布洛伊尔询问了患者一些有关疾病的基本情况和发病过程的问题。他和弗洛伊德不带任何成见来进行心理咨询，他们用这种方法证实了患者身上存在着明显的记忆缺陷现象，这种记忆缺陷让患者和医生都无法真正了解发病的原因和发病的历史。基于心理学的知识、患者性格的病理学特征以及患者的幻想和梦境等，布洛伊尔和弗洛伊德成功地推理出被患者遗忘的记忆，由此创立了精神分析的方法与观点。弗洛伊德正是凭借这种方法去寻找神经系统疾病的根源，他发现这种疾病可以追溯到患者的童年时代，并以此揭示了许多心理现象，比如压抑和移情。在治疗的过程中，不同的研究者常常独立地进行研究，针对多种多样的神经症形态，他们采用相同的精神分析方法，让患者把以前那些潜意识的躁动和欲望反复地重现出来。弗洛伊德从性本能的转变和具体的构成中寻找神经系统疾病产生的病因，但他的理论经常遭到抨击，因为这一理论与心理学的研究之间完全没有任何联系。

　　我想强调一点，作为个体心理学方法实践的基本原则，我们应该将个体身上出现的所有神经症疾病的症状追溯到它们"最基本的共同特性"上。基于对患者的了解，研究人员发现这种简约的方式是正确的。事实证明：每个患者的心理图像（psychical picture）都与其童年时期的真实心理状况相吻合。换言之，从童年时期开始，患者就有神经性疾病的心理基础及症状，而且没有发生多大的变化。然而，多年以来，个体在童年时期的心理发展的基础上，建立起一个错综复杂的上层建筑，即个体神经症，除非心理学的基础本身发生改变，否则患者无法接受治疗。这个上层建筑体现出个体所有的发展趋势、性格特征以及个人的经历。其中，我特别想强调的是"情绪残余"（mood-residues）这个因素，这种"情绪残余"可以追溯到人生奋斗主线上的一次或多次失败上，这是神经性疾病发病的真正原因。从"情绪残余"出现的那一刻起，患者满脑子想的都是如何弥补自己的失败，以及怎样才能不择手段地取得无用的胜利。对他来说，最重要的是怎样避免自己再次失败和命运的考验。我们假设他表现出来的神经症症状本质上就是一种逃避，患者的紧张、焦虑、疼痛、麻痹和神经质多疑让他无法积极地参与正常的生活之中；反过来，神经症又让他产生强迫性的思维和行为，使他以为自己失去了活动的能力，他有理由保持消极被动的状态，将自己生病合理化。

　　我发现只有使用个体心理学的研究方法，才能进一步打破患者假装生病这一幼稚的行为。在这样做的过程中，我找到了家庭生活不美满的根源，除此之外，还有一个因素在某种程度上加剧了这种家庭不美满的问题，即遗传性组织缺陷体质（familial organic constitution）。儿童遗传性组织缺陷的体质让我注意到，在儿童早期发育阶段，他们就有先天性器官缺陷、器官系统缺陷和内分泌腺体缺陷的症状，这些缺陷大大增强了他们原本正常的软弱感和无助感，他们进而萌生了强烈的自卑感。由于存在着器质性自卑的延迟性、身体的缺陷性以及器官发育的不完整性，我们最初可以在儿童身上看到这些症状：体弱多病、动作笨拙、长相丑陋（这通常是身体外部的病症所致）。他们还可能笨手笨脚，有很多婴儿时期就能发现的缺陷，比如眼睛抽动症、斗鸡眼、左撇子、聋哑、口吃、言语失常症、呕吐、尿床和大便失禁等。因此这些儿童常常遭到羞辱，成为被嘲笑的对象，也常常因此受到惩罚，所以他们不善于从事社交活动。从儿童早期的心理图像可以看出，某些正常的特征会被明显地放大，例如婴儿的无助、渴望别人的拥抱和温和的对待，但是之后这些感觉慢慢演变成焦虑、害怕孤独、胆怯、害羞、对陌生人感到恐惧、对疼痛过度敏感、拘谨、对受罚感到永久的恐惧、害怕每个行为的结果等。总之，这些特征会在男孩身上赋予一些明显的女性特质。

不久之后，这种被人孤立的感觉就显现出来了，这在那些有神经症倾向的孩子身上表现得更加明显。儿童遗传性组织缺陷体质还会引发一种极度的敏感情绪，这种情绪不断地扰乱他们平静的生活和心境。这类儿童占有欲强，渴望将所有可吃、可听、可见和可知的东西都据为己有，他们希望超越所有的人，独自完成所有的任务，他们幻想着各种各样的伟大目标。他们希望像英雄一样拯救他人，他们认为自己出身高贵，却像灰姑娘（辛德瑞拉）一样受到残害和压迫。强烈的、永不满足的野心已经在他们身上初见端倪，显然，我们可以预料到他们的这种野心注定会给自己带来的挫败感。与此同时，他们人性中邪恶的本能也不断地膨胀和加强。他们迫不及待地要满足自己的愿望，因而也助长了内心的贪婪和嫉妒。他们会贪得无厌、无休止地追逐每一个胜利，因而变得不服管教、性情暴戾、恃强凌弱、疑心多虑。显而易见，一位好老师能在很大程度上改善这种正在发展中的利己主义，而一位差老师则会让他们在利己主义的路上越走越远。生活在良好的环境中，儿童极度敏感的情绪会变成一种强烈的求知欲，或者让孩子比同龄人早熟一些。生活在不利的条件下，极度敏感的情绪要么滋生出犯罪的倾向，要么是个体疲于应对现实，试图利用自身"已准备好"的神经症症状来掩盖他逃避生活要求的事实。

对儿童生活进行直接的观察后，我们最终得出以下结论：在具有神经质性格的儿童身上，服从他人是早期婴幼儿的性格特征，如缺乏独立性和顺从性，或者说是被动性，很快就会被潜在的抗争性与反叛性所取代，逐渐产生对现实的不满。我们通过仔细的观察，揭示了儿童身上同时具有被动性和主动性二者合一的个性特征，而且还存在一种由女孩气质的服从向男孩气质的叛逆转变的倾向。我们确实有充分的理由相信，这些叛逆的特征可以被解释为儿童的某种正常反应，即儿童对外人的服从，或外人强制他服从时，他都会做出相应的反抗。此外，儿童反抗的目的是为了让自己更加迅速地满足自己的本能，获得自己想要的地位，引起人们的关注，并获得自己的殊荣。当儿童在成长过程中到达这个非常重要的阶段时，他们会感觉自己受到强迫性服从的威胁，感觉自己日常生活中的吃饭、喝水、睡觉、洗漱和如厕等各项活动都受到了威胁，儿童对群体性感受的需求都被扼杀掉了。在一场准备不足的"模拟演习"中，他们对权力的渴望是在对力量的幻想中表现出来的。

另一种具有神经症倾向的儿童可能最危险，他们会表现出顺从性和主动反叛性两种截然不同的倾向。这两种倾向同时出现在孩子身上，顺从和反叛成为手段和目的。这样的孩子显然已经预料到了生活中这种对立的辩证性，并希望通过自己完全的服从性（受虐性）来满足自己无限的欲望。他们最不能忍受被人低估、被人强迫以及失败，也无法忍受等待和延迟胜利的到来。他们就像那些性格不同的儿童一样，会被别人的行为、决策、任何奇怪或新颖的事物吓破胆。他们有意识地为自己致命的弱点寻找借口，以便逃避社会对他们的要求。

正常的儿童会让这种明显的双面生活保持在一定的限度之内，并且让这种双面生活促使个体性格的形成。但是，这种明显的双面生活不允许神经质个体一心一意地追求自己的理想目标，还会通过个体本身建立的体系结构、焦虑感和疑虑感来干扰自己做出的各种决策。

其他类型的人会在强迫（compulsion）中逃避焦虑感和疑虑感，并不懈地追逐成功。他们总是疑心有人攻击自己、轻视自己、不公正地对待自己。他们拼命地想要扮演救世主和英雄的角色，而且经常在不合适的对象身上施展他们的力量（这是一种堂·吉诃德式的行为）。他们贪得无厌地追求权力，寻求被爱的证据，却又从来得不到满足（就像唐·璜[1]和梅萨莉娜[2]那样）。因为他们的本性是"双面"的，所以他们在奋斗的人生历程中从

---

[1] 唐·璜（Don Juan）是一个西班牙家喻户晓的传说人物，以英俊潇洒及风流著称，一生周旋在无数的贵妇人之间，在文学作品中他的名字多被用作"情圣"的代名词。——译者注

[2] 梅萨莉娜（Messalina）是古罗马皇后，克劳狄一世的第三位妻子，以风流、放荡和阴险出名。——译者注

未感受到和谐之美。神经质个体身上有着明显的"双面性"，许多作家把它叫作"双重竞争""分离范式""人格分裂"等。这种"双面性"一定是建立在这样的一个事实上：患者的精神世界同时兼有女性的特征和男性的特征。这两者似乎都在努力形成一个统一体，但为了让个体避免与现实发生冲突，这两者会在达到统一的过程中故意缺失。在这个问题上，个体心理学可以进行一定程度的心理干预，以达到某种目的。我们还可以让个体通过不断地强化自我反省，并对其意识进行延展，以确保个体的智能可以支配二者的分歧性，并且控制住处于潜意识状态的情感。

虽然对于男性和女性等各种现象的类型评价和符号化看似随意，但与我们的社会生活是相吻合的。[1]这种根深蒂固于人类灵魂深处的情感，总是能唤起诗人和思想家的兴趣，也很容易在儿童幼小的心灵里留下深刻的印象。因此，孩子们偶尔会有一些不同的看法，但他们仍会将下列现象视为男性的特征，如力量、伟大、财富、知识、胜利、粗俗、残忍、暴力和活力等，而它们的对立面则被认为是女性的特征。

儿童身上的女性特征体现在以下几个方面：渴望家庭、傍人门户、软弱自卑、一无是处、向隅独泣等。相反，无论是在女孩还是男孩的身上，那种积极努力的奋斗、追求自我的满足、本能和激情的迸发，都被认为是一种男性反抗的表现。如果这种错误的评价标准被社会广泛地接受，儿童的心理会出现一种"雌雄同体"的现象。这种现象依赖于思想内部的对立，儿童心理上也认为自己身体里存在着雌雄同体，这是合乎逻辑的，但生理上却不

---

[1] 谚语"君子一言，驷马难追"，还有诗人席勒在《人类的尊严》中写的"弱者，你的名字是女人"，以及从那些才华横溢的作家，如莫尔斯、福莱斯、魏宁格等人的作品中所表达的思想，我们都可以看出他们对男性和女性的评价。

是雌雄同体。然后，这种潜意识的冲动会从内部展开，频繁地向着一种强化的男性反抗发展，从而解释了这种对立的矛盾。

首先，儿童对性的了解必然会加速男性反抗的发展进程，性幻想和性冲动也会助长内心的冲突，进而导致儿童的性早熟。在错误的观点引导下，儿童对性的这种了解可能会导致他们的性变态。如果儿童对于性别的认知仍然或一直都不清楚，那么他们心理的雌雄同体问题就会进一步深化，从而加剧儿童内在的心理紧张。[1]

天生的不确定性、优柔寡断和怀疑将儿童引向了雌雄同体的两个极端，因此，如果我们有意将二者分开的话，难度非常大，所以我们只能依靠患者的神经症状、精神退化和隔离的方法进行逐步的分离。医生、患者和教育工作者的精力和意志力都无法解决儿童的这个问题，只有个体心理学的方法才能阐明这些潜意识的现象，并且将迷途的孩子引回正途。

---

[1] 参考《自卑与超越》中《生命与神经系统中的心理雌雄同体》和《同性恋问题》（第二版）。

第3章　个体心理学实践中新的指导原则

（1913年）

　　一、我们可以将每一种神经症理解为患者从自卑感中解脱出来，进而获得优越感。

　　二、神经症的治疗病程并不会影响患者的社会功能，它也不以解决特定的生活问题为目标，而是会在家庭的小圈子里找到一种解决的方法，以使患者与外界隔绝开。

　　三、大多数神经症患者都会因为过分敏感和偏执的性格受到周围大多数社会群体的排斥，而只有一小部分患者利用一些手段来获得各种类型的优越感。与此同时，这一小部分患者还会采取自我保护的措施，这样他们才能从社会需求和生活的抉择中逃离出来。

　　四、神经症患者生活在想象和幻觉之中，因此他们会与现实世界脱节。他们还会采用许多手段来让自己逃避现实，同时又可以不履行任何社会义务，不承担任何社会责任。

　　五、这些疾病和痛苦给他们带来的特权，使他们得到人们的谅解，从而让他们达到最初具有一定冒险性的优越感目标。

　　六、通过建立一种反强迫的手段，神经症患者尝试着从所有的社会约束中解放自己。这种反强迫手段的构成方式，让患者可以有效地面对周围环境的特殊性和需求。这两个令人信服的推论都可以从这种反强迫手段表现出的方式和患者所选择的神经症类型中得到证实。

七、反强迫手段具有反抗性，这种手段会让人从良好的情感体验或观察中收集到信息，让人的思想和情感要么专注于那些激动人心的事件，要么专注于那些琐碎的细节。它至少能够将人的视线和注意力从生活问题上转移开。根据情景的需要，患者可能会编造出焦虑、强迫、失眠、昏厥、变态、幻觉、轻微的病变、神经衰弱、忧郁等症状，再加上他们真实的精神状况，所有这些都成了他们身体患病的借口。

八、患者甚至连逻辑思维也受到反强迫手段的控制。就像在精神失常的患者身上，这个反强迫的过程可能会让他们的逻辑思维混乱不清。

九、逻辑思维、生存意志、爱情、人类的同情心、合作能力和语言的能力，都源自人类共同生活的需要。与这些需要相反，神经症患者的所有人生计划都会自动地产生另一种抉择，即寻求孤立，渴望权力。

十、要想治愈神经症和精神病患者，我们必须彻底改变患者的整个成长过程，使他们脱胎换骨，让他们回归社会。

十一、神经症患者的所有意志力和努力都是由他们追求声望的计划所决定的，这会让他们不断地找寻借口，回避解决社会生活中的难题，因此，他们自然就会抵触社会情感的发展。

十二、因此，我们也就明白了"对人进行全面而统一的认识，就是要了解他（不可分割）的个性"这个观点的正确性。我们必须接受这种观点，这是基于理性和个体心理学知识的要求，因为这些知识能够促进人格的整合。如果我们使用比较法（comparison）进行研究，那么我们就能够进一步了解个体努力获得优越感的整个过程。下面是我们得出的结论：

1.我们要理解患者在某种心理需求的压力下所采取的态度。在这种情况下，心理咨询师必须在很大程度上具有能为他人设身处地着想的能力。

2.患者的态度和异常的症状可以追溯到儿童早期，这些都会受到以下因素的影响：在儿童时期，患者与环境的关系使他们对自己所犯的错误有了一个整体的评价，他们认识到自身存在着根深蒂固的自卑感，以及他们对权力的追求欲望。

3.其他类型的患者，尤其是指那些特别神经质的人。在这些病例中，我们从获得的一项专利中发现，一种类型的神经症是由神经衰弱的症状造成的，另一种类型的神经症则是源于恐惧、癔症、神经性强迫或精神病。患者的性格、情感、原则性和神经症状的特征都指向同一个目标，如果脱离产生这些特征的环境背景，它们往往会产生相反的作用。所有这些特征都可以帮助患者避免由社会需求所引起的心理冲击。

4.神经质个体在不同程度上逃避了以下社会需求，如合作、友情、爱情、社会适应力和社会责任感等。

通过对患者个体心理的调查研究，我们认识到神经症的个体远比普通正常人更加有能力，他们会根据自己对权力的渴望来安排自己的精神生活。他们对优越感的渴望，使他们能够不断地拒绝一切外来的强迫、他人对他们的要求，以及社会强加给他们的各种责任。我们在神经症患者的精神生活中发现了这一基本事实，那么我们就能更容易地深入了解他们思想的内部联系。在我们的调查研究中，它必将成为最有用的研究假说和神经症的治疗方法。只有对个体进行更深入的了解，我们才能区分并掌握每个病例真正患病的全部病因。

我们对这种类型的论证以及由此得出的结论，都是基于这样一个假设：与理性思考相比，一个受个体情感制约的优越感所构建的虚拟目标，可以拥有更大的力量。但是，无论是在健康的个体生活中，还是在整个民族的社会生活中，我们发现这种"理性思考拥有更大的力量"的理想观念的逆转事例时有发生，如战争、政治迫害、犯罪、自杀、苦修行等，这些类似的方式都出乎意料地证明了一个观点：我们自身遭受的许多痛苦和折磨，都是我们自己造成的，并且在某种思想的影响下，我们自愿承担由此产生的后果。

猫天生就会捉老鼠，虽然从来没有人教它如何做，但猫一出生就已经具有捉老鼠的先天准备。不过这种动物的天性再神奇，也比不上神经症患者根据其本性、命运、地位和自我评价来逃避外界各种强迫性要求所展现出来的神奇，而且他还发现外界任何形式的强迫都会让他无法忍受。他会秘密地或公开地、有意识或无意识地寻找借口来解脱自己，这些常常是他自己独创出来的借口。

正如神经症患者的童年经历所显现的那样，我们要在他们多年来与所处环境之间不断的冲突态度中，寻找他们无法容忍外界的强迫性要求的原因。这些强迫性要求是强加在儿童身上的，并没有任何真正的理由能够说明强迫性要求为何会以这种反应体现出来。由于强迫性要求在身体或心理上占主导地位，儿童会从这种情形中产生持久的或强化的自卑感。这个冲突态度的目标是获取更多的权力和更高的地位，即由儿童的无能、过高的评价和成就感所构建的一种优越感的理想，实现这种理想就会呈现出普遍的补偿作用和超额的补偿作用。在个体追求理想的过程中，神经症患者总是能战胜社会束缚和外部环境。这种冲突一旦呈现出更为尖锐的形式，它就会从内部演变成对各种强迫形式的反抗情绪，不管这种强迫行为是来自患者所受的教育、现实世界、共同利益、外在力量、个人弱点，还是日常工作、清洁卫生、营养的摄入、正常的排泄、睡眠、疾病的治疗、爱情、温柔、友谊、与世隔绝，以及与之对立的社交活动等因素。总之，我们看到的是一个不想遵守规矩的、备位充数的人物形象。当这种冲突发生在个体开始感受到爱情与友情的到来时，个体就会以不同的程度和形式对友谊和婚姻产生恐惧。尽管如此，神经症或精神病症的出现几乎阻止了个体身上这些强迫形式的发展。在这里，我要提醒大家注意有几种正常人难以察觉到的外界的强迫形式，例如，认识到这种强迫的存在，关心他人，顺从内心，实话实说，认真学习或通过考试，恪守时间，信任他人，信任社会；能够向他人倾诉家庭、事业、子女、配偶或自己的秘密；成为公司的老板或从事某种职业；结婚，承认他人观点的正确性，心存感恩，生儿育女，扮演一个恰当的性别角色，或者认识到爱的真正责任；日出而作，日落而息，承认他人的平等权利，认可妇女的权益，凡事都要有度，忠诚，等等。所有这些强迫性特征可能是有意识培养的，也可能是在潜意识中表现出来的，但患者永远无法从各个方面来完全掌控它们。

这种测试教会了我们两件事情：

1.对神经症患者来说，强迫概念在很大程度上已经被放大，其中包含了各种社会关系。如果只是从逻辑的角度来看，正常的个体不会认为这些放大的概念属于强迫形式的范畴。

2.这种对立冲突并不是最终的现象，而是进一步的拓展，它有一个延续性，随后处于不断的发展状态。它在任何时候都意味着一种冲突的态度，并向我们表明它最终处在一个明显的节点上。神经症患者为了彻底战胜他人，他们会为此付出巨大的努力，会直接扭曲自己的形象和更改人类共同生活得出的逻辑推理。"我尽量让环境臣服于我，而不是我臣服于环境。"这句话出自贺拉斯（Horace）写给梅塞纳斯（Maecenas）[1]的信，贺拉斯指出这种疯狂追求社会地位所带来的后果就是：头痛和失眠。

一位三十五岁的患者向我抱怨，多年来他一直遭受失眠、忧虑和强迫性手淫（masturbation-compulsion）的困扰，而强迫性手淫的症状特别明显，可是该患者已经结婚，还是两个孩子的父亲，他与妻子的婚姻关系非常好。他还提到了一种"橡皮恋物癖"（rubber-fetichism）。在任何令他激动不已的情景下，"橡皮"这个词就会时不时地从他嘴里脱口而出。

在对该患者进行大量的个体心理学测试之后，我们的结果揭示了这样的事实：从童年时期开始，患者就有明显的忧郁症症状，他习惯性地尿床，而且因为行为举止比较笨拙而被人称为傻瓜。这样，他就在一条充满野心的人生计划之路上成长，以至于后来变成了一个自大狂。实际上，他所处的环境给他施加了很大的压力，并且给他呈现出来的是一幅外部世界绝对有害的画面，这也使他对人生持有永久悲观的想法。在这种情感的影响下，他觉得外部世界的一切要求都是无法忍受的强迫行为，于是他就用尿床和举止笨拙来进行反抗。直到后来他遇到了一位老师，这是他平生第一次遇到一位与他志同道合的好人。从此，他对他人的要求所表现出的反抗和愤怒，以及对社会的叛逆态度开始慢

----

[1] 贺拉斯（前65—前8），生活在罗马帝国时代，是屋大维（即奥古斯都大帝）统治时期著名的诗人、批评家、翻译家，代表作有《诗艺》等。他是古罗马文学"黄金时代"的代表人物之一。梅塞纳斯（前70—前8），罗马帝国皇帝奥古斯都的谋臣，著名外交家，同时还是诗人和艺术家的保护者，诗人贺拉斯就曾蒙他提携。他的名字在西方是文学艺术赞助者的代名词。——译者注

慢好转。这让他在一定程度上减少了尿床的次数，他还渴望自己长大后能成为一个"有才华"的人，愿意为人生的最高理想而努力奋斗。他以诗人和哲学家的身份，通过进入一种超验主义者的境界，化解了他对他人强迫行为的敌意。于是，他产生了一种十分情绪化的想法，认为自己仿佛是世上唯一活着的生命，而其他的一切，尤其是人类，都只是一些表象。他的这些想法完全是受到叔本华（Schopenhauer）、费希特（Fichte）和康德[1]（Kant）等人思想的影响。然而，该患者更深层的目的在于剥夺他人存在的价值，以获得自己的安全感，并逃避"我们这个时代的嘲笑和质疑"。他认为所有这一切都是靠魔法来实现的，就像那些不依赖他人的儿童想要获得更大的力量时必须使用的魔法一样。橡皮擦就成了他力量的象征和标志，因为对于一个孩子来说，橡皮擦是有形物体的擦拭者，它似乎成了可以将现实世界擦拭掉的一种工具。不过，橡皮擦要想成为这样的一种工具，就需要他的过度想象和泛化思维，因此，每当学校、家庭以及他后来所遇到的男人、女人、妻子和孩子向他提出任何过分的要求时，或者当他感到自己的行为受到他人的威胁时，"橡皮"一词及其概念就成了他内心征服一切的口号。

他就这样以富有诗意的方式，达到了他想成为一名孤胆英雄的目标，实现了他对权力的追求，于是他想要脱离现实社会。然

---

[1] 亚瑟·叔本华（Arthur Schopenhauer，1788—1860），德国哲学家，通常被视为悲观主义者，代表作有《作为意志和表象的世界》。约翰·戈特利布·费希特（Johann Gottlieb Fichte，1762—1814），德国作家、哲学家、爱国主义者，古典主义哲学的主要代表人之一。伊曼努尔·康德（Immanuel Kant，1724—1804），德国哲学家、作家，德国古典哲学创始人，其学说开启了德国古典哲学和康德主义等诸多流派，被认为是继苏格拉底、柏拉图和亚里士多德之后，西方最具影响力的思想家之一。——译者注

而，随着他在现实生活中的地位稳步提高，他完全无法摆脱真实的世界和始终存在的社群感（communal feelings）。结果是他并没有完全摆脱那些能把我们所有人连在一起的爱和相互的关系，也没有患上更加严重的偏执型精神病，只不过是得了强迫性神经症。

他对周围人群的爱不是建立在纯粹的社会情感的基础之上。事实上，他的爱是一种受到追求权力的人生计划吸引而产生的爱。由于"权力"的概念，以及他给别人带来的感受也都与"橡皮"这个神奇的词联系在一起，他通过搜寻，找到了一个方法，可以把他从"女士紧身衣"（rubber-girdle）的性感画面中解脱出来。这幅画对他产生影响的不是画中的那个女人，而是她身上穿的那件紧身衣，换句话说，对他产生影响的不是一个女人，而是一件女人的物品。因此，在确保他沉迷于权力和对女性的贬损态度有了保障的同时，他成了一个恋物癖者，他身上的这些特征通常是恋物癖开始萌生的初始阶段出现的特征。如果他对自身的男子气概没有那么大信心的话，我们就会在他身上观察到同性恋、恋童癖、恐老症、恋尸癖和其他类似的特征。

他的手淫强迫症也具有类似的基本特征。同样地，这也使他摆脱了现实生活中"爱的强迫"，以及来自女人的引诱。

他失眠的直接原因是他的强迫性焦虑，这种焦虑让他努力想摆脱睡眠的约束。一种无法抑制的野心迫使他花整晚的时间来解决白天出现的问题。他自认为是亚历山大[1]，但他迄今所取得的

---

[1] 此处的亚历山大，指的是亚历山大大帝。在他短暂的一生中，凭借无与伦比的军事才能，用了十年的时间建立了一个地跨欧亚非三大洲的强大帝国，经由他的征服，古希腊文明得到了广泛传播与繁荣发展，东西方文化、经济进行密切的交流，开启了希腊化时代。而"另一个亚历山大"是作者指这个没有取得任何成就的患者，他把自己比作非常强大的人。——译者注

成就非常的小。然而，失眠也有它的另外一面，它削弱了患者的精力和行为能力，让他力不从心，这也是他患病的一个缘由。由于长期失眠，他到目前为止所取得的成就可以说只用了他一半的精力。如果他睡眠充足，能养精蓄锐，他将会取得更大的成就。但是他无法入睡，即便如此，他仍然通过这种夜间的焦虑强迫症状，给自己找到了借口，他因此保住了自己的独特性和自己像神一样的形象。现在，他身上的所有缺陷都不能归咎于他自己的性格，只能归咎于他那令人费解且后果严重的失眠，所以，他无法完成白天的工作也变成了一件令人不快的偶然事件。针对这种情况，患者认为该对这些事情负责的并非其本人，而是专业知识不足的心理医生。如果他没办法证明自己的伟大，那就要怪那些医生没有本事治好他的疾病。可以看出，对他来说，继续做一个患者是非常重要的，他也不打算让医生轻轻松松地治好他的病。

我们观察到，为了保住他像神一样的地位，患者如何解决生与死的关系是一个非常有趣的问题。他仍然觉得自己已经去世十二年的母亲还活着，但是，这种假设存在着明显的不确定性。这种不确定性使他在一位近亲去世后不久，表现出的那种轻松的心情更加地强烈。我们对他的这种大胆假设产生了怀疑，我们认为它完全不是出自理性的逻辑，我们只有通过对个体心理学进行深入地研究，才能将它解释清楚。如果他周围的一切世界都只是表象，那么他的母亲并没有去世，然而，如果他母亲还活着，那么"他是独一无二的想法"就会落空。他没有解决这个问题，正如哲学没有解决宇宙表象的问题一样，他以怀疑的方式来应对死亡对他产生的强迫与伤害。

他把自己疾病的所有症状统统联系起来，把自己的疾病作为对妻子、亲戚和下属拥有特权的一个正当理由。由于他是一位患者，他再怎么自吹自擂，对他本人都不会有任何伤害，考虑到他所遭受的疾病痛苦，我们认为他从外表看上去显得更伟大一些，而且他总能以自己的疾病为借口来逃避工作的困难，但是他也可以采取完全不同的行为方式。在老板面前，他可以说是一位最认真、最勤恳、最听话的职员，尽管他的内心深处总是渴望超越他的老板，但他心里却很享受别人对他的完全认可。

　　他对权力的过度强烈的追求让他病倒了。他的情感生活、进取心、工作能力，甚至他的逻辑推理能力，都被压抑在像神一样的自我强迫之下，因此他对人类的情感，如爱、友谊以及对社会的适应能力等全都消失了。我们只有摧毁他追求名望的整个心理机制，才能帮助他真正培养出一种社会责任感，最终才能治愈他的疾病。

第4章　神经症的个体心理学治疗方法

（1913年）

引　言

人们对心理治疗原则的价值仍然众说纷纭，简化处理心理治疗是一件相当危险的事情；同时我要声明，这些观点出自1907年以来的一些研究文献，其中也包括我的观点。1907年，我在《器官缺陷》（*Organ Inferiority*）中指出，遗传性体质异常不仅仅表现在身体退化的过程中，我们还应该意识到它会引起补偿行为和超补偿行为，以及明显的疾病症状，而这些症状实质上都是由强化了的心理活动引起的。为了克服器官缺陷引起的心理紧张，患者会继发性地强化自己的精神力量，同时这种力量会经常沿着新的、不同的路线出发。对于观察者来说，这种补偿行为似乎经过了个体充分的体验，从而以一种非常奇妙的方式掩盖了个体想象中的某些缺陷。为了防止童年时期出现的自卑感再次出现，患者通常采用的方法就是创造一种补偿性的心理上层结构，即一种神经质的权宜之计。患者已经用自己亲身体验过的行动计划和防御手段验证了该方法，它可以让个体在生活中重新获得有利的地位和优越感。随后，患者会用更大的野心或更明显的预防方式来解释自己任何偏离正常路线的行为。患者采用的所有策略和计划，包括神经质性格、特征和症状，都在患者先前的尝试、经验、识别和模仿中获得了存在的价值，即使是一个健康的人，也可以使用这些方法来达到自己的目的。如果能正确理解上层结构的表达方式，我们就一定能发现神经症的个体想要努力获得他人认可的欲望。实际上，他是在强行获得别人的认可。他一直渴望从自己的不安全感和自卑感中开辟出一片天地，以便实现可以像神一样来统治这片天地的幻想。

我们先不考虑神经症的根源所在，因为我们发现神经症是由各种各样的刺激和潜在的刺激引发的，但这些刺激都不是神经症产生的原因，而是神经症导致的后果。我在《神经症患者在生活中的攻击性行为》[1]一文中，曾试着呈现出这种频繁强化的"情感活动"，我还阐明患者为了达到某种目的或逃避某种危险，他们通常会把这些"情感活动"转化成一种明显的"攻击性抑制"。我们习惯上称其为"神经症的倾向"（或神经症性格），这其实是一种神经性疾病。只有在那些内心需求越发强烈的现实场景里，这种症状才会更加明显地表现出来，我们才可以称之为神经症疾病。患者自己特别想生病，并且开始"准备"生病，都是为了以下目的：

1.如果生活否认了患者渴望已久的胜利，那么生病就可能成为他们的借口。

2.只要生病，患者就可能以各种借口来拖延时间，不用马上做任何决定。

3.患者会让自己已经实现的目标更加引人注目，因为这些目标是他们克服了疾病的痛苦才得以实现的。上述方法和其他方法

---

[1]《神经症患者在生活中的攻击性行为》（*Der Aggressionsbetrieb im Leben und in der Neurose*），选自1914年出版的《自卑与超越》（*Heilen und Bilden*）。

都明确地显示出神经症患者为了事物的表象所付出的努力。

我们对每一种病症可以轻易地得出结论。神经症患者为了确保自己的行动获得成功，他会把一个想象的目标当作指导思想，坚定不移地遵循这条专门为他设立的路线前进。神经质人格的患者会通过以下方式来获得固定的疾病表现形式：如明确的和适应的性格特征，已验证过的情感准备，以及患者看待过去、现在和未来的神经症视角等。这种确保患者获得优越感的冲动非常强烈，如果从比较心理学的角度分析，每一种心理现象都会表现出类似的特征，也就是说，将患者从软弱无力感中解放出来，从而达到其野心的顶峰。通过使用艰深晦涩的手段，患者从生活中的"低谷"一跃而至"巅峰"，并获得至高无上的地位。这样，通过周密计划、深思熟虑和对世界的掌控，神经症患者就能够获得一种虚假的秩序和安全感，因此，神经质个体会求助于他所知道的每一条规则，每一种能够给他提供帮助的形式，其中最重要的规则和形式就是那些与原始的对立图式[1]（antithetic scheme）相一致的事物。因此，患者认为只有那些严格遵守上下有别的"情感价值"更重要，而且据我所知，他会将这些情感价值与他认为真实的"男性气质"和"女性气质"之间的对比联系起来。患者会伪造有意识和无意识的判断，这种判断会通过精神累加器（psychic accumulator）令人产生情感紊乱，而这种紊乱反过来又适应了患者的个人生活。对于那些感觉上女性化的精神特征，例如消极心理、顺从、温柔、怯懦、对失败耿耿于怀、无知、无

---

[1] 根据西方哲学家的理解，图式（scheme或schema）就是用来组织、描述和解释经验的概念网络和命题网络。图式实质上是一种心理结构，是帮助人们了解、组织、获得和利用信息的认知结构。scheme和schema两个词现在几乎没有区别，scheme比schema更具体一些，指的是一套方案，而schema则是概要。——译者注

能、柔弱等，神经质个体都试图以一种夸张的态度把它们推向"男性化"的一端，从而形成仇恨、蔑视、残忍和利己主义的性格特质。他希望在每一段人际关系中都占主导地位，因此他有时反而会明确地强调自己的弱点，并以这种方式把服侍他的负担强加给他人。这一过程大大提高了患者的预防能力和预见性，并导致患者有计划地逃避即将做出的决定。患者认为，他在生活中有责任提供自己有"男性化优势"的证据，例如，在各种与人类天性的斗争、职业、爱情中，或者在那些他担心自己会因失败而变得"娘娘腔"的情况下，他都要提供这些证据（这一点也适用于男性的性行为）。在他偏离这一目标的时候，他甚至会尝试用迂回的方式来处理这个问题。这样，我们就能在患者身上成功地找到一条偏离主路的生命线（life-line），也会发现患者因为害怕犯错和失败而偏离主路，进而去寻找一条安全的辅路（side-paths）。性别角色被扭曲的结果似乎让神经质个体表现出一种"心理的雌雄同体"倾向。事实上，他也相信自己拥有这种倾向。从这个角度来看，我们很容易怀疑神经症的问题是由性引起的。然而，在性的领域中所产生的问题同样也发生在我们的整个精神生活中。我们身上原始的自卑感迫使这些问题沿着"辅路"前进。在性的领域中，这些辅路是指手淫、同性恋、恋物癖、性虐狂、过度评价性取向等行为。这样，患者就不会迷失自身，继续朝优越感目标的方向前进。"我希望成为一个完整的男人"的简略图式，就成了神经症患者既抽象又具体的目标。这是一种补偿性的终结，它终结了这种被解释为女性化的自卑感。以这种方式被感知到的、个体所遵循的图式，自始至终都是对立的，而且患者会有意识地在图式中伪造出对立的元素。因此，我们能认识到这样两个事实，它们是神经症患者追求目标时的潜意识：

1.在任何情况下，人际关系都是一种抗争的关系。

2.女性的性别地位较低，她们的反应可以作为衡量男性力量的标准。

这两种潜意识的前提都会扭曲和破坏患者的所有人际关系，干扰和强化患者的情感表象，让人心永远得不到满足，让人与人之间永远无法坦诚相待。男性和女性患者身上都体现出了这一点。这种不满足的情绪通常会加重患者的病情，但是患者在被确认患上这种疾病之后，其症状反而有所减轻。在某种程度上，这种症状是带有优越感的神经质欲望及其相关情感的替代品。在患者的情感生活中，比起一场直截了当的战斗和一种明确的人格特征或反抗行为，这些潜意识的前提更有可能为其带来一种战胜外界环境的错觉。对我来说，了解患者疾病的表现形式是心理治疗方法获得成功的主要条件。

由于患者想利用神经症获得最终的优越感目标，同时患者的自卑感又明确排除了直接攻击的可能性，因此他更倾向于采用一条迂回的路线。这种迂回的路线令患者略微有点儿活跃，有时还表现出令患者受虐的特点，这都是患者进行的自我折磨。一般来说，我们会在患者身上发现精神错乱和疾病症状的混合现象。这种混合现象要么在患者发病期间同步出现，要么相继出现。如果把这种混合现象从疾病机制的背景中分离出来，有时患者会产生令人混乱的错觉，就像他的人格被分裂了一样。这也表明，患者可能从两条对立的路线中找到一种折中办法，达到自己的理想状态，也就是想象中的优越感。当患者面对同一个目标时，他会做出要么正确、要么错误的决定，他的判断和感觉也会完全独立于自己的目标。无论在什么情况下，我们都要记住神经症患者身上具有的那些对立的观点、感觉、记忆、情感、性格特征和疾病症状，这些都是患者自作自受。

这样，神经症患者想要表现得非常顺服，想用他的"歇斯底里易感性"达到目标，于是他会利用自己的弱点、恐惧、被动和需要温柔的特质来束缚他人。他熟练使用各种各样的技巧、令人恐惧的画面、情感准备，以及身份认同等策略，这些策略都会伴随着患者适当地调整情感和性格特征。受到压抑的神经症患者会遵循明确的、仅仅适用于自己的原则、法律和禁令。这些原则、法律和禁令应该只适用于他本人，但实际上却强化了他像神一样的人格力量。我们总是发现，患者把获得某些理想的"收益"作为自己的目标，而为了达到这种目标，患者会用直接经验证明这是最合适的斗争方式。比如，一位遭遇意外事故而患上强迫症的神经症患者，他会为获取一些物质上的"利益"而顽强地奋斗。同样的道理也适用于患者身上那些活跃的情绪因素，比如暴怒、愤懑和嫉妒，这些情绪会让患者更加安全地走上通往"卓越"的道路。后来这些情绪通常表现为疼痛、昏厥或癫痫发作（参见《自卑与超越》中《反抗和服从》一章）。神经症患者表现出来的所有症状都有其目的，就是确保患者所认同的人格特点和生活轨迹的安全。为了证明自己有能力应对生活，患者会制订出所有的"计划"，他的身体也会出现神经症的症状。这些症状对患者来说，都是必要时的一种援助手段，或是抵御其所预见的危险的过度发展的"安全系数"。在自卑感的影响下，他不断地努力工作，以防止所预见的危险发生。患者一直在为未来制订自己的各种人生计划。

神经症患者的"计划"

患者有意坚持和强调从现实生活中萌发的自卑感，这使得他在童年时代就不断地受到激励去定下他的奋斗目标。这种目标超越人类极限，类似于神化的目标，它会强迫个体按照自己严格规定的路线前进。神经质系统，即神经症患者的人生计划，就介于患者的自卑感和所追求的优越感这两者之间。患者的这种补偿性的心理结构，即这种神经质的"意愿"会使患者扭曲自身产生的和外来的一切经验，当然，有时还会篡改它们的价值。但是，另一方面，只要这些经验能满足神经症患者的目的，他就会不加修改地直接采用它们。

经过仔细观察，我们就会发现一个完全可以解释的现象，即这些计划的路线在许多方面都设置了警告和鼓励的标志，提醒和鼓励患者的行为，因此，神经症患者身上确实存在着一个分布广泛的安全网络。在任何地方，我们观察到患者的精神生活里确实存在着一个危险的、不成熟的上层结构，这个上层结构会随着时间的推移而不断地变化，所以患者逐渐适应现实的能力比儿童正常发育时期的适应能力更强。神经症患者的每一种心理现象都能渗透到这一上层结构之中，打个比方来说，如果这个渗透过程的流动线条能像浮雕一样清晰地凸现出来，那么这个心理现象也就不足为奇了。这些心理现象包括神经质的性格表现、神经症症状、个体的行为举止、个体的每一种生活方式等，一旦个体所做的决定威胁到神经症患者像神一样的地位时，他就会逃避，并做出错误的选择。最后，这些心理现象还包括患者的世界观、对男性和女性的态度，以及梦境。我在1911年就对上述现象做过解释，我对梦的看法与对神经症的看法是一致的。我发现梦的主要功能在人类早期的试验中被简单化了，梦能够对生命计划提出有效的警告和鼓励，梦的目标是解决未来的若干问题。更详细的阐述可以参考本书第18章。

在心理现象中，这种惊人的相似性是如何产生的呢？一切事物似乎都存在着同样的趋势，并被同样的趋势所引导着——这是一种向上的、向着男子阳刚之气和像神一样的感觉而努力奋斗的趋势。我在神经学研究论文《关于数字分析与数字恐惧症》中指出了这些事实，但从当时人们的普遍立场来看，我的这一研究并不完整，甚至走错了方向。

我们可以很容易地从上面提及的研究工作中得出结论。神经症患者的目标带有催眠的性质，迫使其的整个精神生活进入一个综合适应的状态。一旦确认患者的生命线，我们就会根据他的预设和既往病史，发现他果然表现出了我们所预期的症状。他对人格整合的强烈欲望源于一种内在的需要，是由他自我保护的倾向造成的。在患者对自己适当的性格特征、情感准备和自身症状进行图式性"规划"之后，这条心理活动路线就变得安全，且保持始终如一。在这一点上，我要补充一些关于情绪障碍和神经质"敏感性"（sensibility）的想法，用来证明患者身上存在潜意识的"计划"。这些潜意识计划的目的是将上述特质保持在患者的生命线之内，从而使患者达到其人生目的，这也是一种神经症的诡计。

例如，广场恐惧症的患者会以一种复杂的机制来提高在家中的声望，强迫周围环境都为自己服务，并防止自己迷失在这个环境里。而在街道上或在空旷的环境里，患者那种强烈渴望的"共鸣感"会不知不觉地在情感上凝聚成一种"关联"（junktim）[1]。这种关联是有关独处、陌生人群、购物、寻找剧院和社团等方面的想法，以及中风发作、街道封闭、被街道上的

---

[1]　"关联"：为了让个体的情感更加强烈一些，将两种思想和情感复合体有目的地联结在一起，而这二者在现实生活中彼此很少或几乎没有任何关系。此处的这种比喻有着相似的起源。

细菌感染而生病等的幻想。我们可以清晰地看到患者夸张的安全系数与思维潜能之间的差距。通过这种方式，我们就可以识别出患者的目的，他的这一目的就可以实现其最终目标以及让他人认可他的生命线。焦虑发作的患者采取的预防措施与此相似。无论这种决定是关于考试、爱情还是事业的，焦虑症患者在做决定时都容易打退堂鼓。这样患者伪装成生病的样子，迫使他把自己的情形与死刑、监狱、无边的大海、活埋和死亡等情景联系起来。如果患者对一段恋情是否成功不想做出决断，他可能会把以下几种想法联系起来，以达到预期的目的，例如一个男人会让他想到一个杀人犯或一个窃贼；而一个女人会让他想到埃及的狮身人面像（斯芬克斯）、恶魔或吸血鬼。每一次失败都会让患者感觉到更大的威胁，因为患者会将失败与死亡或怀孕联系在一起（神经质的男人也会遇到这种情况）。这种情感的转移迫使患者去逃避一个特定的任务。患者的父亲和母亲有时会被患者幻想成自己的情人或配偶，他们的这种亲情关系非常牢固，足以让患者逃避婚姻的问题。神经性强迫症患者通常会构建和利用宗教与伦理上的负罪感来获得一种权力感。例如，"如果我不在晚上祈祷，我母亲就会死亡"，这句话如果换成这样的一种表达方式，就可以理解为患者希望自己像神一样："如果我祈祷，我的母亲就不会死了。"

再加上夸大的理想人格会伴随这种神经质类型的"焦虑"情绪，患者用这种焦虑来确保自己的理想人格处于安全的状态。我们还发现，在患者得知这种夸大的"期望"会以失望告终之后，他会出现明确的受条件影响的强烈情感，如哀痛、仇恨、不满、嫉妒等。在这些情况下，人们对原则、理想、梦想、幻想等的坚持对医治他们的疾病发挥了巨大的作用，神经症患者会把这种坚持与某人或某些情景联系起来，并剥夺这些事物所有的内在价值，从而显示出他的优越感。爱情在人类生活中的重要性，以及神经症患者在爱情中寻求超人的影响力和重要性，都会导致诸如"对爱情期待的落空"这样的"计划"频繁地发生在他们身上。因此患者就会用这种方式来逃避性的问题。我们发现强迫性手淫、阳痿、变态和恋物癖等都是患者对待爱情的间接的表达方式。

第三种防止失败或表现出明显自卑感的心理结构，简单地说就是感觉、情感和统觉[1]的预估，这种预估具有重要的意义。当患者受到威胁时，它能起到预备、警告和鼓励等作用，比如发生在梦境、疑病症和忧郁症中，特别是在错觉、精神病、神经衰弱症和幻觉中都会起到这样的作用。[2]举个例子，孩子在尿床时通常会做这样的梦：他们梦见自己要去厕所小便。这样，儿童就可能萌生出一种不受心智影响的报复和顽固的遗尿态度。同样地，患有脊髓痨症、麻痹、真性癫痫症、偏执狂以及心肺感染的患者身上也会产生这种意象。患者会用这种意象来制造恐怖的氛围，最终达到确保自身的安全。

如果我们将神经症和精神病患者的特殊心理取向用一幅清晰的示意图展现出来，我建议用一个公式来表示人们对神经症的普遍接受态度，然后将这个公式与代表上述观点的另一个公式进行比较，而第二个公式才更符合现实的情况。第一个公式如下：

个性+经验+环境+人生需求=神经症

在这个公式中，我们认为要么是由于患者的自卑感，要么是

---

[1] 统觉（Apperception）是一种自发的感知活动，它主要依赖于心灵中已有内容的影响。通过统觉，人们理解、记忆和思考相互联合的观念，从而使高级的思维活动得以完成。——译者注

[2] 从那以后，战争引起了人们对神经症的研究，这种新观点几乎已经被所有的作家所接受。

由于遗传性、"性体质"（sexual constitution）、情绪性或他本人的个性等，患者的身体变得羸弱不堪。此外，患者的经历、环境和外部需求都给患者带来了巨大的压力，迫使他们"在疾病中寻求庇护"。这种解释显然是错误的，因为我们没有在疾病继发性的假设中得到论证。根据疾病继发性的假设，在现实生活中，神经症会对患者难以满足的愿望或存在的"性欲"进行调整。

更为准确的公式如下：

个体对（个性+经验+环境）的评价+个体对（经验+性格+情绪+症状）的计划=理想中的人格

换句话说，公式中唯一确定的是理想中的人格。神经症患者为了更接近心中像神一样的地位，会对自己的个性、经历和所处的环境做出带有倾向性的评价。但是，因为这无论如何都不足以到达自己的生命线，或者更接近自己的人生目标，所以他会使用一些先前使用过的更巧妙的手段，这些手段更容易激发他的人生经验，例如他曾经过的挫折、受骗和痛苦。所有这些经验都为他的攻击性特质提供了可信的理想基础。他从真实的体验和发展潜力中构建了如此多的特质，并构建了符合其理想中的人格的性格特征和情感预备，我已经详细讨论过上述内容。患者也以类似的方式通过疾病的症状来认识自己，在所有的人生经历中，他都采取了一种看似必要且有用的形式来提高人格感。在这种生活方式中，我们找不到任何患者自身预设的目的论[1]的痕迹，这种生活方式是用一种自我暗示的主要目标来体现和坚持他自己的

---

[1] 目的论（Teleology）属于哲学的范畴，致力于探讨事物产生的目的、本源及其归宿。目的论的根本点是把自然过程拟人化，把目的这个只为人的活动所固有的因素强加给自然界。在如何解释世界的事物和现象以及它们之间关系的问题上，目的论认为某种观念的目的是预先规定事物、现象存在和发展以及它们之间关系的原因和根据。——译者注

人格感。神经症患者的人生计划是由患者追求优越感的强烈渴望来完成的，并且患者会有目的地对其进行规划。他会小心翼翼地回避看似危险的选择，沿着先前验证过的几条明确的方向路线，在不断增加的安全网络里自由自在地漫游。因此，那些有关心理能量（psychic energy）的保存或丧失的问题都没有任何意义。患者会创造出非常多的精神能量，使他能够保持在自己选择的优越感道路上继续向前迈进，同时展现出他的男性反抗和像神一样的愿望。

神经症的心理治疗方法

在心理治疗学中，最重要的原则就是揭示患者的神经质的系统问题或生命计划。从总体来看，只有患者把神经质的系统问题或生命计划这两个方面与他的自我批评成功地分离开，这个原则才能保留下来。神经症的某些潜意识的治疗过程与现实是对立的，我们可以通过患者为达成目标而采取的计划来对其进行解释。[1]潜意识的治疗过程与现实的对立，即与社会合理要求的对立，存在于患者的神经质系统之中。患者的神经质系统和有限的生命体验都与个体的差异相互关联，这些经验和差异从构建生命计划的那一刻起，即在童年早期就开始生效了。只有对患者个性的艺术性和直观性进行自我认同，我们才能最恰当地了解他的生命计划的意义。这样，就可以觉察出我们是如何下意识地将自己与患者进行比较，又是如何下意识地比较患者与患者之间不同的态度或其他患者的类似行为。为了让我们感知到的材料以及患者

---

[1] 参见本书第19章《潜意识在神经症中的作用》。"感性"（Geist）似乎并不能保护个体免受故意隐瞒事实的影响。有时候患者"像神一样"的特性也会跟医生开一些奇怪的玩笑。

的症状、经历、生活方式和个体的发展情况等看起来更有条理，我利用了自己从经验中获得的两种偏颇的想法。第一种想法是研究患者在恶劣的生活环境下（如患者患有器官自卑症、家庭压力大以及神经质的家族传统）生命计划的起源，并且把我的注意力集中到患者童年时期产生的相同或相似的神经质的反应类型上。第二种想法则是基于上文所述的假设，患者会通过经验获得这些假设以及虚构的认同感。我是根据这些假设来预估我的感知的，接下来我会用例子来说明这一点。

从我的这些评论中可以明显地看出，我总是期望患者能按照生命计划，对童年时期或更早时期的玩伴以及他的家人表现出同样的态度。在患者与医生见面的时候，常常是在更早的时候，我们就能发现他有类似的情感关联。情感的转移或对情感的反抗是后来才发生的，并且是基于某个错误而产生的。在这些病例中，医生在治疗的后期发现这些问题时，往往为时已晚。尤其是在那些患者意识到自己隐藏的优越感之后，他可能会停止治疗，或者由于患者的症状加重而造成无法继续忍受治疗。经过正规心理训练的医生在任何情况下都不应该冒犯患者，因此以上问题可能是在医生不了解实情的情况下发生的。如果医生不了解患者的病情本质，就需要重新考虑自己的言论是否对患者造成了伤害。因此，尤其是在开始治疗的阶段，医生一定要谨言慎行，并且尽快地了解个体的神经症系统。一般来说，医生只要有一些经验，他在第一天就能够发现患者的相关信息。

更重要的是，我们要避免患者主动攻击。在这里，我只能提出一些建议，防止医生落入被患者"治疗"的境地。首先，即使是在最安全的情况下，我们也不能向患者保证能够成功治愈他，而是要让他明白治愈只是一种可能性。心理治疗学中最重要的方法之一是把治疗的工作和成功的治愈都归功于患者，把患者当作医生的"同事"，像对待朋友一样对待患者。如果患者根据治疗的结果来支付治疗费用的话，这会给我们造成巨大的麻烦，因为我们没有办法做出完全治愈患者的承诺。在治疗的每一个阶段，我们最好都有这样的假设：正如我们对患者的了解，他渴望获得优越感，他会利用医生的每一个承诺（比如，医生对治愈时间的承诺）来令医生感到难堪，所以医生要谨慎地做出任何承诺。因此，医生必须规范地回答患者的问题，如探视时间、友好开放的接待服务、付费问题、免费治疗、医生的保密承诺等，并要求双方都严格遵守。在任何情况下，患者主动要求治疗疾病都是一个好现象。在可以确定的治疗情况下，比如在治疗晕厥、疼痛或广场恐惧症等的过程中，如果我们提前告知患者他的病情有可能恶化，那么在开始治疗时，我们将节省大量的工作，因为患者通常不会在这些情况下发生主动攻击，这一事实证实了我们关于神经症明显消极的观点。如果我们对治疗的阶段性成功明显地表现出心情愉快，或者因此而夸耀自己的成绩，那将大错特错。因为如此一来，患者的病情很快就会变得每况愈下。所以，我们最好还是耐心地保持冷静的科学态度，把所有的精力都集中在治疗过程中可能会遇到的问题上。

在治疗过程中，我们有这样一个原则，与上述原则立场一致：不能让患者认为我们的地位比他们高，比如，他们会把我们视为教师、父亲、救赎者的角色等，除非他们可以提供非常有说服力的理由。患者的这种行为常常代表着他们反抗行动的开始——他们会把比自己地位高的所有人拉下来，也会利用治疗过程中的失败来否认医生的治疗，这是患者一直以来的惯用手法。面对神经症患者的时候，如果医生坚持认为自己处于更优越的地位或拥有更高的权力，将会对患者的治疗非常不利。而对医生来说，最好的办法就是开诚布公地对待患者，避免给患者做出任何承诺，这样就能防止自己因为医疗技术上犯下的错误而给自己带来危险。同时，医生一定要避免一个更危险的行为，那就是让患者为自己提供帮助。如果医生让患者帮自己做事，并期望他做些什么，那么医生就会更加危险了。如果医生指望患者能够保守秘密，那就说明这个医生完全不了解一个神经症患者最基本的心理活动。

以上这些原则，将医生和患者放在了最恰当、最合适的平等关系之中，也能让神经症患者在友好自由的交谈中很快就能透露出自己的生命计划。让患者采取主动的行为是上策。我发现，最安全的方法就在于寻找患者的表达方式与思维方式中所表现出的神经质的行为路线，并将其简单地揭示出来。同时，在不引起患者注意的情况下，医生要教导他们做出同样的尝试。医生必须确信神经症患者的行动路线的独特性和排他性，他才能唤起患者内心的真实想法。而且，医生还要事先告知患者，在他身上存在着那些令人不安的"计划"，进而去发现和解释这些"计划"，直到患者对这些"计划"感到心烦意乱，从而放弃它们，并用新的、更好的"计划"来替代它们。医生无法预测这种变化是否真的会发生，然而，如果患者与医生之间的关系不允许患者在实施"计划"时出现失败，那么患者就会更容易妥协。

正如患者在通往优越感的道路上存在着这些"计划"一样，患者身上还保留着明确的错误观念。这些错误观念会加深患者的自卑感，进一步刺激患者患上神经症。因为患者很难放弃这些错误的观念，所以医生必须让患者看到这些观念错在哪儿以及它们将会产生的后果。

患者的原始感知图式会明确而清晰地评估其感受到的所有印

象，然后有目的地将这些印象进行分组，比如高级与低级组、成功者与失败者组、男性化与女性化组、一无所有与应有尽有组，等等。之后我们会说明、揭露、展现出这种分组方案是不成熟的和不可靠的，还会指出这样的分组方案会让患者对外界产生持续的敌意。同样地，这个分组方案还向我们展示了在神经症患者的精神生活中，这些特征和从患者的文化[1]起源中发现的特征有相似之处。在患者的文化起源中，患者对文化的需求会使他们采用这种安全的分组类型。在通过类比之后，他会怀疑任何事情都只不过是一种模仿，而且还可能是在系统内发生的重复循环，这些都让患者体验到一种非常奇妙的感觉。原始人和天才给我们留下的深刻印象就是他们过度膨胀的权力欲，对周围的一切都表现出巨大的掌控力，把自己从一个无足轻重的人提升到像神一样的人，从虚无中建立起一个主宰世界的庞大帝国。对神经症患者而言，这就像在梦境中一样，很容易被看作是一种"虚张声势"的行为，尽管这是造成患者巨大痛苦的原因。神经症患者通过自己的方式获得虚构的胜利，不过它只存在于他自己的想象之中。我们必须向患者展示其他人的观点，那些人通常认为患者的优越感是以一种类似于神经质或变态的爱情关系的方式表现出来的。与此同时，他们那不可企及的优越感目标也会被医生一步一步地揭露出来，而他们却刻意地想要掩盖这个目标，因为这个目标关乎他们支配一切的掌控力，以及决定一切的力量。因为拥有这个目标，患者就会缺乏自由和对人类充满了敌意。我们发现，只要手头有足够的材料，我们就可以用简单的方式来证明，所有神经症

---

　　[1] 所谓"文化"，它是人类活动对所处环境做出的改变，即人们的心灵引导身体做出各种行为，其结果便是我们的文化。——摘自杨颖译《自卑与超越》，浙江文艺出版社2016年版。——译者注

患者的性格特征、情感和症状都可以作为他们的手段，让他们既可以沿着规划好的人生路线继续走下去，又能确保这条路线的安全性。对我们来说，重要的是理解患者情感和症状起源的本质，正如我们前面所叙述的，情感和症状通常依靠一个毫无意义的"关联"而相互有了关系，这个"关联"仍然是按照这一计划运作的。患者经常天真地透露出自己的那些"关联"关系。而在其余的时间，我们必须从患者带有类比的解释、以前的人生经历或梦想中提取出关于"关联"的内容。

在患者的世界观、人生观以及对未来前景的展望和对经验的分类方式中，我们同样可以揭示出这种相同的生命线趋势。在人生的每个阶段，患者都会遇到弄虚作假、有意隐瞒的事情，特别明显有目的的片面想法、极大的恐惧以及不能实现的期望，这些都会在患者身上"服务"到生命计划的最后时刻。只有在对患者的（生命计划）统一趋势有了更多的、详细的了解之后，我们才能成功地挖掘出他们身上那些离经叛道的行为。

由于患者认为医生的治疗是他们在神经症道路上实现自己优越理想的障碍，因此，每个患者都会质疑医生的行医资格，以便减少医生对自己的影响力。因为患者会向医生隐瞒自己的真实情况，所以他总会找到一些新的问题来反对医生的治疗。我们要特别注意这些问题，因为在医生精心计划的治疗方案中，这些问题清楚地揭示出患者通过神经症的方法来保持自己优越感的倾向。我们尤其要记住的是，随着患者病情好转的速度加快，当医生和患者之间可能会产生真挚的友谊，双方能够和平相处的时候，患者的攻击行为仍在继续，患者的反抗尝试也会更有力量。患者在治疗过程中会用浪费时间或者不按时来就诊等方法影响治疗的效果。这种明显有敌意的行为和所有的抵抗方式一样，都具有相同的心理倾向。只有当患者一次又一次地意识到自己的行为举止变得正常的时候，这种敌意才会消除。我发现患者的家属总是对医术高明的医生怀有敌意，而我有时还会无意识地挑起这种敌对的关系。一般来说，患者的整个家族都可能有神经症基因，通过揭示和解释神经症的传统，患者才有可能得到治愈。若患者最终想要完全治愈，还是要靠自己。我觉得最好的做法就是让患者把双手放在大腿上，保持端坐的姿势，我完全相信只要患者认清了自己的生命路线，无论我在那一刻说了些什么，他作为患者都能够更加清楚地理解我的意思。

附　录

在本附录中，我节选了一些神经症患者的生活类比记录，这些记录摘自一位二十二岁患者的精神生活。他来向我寻求医治时，已经患有强迫性手淫，出现忧郁症的症状，他不愿意去工作，看上去羞怯胆小，显得局促不安。根据这个类比，我要说的是患者对自己的评价越强烈，就越需要通过"安排"，去寻找证据来证明自己的这一评价。无论他对自己的评价是有意识的，还是在生活失败的压力下做出的，这种对自身的评价都与患者的经历、性格特征、情感以及疾病症状有关。这样一来，无论患者的神经症是突然发作，还是他选择慢性发作，我们都可以得到解释，而且两者也经得起生命计划的考验。从鉴别诊断的角度来看，深入了解这种"关联"是十分重要的。然而，因为患者常常出现混合型的症状，所以医生非常有必要确切地了解器质性神经疾病和病理学的相关知识。

为了让读者更加清晰地理解这个问题，就像解答数学问题所需要的技巧一样，我们先假设病例中的问题已经有了答案。那么，让我试着在答案的草图中尽可能地通过检查数据来反推问题答案的正确性。我们先从一个暂且成立的前提条件开始：患者正在努力寻求一种权宜之计，让他达到完美、优越和像神一样的目标。在我们无拘无束的谈话中，患者很快就为我们的这种假设提供了充足的证据。他向我们描述了家族中特殊的贵族地位，以及这一地位的排他性和"贵族的义务"原则，还有他的哥哥是如何因为娶了一个地位比自己低的女性而受到众人的指责。这样一来，我完全可以理解他对贵族身份这种固执的观念，因为他也认为贵族身份能够提高个人的地位。事实上，他曾经试过用平易近人的态度，或用强硬手段去指使家庭中的所有成员。一种外在的行为也同样体现出他"向上爬"的强烈欲望：他特别喜欢爬到自家房子的屋顶上，爬到最远的屋檐边，但他不允许家里的其他成员这么做，因为在家里只有他才能这么做！童年时，每当因为犯错而受罚时，他总是表现出异常的兴奋，而且会与各种外界的强迫形式做斗争，他还不允许这些惩罚在自己身上留下一丝一毫的影响。他通常会跟其他人唱反调，尤其是母亲。他会在大街上或公共场所自哼自唱，以展示出他对这个世界的藐视（从某种程度上来说，他正在形成自己的优越感）。在治疗开始时，他声称在梦里得到了一个预兆，提醒他千万不要被我这个医生吓唬住。他非常小心，不去踩到别人的影子（这是一种常见的迷信），因为他不想吸收到他人身上的愚蠢。（正面的解读是：我比你们所有的人都聪明！）对于一些奇怪的门锁，他只会用胳膊肘而不是用手去触碰，因为他认为其他人都是肮脏的，只有他自己是干净的。这种想法也是导致他具有洗涤强迫症、疯狂的洁癖、害怕感染、惧怕与他人接触的心理动机。他梦想成为一名飞行员、百万富翁，（跟别人相比）他更想让所有人都崇拜自己。他还做过自己在天空中飞翔的梦。综合这些情况，我们可以推断出他相当地自恋。

如果我们从患者的这些间歇性的努力行为以及独特性出发，更深入地观察这件事，就可以感觉到患者极其不快乐，而且也没有安全感。他总是回到体质孱弱的话题上，反复描述像女性一样瘦弱的身材，还强调一直为此遭到他人的嘲讽。童年时，他曾怀疑自己能否长成一个成熟的男人，因此备受心理折磨。有人说他要是一个女孩子就会好一些，这些话给他留下了深刻的印象。还在孩童时，他的神经症系统就已经完全形成，在这个系统中，他具备了那些能够强迫自己度过一生的必要的情感因素。这一点可以从他早期表现出的反抗行为、愤怒的态度、对权力的渴望以及残忍的个性中得到证明。所有这些特征有男性化倾向，特别是将矛头指向妹妹和母亲。这些特征有时候变得清晰可辨，例如，有人建议他在话剧演出时扮演一个女性角色，他竟勃然大怒。他显得非常恐惧，而且还情绪激动地指出自己身上的体毛是很晚才长出来的，还有他的包茎问题（器官缺陷）。他对自己是否有能力扮演好男性角色的疑虑深深地根植于内心，这就促使他在很多方面夸张地表现出他所认为的男性化的特质，并且更加自恋，同时关闭了生命线上通往爱情和婚姻的大门。因此，他发展到强迫性手淫的地步，而且一直都有手淫的习惯。无论他是如何公开而明确地表现出这种优越感，只要审视一下他行为上的预设前提，我们就能毫无疑问地感知到他身上存在的那种根深蒂固的、很容易被强化的自卑感。为了获得安全感，他不得不采用一种迂回的方式——手淫——来解决与异性做爱的问题，这样他才能找到满足自己性欲的手段。他必须把强迫性手淫的行为固定成为一种靠得住的安全措施，以防止女性给他带来任何的诱惑。在产生抵抗情

绪的时候，他就会出现头痛，因此他通常会用嗜睡来减轻自己的
症状。为了放大对女性的恐惧，他收集了自己经历的实例，这些
实例都可以证明女性能毁灭一切，然而他丝毫不采纳那些与之相
反的例子。对他来说，他用某些原则排除了爱情或婚姻存在的可
能性，例如，他认为他只能和《哥达年鉴》（Gotha）[1]中提到的
一个"贵族"女孩结婚，或者和一个即使在他看来都难以找到的
理想对象结婚。

　　除了半睡状态时手淫外，他还尝试了一些其他干扰社交活
动的方法，来改变自己的职业方向，甚至完全不愿意去工作。这
两种行为都很容易解读。他坚持认为"犹豫不决的态度"是有
用的，能够让自己暂时逃避婚姻大事。他对伦理和美学思想的建
构，使他远离卖淫和"自由性爱"。但是，这些偏见不能让我们
对他固有的神经症倾向视而不见。

　　与此同时，这种"犹豫不决的态度"所制订出的"计划"，
（由于拖延、懒惰、推迟等原因）使他有可能以大量固有的致命
经历来加强构建第二种安全感，即构建一种强烈的家庭情感。他
总会想起自己与独断专行、专横跋扈的母亲之间的特殊关系。他
在生活中遇到的种种问题，迫使母亲把全部注意力都转向了他。
因此他能感觉到，确实有一位女性受到他的专制统治。他知道用
什么样的手段来吸引母亲的注意，比如他会向母亲吐露自己的沮
丧情绪，或者画一些据说代表左轮手枪的字母装饰画等，其实这
些都是他夸大其词，无病呻吟。对母亲来说，他充满敌意的攻击
和偶尔流露出的温柔，总是让母亲对他言听计从。这两者都是他
使用的武器，是他控制母亲的手段。在这个病例中，既然性问题

---

[1]《哥达年鉴》，相当于《德布雷特英国贵族年鉴》。——译者注

被排除在外，那么这种亲子关系中存在着一种类似于他的生命计划的目标，即他想获得自己的统治权。为了躲避其他女人，他产生了一种恋母情结。在某些情况下，这可能会引起有乱伦关系的争议。另外一些人会认为，这可能反映了患者生命线的"乱伦关系类比"（incest-analogy），一种神经心理上的"虚张声势"，这些都骗不过心理医生。

这样，心理治疗的目的是向患者表明，在他清醒时的准备工作中，或是偶尔在梦中，他总是习惯性地想要进入理想状态的主干道上。我们还要告诉患者，他可以否定那些生命计划，然后依托自己的自由意志来改变自己的人生计划，进而改变自己器官系统的缺陷，从而与人类社会及其合乎逻辑的需求之间达成某种平衡。

第5章　幻觉理论的新观点

（1912年）

根据大多数医生的假设，对于那些与大脑和神经刺激相关的事实，如感觉、统觉、短暂记忆、反射以及运动刺激兴奋等，他们的研究都只停留在神经性物质的振动理论和波动理论及其化学变化的层面。如果一些研究者在这些事实中寻找更多看似合理，最终却无法证明的各种关系，他们得到的任何结果都不符合我们个体心理学家的逻辑推论，只有那些民间的心理学研究才会这样做。他们用机械的、电的、化学的或类似刺激物构建的患者的精神生活，让我们觉得匪夷所思，简直难以理解，所以我更愿意回到这样一个假设上，即在患者"生命"的本质和意义中，一定包含着一个心灵器官（soul-organ），其功能不是从属于其他的身体器官，而是用来协调它们之间的关系，这个心灵器官从患者一出生就开始发育成长，最终形成它的终极功能，即让患者的机体对各种刺激做出相应的反应。

无论何时，只要我们弄清楚这个心灵器官的运行机制，我们就会发现它对身体内部和外部的观感都会做出反应，并且一直都在为个体的各种行为与生活习惯扫清所有的障碍。然而，在这里我们不仅要考虑个体的意志，还要考虑外界刺激产生的计划顺序、我们对这些刺激的理解，以及这些刺激与外界的关系（无论这种关系是有意识还是无意识的）。另外，还要考虑我们怎样预测和引领个体成长的方向。在人生路上，个体的性格一直处在不断的发展变化之中，但个体总是在朝着改善、充实和升华（自己生活）的方向上发展，所有与个体有关的感觉似乎都会形成一种躁动和不安全感，这种感觉时而轻微，时而强烈。个体的需求一直在变化，它与身体的本能反应一直都在查验心灵器官是否处于平静的状态。在我们所理解的每一种表现形式中，个体自身表现出的躁动不安都源自以往的人生经历。个体对环境做出的任何反应，我们可以解释为他对当前环境的感受，而个体虚构出的人生目标，我们可以理解为那是他对未来的期盼。在所有这些情况下，我们不能想当然地认为，个体的注意力都可以毫无偏颇地发挥作用，都可以冷静地提取相关记忆，并将记忆与没有特定倾向的印象结合起来，最终个体形成自己完整的记忆。对个体心理学方法不精通的实验者和观察者，可能对个体最明显的差异视而不见，永远都不会意识到个体的"弦外之音"（undertones）在一些行动上能够起到决定性的作用。举个例子，对这类观察者来说，他们认为恐惧就是单纯的心里害怕。但是，如果他们想要了解人类，更重要的一点是，他们必须知道正是人的心里产生了恐惧，才导致这个人逃跑或者寻求他人的帮助。如果我只是简单地考察一个人的记忆能力、记忆强度、接受能力或反应速度，那么我就无法推断出他人生计划的真实目标。因此，实验心理学的实验方法并没有教给我们如何理解一个人具有的能力，或这人的价值观有什么用，因为实验心理学永远无法告诉我们一个人会将他的精神资本[1]用于行善，还是作恶。事实上，有些人可能特别擅长考

---

[1]　"精神资本"一词是德国著名的历史学派创始人李斯特（List）最早提出的，他在1841年出版的《政治经济学的国民体系》一书中给出的定义是：个人所固有的或个人从社会环境和政治环境得来的精神力量和体力。——译者注

试，而在现实生活中，他却一败涂地，因为他所取得的考试成功完全取决于考官与考生之间的关系，以及考生与出题范围之间的关系。

个体的每一种统觉和知觉都与复杂活动有关，在这些活动中，特殊的心理状态起着很大的作用，并对注意力产生极大的影响。即使是简单的知觉，也不仅仅是一种客观的印象或经验；它是一种创造性的行为，是由人们预见性的思想和辅助性的想法结合在一起的，从而引起整个身体做出相应的反应。然而，个体的知觉和统觉本质上并不是不同的行为，它们彼此之间的关系，如同某些事件的开始与暂时的结束一样。在任何特定的时刻，我们都需要一种统觉，我们所期望的这种统觉将会使我们接近人生目标。我们一生所经历的快乐和痛苦都足以进一步实现自己的预期目标。实际上，这种统觉可以说是在激励着我们向目标前进。像记忆一样，我们能够感知周围的物体和人群，可以从这个事实推断出：所谓统觉本质上就是一种创造性的行为。这个推断是从我们的直觉所不允许的角度得出的结论，比如我们可以在记忆的画面中看到自己的形象。这种创造性的行为是我们的心理与生俱来的能力，在发展过程中与外部世界有了明确的联系，这也可以用来解释幻觉的产生。心理的创造能力蕴含着同一种精神力量，尽管程度有所不同，但它允许我们在知觉、统觉、记忆和幻觉中发现具有创造性和建设性的心理活动。

这种人类的特质大致可以被称为心理的"幻觉成分"，它在个体的童年时期比以后的成长时期表现得更加明显，而且更容易被辨识出来。就其本身而言，由于幻觉与人类的理性思维、社会生活的基本职能和状况相矛盾，所以，在很大程度上我们不得不限制幻觉，甚至完全排除掉幻觉这个成分。幻觉中所蕴含的精神力量被限制在知觉、统觉和记忆的范围之内。所有这些都可以非常容易地得到证明，而且它们都具有社会价值的属性。只有把个体本身从社区人群中分离出来，使其处于一种孤立的状态下，我们才会解除这种限制。例如，在梦中，一个人的"自我"会试图战胜身体的其他感觉；当他在沙漠中面对死亡时，那种恐怖的不确定性会缓慢地折磨着他，让他产生一种幻觉，就像让他看到令人欣慰的海市蜃楼一样。最终神经症和精神病患者会描绘出这样一幅情景：一个孤立无助的人为了现实生活中自己的名望而在努力奋斗。但是，这样的一些人带着欣喜若狂的热情，像喝醉酒似的昏昏沉沉地冲进一个远离社会、他们自己虚构出来的情境里，并给自己构建出一个全新的世界。在这个世界，理性思维并不是那么重要，所以幻觉就显得格外有价值。一般来说，在这个新的世界里，这些人之间仍然存在着一定的社会情感，这也会让这些人认为幻觉并不真实。我们观察到的这些临床事实都适用于患者的梦境和神经症的情境。

　　我的一位患者因为视神经萎缩而失明，不断遭受幻觉的折磨，并且坚持认为这种幻觉令他极其痛苦。目前我认为他的视神经的易激惹[1]（irritable）症状与这种幻觉疾病有关，即视神经被激活后又会被患者重新解释，而且变得更加合理化，这样一来他就能够回避自己的疾病问题。在我们给予的视觉范围内，如果直接激活患者的视神经，并对患者特定类型的幻觉进行重新解释，我发觉他们产生的这些幻觉具有共同的特征，那就是让患者感到

　　[1] 易激惹是一种剧烈但持续较短的情绪障碍，患者极易生气、激动、愤怒，甚至大发雷霆，与他人争执。常见于某种人格障碍、神经症以及偏执性精神病，如慢性脑器质性精神障碍者、躁狂症患者等。神经症性易激惹患者的典型表现为：患者极力控制自己，其发怒打骂的对象往往是自己的亲属，发作多限于家中。如果病人有易激惹症状，他的家人都应该小心避免刺激他，也就是避免激惹。——译者注

极其痛苦。因此，我假设在他们的幻觉中存在着一种共同的趋势，我们的目的是将这些神经激活作为研究的对象，以便让患者对其进行合理的分配和使用。正是通过这种研究方式，我们对个体心理学的本质做出了解释。到目前为止，各种心理学对幻觉的研究一直都只是在关注幻觉的本质问题，而且这些心理学家反复强调幻觉是视觉领域的刺激。个体心理学家从一开始就假定，对所有与生命及生命本质有关的基本特征，和所有与生命本身、器官同化，以及身体存在电流有关的客观事实，都不可能给予具体的命名，也不能完全认识到它们的本质。我们会把幻觉看作心灵的一种表现方式，幻觉是与统觉和记忆中预先设定的、逻辑上确定的、真实的社会性内容相对立的。幻觉的本质在一定程度上也隐藏在我们的研究范围之外，因此，这种研究方法告诉我们，幻觉的受害者已经离开了社群性情感的领域，他还会通过逃避理性的逻辑和矫正自己对事实真相的感知，一直在为实现自己不同于以往的目标而努力奋斗。

在这个病例中，我们需要花点力气去分析患者为何会产生幻觉。如同每一种心理现象只有在具体的情景中，才有特殊的意义，[1]幻觉的真正意义是什么？患者在哪里会出现幻觉，以及为何会出现幻觉？这些都是个体心理学涉及的问题。只有在全面了解患者的整体人格和生活背景之后，我们才能给出这些问题的答案。我们认为，幻觉是一个人处在特殊状态时的一种人格表现。

在这个病例中，我们知道患者的视觉已经消失，但他的幻觉却得到了加强。患者不停地抱怨自己的"知觉"，在我们看来，

---

[1] 一些诠释艺术家，如性心理学家，只会非常肤浅地强调这一现象的双重意义，然后再谈论个体的内在心理。

这并不是让他十分痛苦的根源。例如，他会"看到"各种颜色、树木，也会"看到"阳光跟随自己进入房间。大家要注意，这个人一生都在折磨身边的人，而且在家中横行霸道。总结他早年的生活经历，我们似乎能看到这样一个形象：患者认为自己的伟大之处就在于可以给事情发展的趋势设定基调，并迫使全家人不断地关注他。由于失明，他再也不能正常生活。但是，他可以通过不断地提及痛苦的幻觉来让家人关注他——只不过改变了策略而已。由于睡眠非常不规律，他在夜间也会产生想要支配他人的冲动。在他的视觉范围里，大脑产生了神经兴奋。基于这种神经兴奋，他构建了一种能够帮助自己的"幻觉"，让他有机会将妻子完全束缚在身边。他（在幻觉中）看见吉卜赛人在抢劫他的妻子，并虐待她。在这种情况下，这种幻觉很可能是出于患者对自己失明的报复心理，他幻想中的吉卜赛人非常残忍地袭击他的妻子，所以他会反复地叫醒妻子，好让自己相信幻觉都是假象，同时这也能防止饱受折磨的妻子弃他而去。

这位患者失明后变得更加焦虑不安，幻觉也越来越严重，渴望将一切控制在自己手中。研究经验告诉我，许多人的行为受到幻觉的影响，而这些人的疾病具有相同的病因。以下是我们遇到的一个极具启发性的病例。该患者出身名门，受过良好的教育，但又非常自负、吝啬、不愿面对生活。他事业受挫，势单力孤，无法接受失败，于是只能借酒浇愁，从中寻求力量。因为饮酒过量，他发生了几次震颤性谵妄[1]（delirium tremens），还伴随有

***

[1] 震颤性谵妄，也称为撤酒性谵妄或戒酒性谵妄，多发生于酒精依赖者突然断酒或突然减量，表现为肢体震颤，同时伴有谵妄的症状。谵妄又称为急性脑综合征，患者表现为意识障碍、行为无章，如发狂、恐慌、有暴力倾向等，患者的认知功能下降，觉醒度改变，感知异常。——译者注

幻觉的出现，后来被送进了医院。这样，他什么事都不用做了。患者终日酗酒以寻求解脱的情形十分常见，这也容易理解，就像懒惰、犯罪、神经症、精神病和自杀行为一样，它们都代表了那些身体弱小、情绪易变但又野心勃勃的人成功地从失败的人生中逃离出来的行为，也代表了他们对社会要求的反抗。出院后，他彻底戒了酒瘾。然而，他以前酗酒的事情已人尽皆知，他的家人也不愿再关心他，因此，他除了靠卖苦力谋生，无事可做。不久之后，他又开始出现幻觉，这干扰了他的工作。他多次看到一个不认识的人向他做着嘲弄的鬼脸，这种幻觉使他厌倦了工作。他不相信这个人是真实存在的。自从酗酒以来，他就知道幻觉的意义和本质。有一天，他用铁锤砸向那个幻觉中的影子，以便让自己彻底摆脱幻觉造成的所有疑虑。而"那个人影"敏捷地跳到一旁，躲过了铁锤，随后还暴打了他一顿。

这种明显的幻觉很自然地会让患者把一个真实的人误认为是幻觉中的人，就像陀思妥耶夫斯基的《双重人格》[1]中所描述的那样。

这个病例还教会了我们一件事情：只让一个人彻底戒酒是不够的。我们必须让他从幻觉中清醒过来，否则他将成为其他逃避方式的牺牲品。在这些病例中，患者的幻觉还是出现了令人不安的后果。正如在第一个病例中，因为患者的家庭地位下降，他无

----

[1] 《双重人格》是陀思妥耶夫斯基（1821—1881）于1846年发表的小说。陀思妥耶夫斯基是俄罗斯心理描写专家，擅长病态心理和反常心理的描写。《双重人格》的主人公戈利亚德金为人正派，崇尚道义，但他试想出了一个与自己长相一模一样的人——小戈利亚德金。这个人冒充他的身份，到处招摇撞骗，还处处羞辱他，这种病态心理搅乱了他的生活。为了维护自己的声誉，他试图拆穿小戈利亚德金的卑劣行径，却总以失败告终，他自己最后得了精神分裂症。《双重人格》展现的是"多面心理"，即分裂人格。——译者注

法远离自己的家庭圈子，否则他获得威望的方法就会受到影响。而在第二个病例中，患者害怕承认自己的失败，换句话说，他担心自己在家中的威望受到影响，于是向家人谎称自己生病了，就躲到医院去。只有这样，我们才能理解上述观点，也就是说，幻觉就和以前的酗酒一样，给患者提供了一种内心的安慰，幻觉也就成了他未能实现自己野心勃勃、自高自大梦想的借口。只有把这个人从孤立状态中解救出来，并让他重返社会，这时我们才算真正治愈了他。

　　我们在这里同样可以看到，酒精中毒及酒精可以诱发幻觉。酒精既可以引发幻觉，又可以持续为幻觉提供合适的环境条件。如果没有之前的酗酒行为，他也肯定会出现其他方面的问题或神经症症状。

　　第三个病例发生在战争之后。有个男人经历了一场惨绝人寰的战争后生病了，常常出现神游症[1]、极度易怒、焦虑和幻觉。当时，他正在接受一项与申请伤残补助金有关的健康检查，由于丧失了谋生的能力，所以他认为自己完全有资格获得这笔补助金。他说，他经常注意到有一个人影跟着他，尤其是当他独自行走的时候，这让他非常害怕。所有这些症状，再加上他心不在焉、思想无法集中的明显状况，都使他不可能像以前那样出色地完成工作。

　　战争结束后，那些参加过战争的人常常抱怨自己的谋生能力下降，还抱怨丧失了以前曾经拥有的能力。不可否认的是，许多

---

　　[1] 神游症也叫睡行症，是一种在睡眠中行走或做一些简单活动的睡眠和清醒同时存在的意识状态。发作时表现出非常低的注意力、反应力及运动技能。多数情况下会自行或在他人引导下回到床上，无论是即刻清醒还是次日醒来均不能回忆所做之事。心理因素引起的神游症主要是患者有一定的性格基础，比如性格好强、好表演、暗示性强、以自我为中心等性格特征。——译者注

人确实会因为多年不工作而丧失了大部分工作能力。尽管如此，他们丧失掉的那部分能力是可以恢复的，然而我们并没有发现，这些人会为了恢复丧失的能力而去做一些准备工作。在某些情况下，有些人甚至会一反常态地放弃希望，这一点需要我们特别注意。一旦了解了这些人的过往经历，我们就会发现他们原来都是具有神经质特征的人，他们总是在需要做出决定时退缩不前，而现在面临新的考验时，他们又会像以前一样退缩，由于自己的神经症而"怯场"。他们这种"犹豫不决的态度"在伤残补助金的诱惑下，和在对特权的狂热追逐中愈发明显。这种特权可以让他们逃避未来的考验，也会让他们不用再继续努力奋斗。他们把这笔伤残补助金看作一种补偿和抚慰，是这个不公平的世界对他们的正义行为给予的一种肯定。对他们来说，补助金似乎只有物质层面的价值，仅仅是社会给予他们曾经遭受战争之苦的补偿，因此，他们会表现出一些神经症的症状，以此来充分证明他们已经失去了工作的能力。

早期的参战经历使这些人摆脱了被人怀疑是在装病，但这也是唯一的证据。我们面前的这位患者一直处于孤立的环境之中，他没有朋友，没有爱人，和母亲一起过着隐居的生活。他跟唯一的兄弟也彻底断了联系。正是这场战争，让他再次接触到社会群体，而这个社会群体永远也不可能重新接纳他。

有一天，他看到一颗手榴弹在身边爆炸，他害怕极了。这是他的幻觉，我们也可以解释为这是他对战争的恐惧。他身上的这种病症使他有可能再次远离令他不快的社会群体，他对社会更加充满敌意。他一定会在工作中进行"秘密"的反抗，因为从字面意义上说，"工作"这个词意味着个体愿意与社会合作。他甚至比以前更加厌恶与他人合作，他很可能认为这种厌恶感源于自己的工作能力下降。他心不在焉的状态恰恰表明他对工作不够专注。他自言自语地说，这个社会一直是他的敌人，而现在这个社会要为最后一次伤害他付出代价。这个代价是伤残补助金，他就像一位征服者一样，接受社会给他交纳的"贡品"。他从前线回来时，就丧失了正常的思维能力，进而躲在渴望被拯救的幻觉之中。战争结束后，幻觉一直伴随着他，直到领取了伤残补助金。对他来说，这象征着他取得了胜利。在这种情况下，正如我在前文对患者所提出的观点，只有患者改变了对社会的态度，医生的治疗才能达到目的。在病症不太严重的情况下，有时甚至不接受任何治疗，患者所出现的一切病症都可能消失。不过，这种症状的消失也只是医生表面上的成功。

第6章 儿童心理学与神经症的研究

（1913年在国际医学心理学和心理治疗大会的演讲）

第一部分

如果非要说出儿童和神经症患者与环境关系有何共同特点，我们认为应该是"缺乏独立性"。在没有他人帮助的情况下，无论儿童还是神经症患者都无法独自解决生活的问题。神经症患者对解决生活问题的需求远远超过对社会必需品的需求。家庭能为儿童提供这方面的帮助，而神经症患者的家人、医生和生活环境中的其他人也都能为他们提供这方面的帮助。我们会因为儿童的弱小和无助来帮助他们，但对于神经症患者来说，他们只能通过"生病"来寻求他人的帮助。这样一来，神经症患者就可以把更多的任务强加到家人、医生和其他人身上，让他们承担更大的责任，或者要求他们为了患者个人的利益而做出更大的牺牲。

儿童和神经症患者的心理需求越来越相似，这种相似性足以证明我们进行的比较研究是正确的。更重要的是，从"比较个体心理学"所得到的结果表明，我们必须设法从一个人的个性中找到一个关键点，这个点能让我们关注到这个人的过去、现在和未来，以及他所追求的人生计划的目标。根据这个关键点，对这门学科进行深入的研究之后，我们假设能从个体的各种态度和表达方式中——即我们能从个体的生活方式中——辨认出他受到的外部影响，随后我们也会找到证据证明这一假设。

　　从这个观点出发，我们坚持认为个体心理学的任务应该是诠释那些完整的概念，例如意志、性格、情感、气质，甚至每一个心理的特征。这些概念与它们运用的方法都是一一对应的，我们会根据每个患者实现人生计划的方式做出一定的解读。如果患者想要康复，这就说明他愿意接受医生的治疗。按照这种治疗的方式，患者的人生计划可能得到极大的推进。例如，就像患有广场恐惧症的人那样，如果患者将自己的活动范围限制在自己的房间里，这样他的疾病很快就得到了治愈。即便在实施治疗的过程中，患者也有可能放弃后续的治疗，为此，他需要利用治疗中医生的一些技术失误作为自己放弃治疗的借口。这就相当于说，他利用不同的方法可以实现同一个目标，而他利用同一种方法也可以实现自己的多个目标（即殊途同归）。这种情况也可以在两个人之间发生：即便是两个人做不同的事情，但得到的结果可能是一致的。（比如：弗雷希尔和舒尔霍夫虽然两个名字不一样，但指的是同一个人。Freschl & Schulhof）[1]。在这种情况下，我可以肯定地说，只对单一的现象进行分析，我们是无法获得任何有用信息的。我们感兴趣的是个体具有正常的思维能力，即个体实质性存在的意义。现实中，当个体对事件发生前做出预期的准备，以及预想事件发生后能够达到的目标时，我们就可以在这交叉点上发现事件本身。我们从事前的准备和事后达到的目标这两种情况来看，与这个事件相关的一切情感，包括个体表现出的精力、性情、爱、恨、理解、缺少理解、痛苦与快乐、改进与缺乏改进，都将按照个体认为的、能够确保预期目标所达到的那个程度来出

---

　　[1] 比如一位女士名叫Malvine Freschl，结婚后随夫姓，现在叫Malvine Schulhof。所以Malvine Schulhof和Malvine Freschl从表面上看好像是两个不同的人，实际上指的是同一个人。因此她的名字习惯上写成Malvine Schulhof (Freschl)。——译者注

现。我们很容易证明，思想、感觉和意愿的有意识和无意识的本质都是由形成人格的推动力所制约的。个体所经受的压抑情绪此时也会出现，这种压抑不是对个体的"自我"的一种解释，而是个体在实现人生的目标时"自我"所使用的手段和机制。

我已经指出[1]，同样的相互关联可以确定个体的性格，以及性格在人格服务中的作用。在个体的心理构造中，存在着层级关系，儿童对这种层级关系的评价，以及儿童从环境中获得的经验都会影响到他们自己的行为。一旦设定目标和生命计划，儿童的性格和本能将与之完全匹配。当然，我们不能想当然地认为儿童每一次采用不同的手段，都是因为他们具有不同的精神生活目标。不管锤子和钳子之间有多大的差异，我们都可以用它们来钉钉子。在同一个家庭里，可能会有多个儿童患有神经质倾向。有时我们会看到一个儿童用反抗的方式来争取家庭里的支配地位，而另一个儿童则是用顺从的手段达到同样的目的。一个五岁的男孩养成了一个坏习惯，凡是他手能够着的东西都被他扔到窗外。在被家人好好地教训一顿之后，他生病了，内心充满了恐惧，而且不再朝窗外扔东西了。正是利用自己生病的症状，他成功地赢得了父母的关注，把他们束缚在自己的身边，并成为他们的"主人"。我有这样一位患者，在弟弟出生之前，他一直是一个被父母溺爱宠坏的孩子。在弟弟出生后，有一段时间，他用违抗父母命令、行为懒散的方式来表现对弟弟的敌意。为了重新赢得父母的注意，让父母围着自己转，于是他患上了遗尿症，并且开始拒绝进食，以此成功地取代了弟弟的地位，让父母更多地关注自己。达到了目标之后，他变成了一个非常讨人喜欢、勤劳肯干的

---

[1] 参见伦敦开根·保罗出版社出版的阿德勒《论神经症性格》。

男孩。为了一直让自己受宠，他不得不生活在巨大的压力之下，于是他患上了严重的强迫性神经症。随后，他又出现了恋物癖，这很快暴露出他的主要行为目的，比如他会因为害怕女人而做出贬低女人的举动。这名患者试图用暴力攻击的方式来获得家中至高无上的地位，而他那个曾经被宠爱的弟弟却通过自己温柔可爱的表现方式，也轻易地实现了这个目的。同样地，他的弟弟有轻微的口吃，这也是一种反抗行为，说明他的弟弟也有野心，也缺乏最基本的安全感。[1]

　　这样，神经症患者的整个精神活动的过程，即神经症的意志、感觉、思维的整个过程以及神经症与精神病之间的关系，都以一种长期存在的完整形式展现出来，成为患者战胜生活的一种形式。神经症的初期总是让我们回想起患者的童年时代。正是在这个时期，基于个体的不同体质结构所显示出的特征，以及个体所处的环境影响个体心理结构的本质，我们应该去寻找患者最初的试探性尝试，正是这些尝试后来促成了他们不断推进自己的优越感目标。

　　为了理解儿童的生命系统计划是由什么组成的，我们不妨想象一下儿童的生活方式。无论我们把儿童知觉的开端放在哪个时期，这个时期必须是在儿童已经掌握了一些人生经验的时候。现在，最重要的是我们要记住，只有在儿童的头脑中已经有了某个目标的情况下，这些经验的掌握才能使他获得成功，否则，儿童的人生将是一种毫无意义的探索过程，我们也不可能对他的人生做出任何评价。对我们来说，如果儿童没有这些人生的目标，我们对他的人生进行必要的分类、谈及他所使用的那些高瞻远瞩的

---

[1] 参见《自卑与超越》一书中阿佩尔特（Appelt）的"口吃者治疗进展"。

观点、了解他与他人之间的相互联系或经验的运用，等等，都将变得毫无意义。如果在纯粹虚构的物质世界中，我们没有设立固定的人生目标，那么我们所做的每一次评价就毫无意义，最终都将会被弃于一旁。因此，我们应该清楚地知道，如果没有明确的目标，人们就不会真正形成他们自己的这些人生经验。的确，经验都是人为塑造的，但是，这仅仅意味着人们给经验赋予了一个明确的特性。受个体思维方式的引导，他认为经验将会促进或阻碍实现自己最终的人生目标。我们的生命计划都有明确的目标，会在人生经验中持续活跃，并一直发挥作用。这就给了我们这样一种印象：过去的人生记忆既能鼓励我们，也能让我们感到恐惧。只有在这些记忆中辨别出有意义的指导方向后，我们才能更好地理解并正确评价这些记忆。

在儿童成长的阶段，或者在他回忆童年的时候，我们检验他们的某段经历或人生的记忆，结果我们发现，这些经历或记忆并没有提供任何的信息。就儿童本身而言，这些经历或记忆具有多重意义。我们必须对每一种解释加以解读，还要为这些解释提供相应的证据。就相当于说，我们感兴趣的东西并不存在于事情本身，而是存在于事情发生前后的回忆之中。只有感受到个体的心理活动拥有了一条完整的生命线之后，我们才能更好地理解个体的心理活动。然而，一条生命线至少有两个端点。因此，我们的首要任务就是把心理活动这条生命线的两个端点结合起来。通过这种研究方式，我们获得了一种印象，之后通过添加新的元素来完善或者是制约这种印象。这个过程可以比作画一幅肖像画，其价值不能由其固有的规则来衡量，而是由它实际代表的内涵来衡量。有时候，这种态度具有可塑性，就像我的一名患者一样，她患有歇斯底里症，同时伴有意识丧失、手臂麻痹和黑蒙

症[1]（amaurosis）等症状。她的一项测试结果显示，为了牢牢地
控制住丈夫，她除了每天连续不断地发病之外，还对其他人疑心
重重，特别是对她的主治医生。为了让她形象地展示出对世界的
敌意，我告诉她，她就像站在远处的一个人，伸出双手尽量抵挡
与别人的接触。后来，她的丈夫告诉我这正是她第一次发病时的
情景：当时她突然伸出双手，好像要抵挡什么人。该患者第一次发
病是在她怀疑丈夫对自己不忠诚的时候。通过患者的回忆，我们发
现患者当时的行为与她童年时期的某次经历相一致。童年时期，有
一次她被人单独留下来，虽然只是独自待了一小会儿，却差点儿被
坏人强奸。当我们把这两种截然不同的事件联系在一起的时候，我
们才会得到一个印象，并意识到"这一点"在这两次事件中都不存
在——她害怕被人独自留下！生病以后，她觉得这种被人单独留下
的情况有可能再次出现，于是她竭尽全力地用所有的经验来对抗它
的出现。现在我们才意识到，从一开始我们就应该假设，患者从童
年的经历中得出这样的结论：作为一个女孩，她身边应该一直有人
陪伴。在童年时期，只有她的父亲陪着她，实现了她有人陪伴的愿
望。父亲是那个最合适的陪伴者，而所有与性有关的想法都与这种
陪伴无关，因为在童年的早期，母亲对她的姐姐极为偏爱，因此在
某种程度上，她从父亲那里得到的爱补偿了她缺失的母爱，并代表
了她对母亲的一种制衡。

　　我和同事经常讨论上述情况，充分证明了其他人的解释是站
不住脚的，就像法国学派的观点，他们把这种疾病归因于患者以

---

[1] 黑蒙症，主要表现为视力突然减退或者眼前发黑，看不清东西。临床多为一
过性黑蒙，表现为头晕、视物模糊、突然出现的双目失明，短时间可以恢复视力。常
常是由于一过性脑缺血、贫血、低血压等造成的。——译者注

前的人生经验，而弗洛伊德学派，尤其是荣格[1]学派，他们却认为患者是早期某种回忆的受害者。后来弗洛伊德和荣格的这一理论被进一步修改补充，他们的理论才更加符合患者身上发生的实际冲突，但仍然对患者的生命线缺乏一定的理解。因为患者身上发生的事件和实际冲突是由一条活跃的生命线维系在一起的。而生命线的目标一直牢牢地控制着这位患者：在生命线的一端，形成了个体的人生经验，而在另一端，患者经历的具体事件被提升到个人经验和冲突的范围之内。

对于心理学，特别是对于儿童心理学而言，我们要做出这样一个必要的推论，即我们总是要从儿童的整个成长过程中，而不是从单一的阶段对其病因做出解释，并得出结论。

针对上述病例，从个体心理学的角度来看，我们了解到患者害怕独处的事实，就可以对她的疾病有更深入的了解。这种神经质状态具有多重的意义，而单一的事实并不能解释疾病的原因。我们必须把一个事实跟另一个事实相互联系起来。患者早期的童年记忆中充满了她与姐姐竞争的想法和感受。与之相关的记忆逐一浮现出来，她的姐姐总是和父母在一起，而她却不得不独自一人待在家里。我们发现，当患者叙述童年时期的回忆时，有一个相同的情景反复出现，这就更加证明了我们对患者生命线的假设是正确的。然而，患者的另一个症状，即偶发性"欲裂"的头痛，也可以用这种假设来解释吗？为什么患者在经期总是发生头痛呢？在回忆中，患者表示这种头痛症状是在她与偏心的母亲发生争吵后不久就会出现。当时患者正处在月经期，母亲抓住她

---

[1] 荣格（Carl Gustav Jung，1875—1961），瑞士心理学家和精神分析医师，分析心理学的创立者。早期曾和弗洛伊德合作。后来，由于两人的观点不同，最终分道扬镳。他的分析心理学因集体无意识和心理类型的理论而声名远扬。——译者注

的头发，她用力甩开母亲，径直跑到流经她家庄园的那条冰冷的河水中，希望自己要么因此生病，要么被冻死。她爆发出的愤怒可能伤害到他人，甚至危及自己的生命。她经常目睹哥哥这样威胁母亲，但是，在模仿哥哥的行为时，她也明显地违背了女孩必须遵守的戒律：女孩来月经时不能着凉，而她竟然在月经期跑到冰冷的河水中！虽然她不能理解自己的行为举止，但是她认为她只是跟随自己的直觉去做这样的事情。实际上，她遵循了以下思维过程：她哥哥采用反抗的方式，成了家里的统治者；姐姐享受着母亲的宠爱；虽然她是一个女孩，还是家里的老小，但是她却孤身一人。她认为只有生病和死亡才能获得应有的尊重！她对平等的渴望非常明确地表现在自己的情绪和行为中，因此，如果她有意识地做出伤害自己的行为，那对她来说没有任何益处。我们由此得到的结果足够解释她生病的原因了。无可否认，还有一些其他原因能够解释为什么这种渴望会一直处于潜意识的状态。但是，患者确实没有必要意识到这种潜在的心理机制。对这个心理过程的充分认识反而可能会威胁到患者的渴望。如果她能亲眼看到我们所知道的情况，她的生命计划是建立在一种根深蒂固的女性自卑感之上的话，她的人格也会因此受到伤害。为了让自己否认这一点，她从自己所有的经历中总结出了一种概括性的想法：如果想要维持自己的重要性，获得优越的地位，就不能被单独留下！当她害怕丈夫认识到她的优越性和影响力，并从她的身边溜走时，她就需要约束丈夫，不让他离开自己半步。这种攻击性和防御性机制一直都在她身上不断地增强，我们将其中最重要的因素称作神经症。因为患者的神经症是首先付诸行动，来证明她对权力的需求，最后至少在外表上显示出了她重新获得了以前的统治地位。从此以后，她绝不会被人单独地留下。

　　现在我们对患者的所有行为、感觉和思维的中心有了推论，也已经清晰地勾勒出患者的心理图像。通过这个心理图像，我们就可以非常明确地推测出患者身上还有许多其他的特征和个人属性。患者对独处的恐惧必然促使她紧紧抓住自己最明显的心理武器——焦虑。只要提出这一点，我们就可以用事实来证明患者的焦虑。例如，每当她独自坐在马车的后面，而她丈夫坐在前面驾车时，她总会产生一种恐惧感。这种综合症状说明了她的依附性，但她的主观意愿却没有表达出她要依附于他人，这二者之间没有引起"共鸣"。只有当她也坐在马车的前排时，她的情绪才能恢复平静。患者这种态度的构建过程不需要再进一步讨论。事实上，我们发现马车在道路的每一个转弯处，以及马车每次与其他马车相遇时，患者的内心都会充满了恐惧。尽管她非常清楚自己毫无驾车的经验，而丈夫却是一个驾车老手，但那时候她还是会紧张地抓住丈夫手里的缰绳。当马车快速奔跑时，她也会感到害怕。有时候，丈夫为了捉弄她，故意用鞭子不停地打马，让马跑得更快。而此刻，她的恐惧症状却会弃她而去！我们来看看发生了什么有趣的事情，这对我们理解患者表面上的痊愈是很重要的：马车加快速度时，患者并没有感到任何的恐惧。因为她只要不害怕了，她丈夫也就不会继续加快策马的速度！[1]

　　这样，我们就毫不费力地得到了一个全新的、非常深刻的见解。当有人要求我们回答以下合乎情理的问题时，我们也会成竹在胸：为什么患者在努力争取与男人平等的过程中，没有达到自己去主动"抓住缰绳"的地步呢？患者的全部经历可以让我们毫不犹豫地回答这个问题：她实际上没有信心获得与男人一样平等

────────────

　　[1] 在战争神经症的治疗中，强电流专家、催眠师和江湖骗子都被这些表面上的成功引入歧途，当然同时还有患者和科学家也被引入歧途。

的地位，因此她只能选择回头，把男人当作一种手段、一个支持者、一位保护人，从而建立起她想要超越男人的优越感。

第二部分

和教育学的研究一样，我们的心理学研究一定会比以前更多地利用神经病学和精神病学所取得的研究成果。面对你们这样优秀的读者，我就不必再画蛇添足地解释这一点。同样地，心理治疗也引导我们尝试着研究儿童的心理活动。今天我想再次证明我们的假设是正确的，即患者的人生经验、过去的教训、未来的期盼，都围绕着童年时期所形成的那种虚构的生命计划。假设我们稍微改动一下患者的生命计划，他就会患上轻微的自闭症（这可能是他生命计划的目的），如此一来他就有理由恢复最初的生命线。他曾公开地或稍做掩饰地向我们表达出对社会要求的强烈反抗。如果我们想要改变他一直处在幻想中的生活方式，除非彻底改变他童年早期的生命计划，否则后续的治疗也没什么作用。我还坚持认为，和把神经症和精神病视为研究的整体一样，患者的疾病症状、性格特征、情感、个性评价以及性关系也都要放在同等的研究地位。它们都是患者使用的手段、计谋或障眼法，是为了迎合一种趋势，这种趋势是由下向上施加压力的。在患者的苦难经历中，他用自己的惨痛经历打动了医生，加剧的紧张感总是蓄意地存在于患者与现实世界之间。如果他希望战胜这种紧张感，医生会建议他采取一些手段。我们描述的童年初期的情况和儿童的心理，证明了恐惧是如何成为患者自恋的一种武器；为了消除来自社会的强迫，个体是如何设定自己的强迫行为的。当患者要做出决定时，当他的行动被限制在一个小圈子里时，当他不愿意玩游戏而是想要独处时，或者他的伟大想法最后被人发现时，患者都会表现出我们所说的优柔寡断、犹豫不决的态度。如果将所有这些表现无一例外地解释为患者童年初期的性格特征，那就大错特错了。我们发现，那些觉得自己软弱无能的人，无论是孩子、成熟的大人，还是野蛮人，都会采用相同的应对手段。个体对这种手段的理解和掌握，将把我们带回到个体的童年时期。在那时，我们都知道最有效的反抗手段不是直接的攻击或行动，而是顺从、屈从和其他孩子式的反抗形式，比如不睡觉、不吃饭、不做事、不讲卫生和多种明显的示弱行为。在某些方面，我们的文明会赋予弱者一些特权，但是，有神经质倾向的儿童认为生活对于他们来说，就是一场持续不断的斗争，我们可以从他们的行为举止中发现，他们预设的生活就是持续的斗争。不可避免的是，他们的每一次失败，以及他们对即将做出决定的恐惧，都一定会让他们感到神经紧张。这种紧张的发作是一种武器，是自卑之人的一种反抗标志。从童年时代起，神经症患者的敌对态度就给了患者一个明确的指示，而这又在患者身上表现为神经过度的敏感，他不能容忍任何形式的强迫行为，包括人类文明对他的强迫；他还表现出坚持不懈的独自奋斗，公然向整个世界发出挑战。正是这种态度不断地激励患者去做超出自己能力极限的事情。从这个角度来看，这就像一个孩子在做实验时，自己被火烧伤，或者撞到桌子上，皮肤上出现了淤青，实验的结果就是给自己带来了身体上的伤害。通常情况下，这个个体对自己的敌对态度、与人的竞争、攀比、谋划与幻想的行为都会加以强化，同时也会对自己进行身心等特质方面的训练，最后他会寻衅挑事，甚至虐待他人。他非常迷信魔法，认为自己就像神一样。他还会想出一些巧妙的逃避方法，比如，由于害怕自己的伴侣离开，他会表现出某种变态行为。所有这些不正常的行为也会发生在儿童身上，因为他们要么是在难以忍受的压力下长大，要么是在温室中成长起来，因而他们都会出现身心发育迟缓的问题。这就需要一个极度安全的环境保障个体的发展进步，并保护他在成长中避免任何失败。然而，与此同时，患者身上好像附有某种"诅咒"，总在完成任务时出现各种各样的问题[1]。其中能够起决定性作用，并可以用来充当借口的就是他"生病"了。这就像强迫神经症患者表现的那样，患者会过度评价那些与完成任务无关紧要的细节，并会毫无目的地继续关注这些细节，直到错过完成任务的最佳时机。

不可否认，这种针对某种成功的强烈刺激，偶尔也确实让患者获得了卓越的成绩，但是我们这些神经学专家所看到的患者，通常是一个充满忧伤而又缺乏活力的人（ut aliquid fieri videatur，拉丁语），这些人的有些器官出现了缺陷，可是强烈的刺激却能让这些器官起死回生。这个懦弱的人很可能在盲目的狂热中改变了自己的性格。为了逃避现实，患者不惜伤害自己，甚至自杀。他会停止思考，变得忧愁和郁闷。这种"人为构建"的心理状态会影响患者夜间的休息，因此白天他就会为自己身体的疲惫不堪，甚至无法正常工作找到借口。由于患者看待事物的偏见和有目的地将注意力转向其他方面，所以他的感觉器官、运动器官和营养器官都失去了原有的功能。患者给自己贴上各种痛苦的标签，执着于一些之前发生过的不愉快的记忆，让自己出现恶心和呕吐的症状。经过一段长期而精心的准备，他还会小心谨慎地逃避婚姻生活。同时，患者的理想和崇高的内心需求又会加强这种逃避爱人的心理倾向，一开始他把爱她的能力就限制在很小的范

---

[1] 参见本书第8章中《距离产生的问题》的内容。

围之内，直到最后彻底摧毁这种能力。

在许多病例中，鉴于患者的特殊个性，他对爱情和婚姻问题的态度表现得非常独特且又有局限性。由此，我们几乎可以预判患者的发病类型、发病时间，以及在多大程度上从患者的生命计划追溯到童年时代。从以下病例中，我们可以得到一些答案。

第一个病例：几年前，一位三十四岁的妇女患上了广场恐惧症，在治疗期间，她仍然对铁路感到恐惧。只要走近火车站，她就会感到自己的身体剧烈地颤抖，以至于她只能落荒而逃。这件事及类似的事件表明患者身上出现了一种"障碍"，就好像她被限制在某个魔咒之内。我们了解到，她有关铁路的最早回忆是发生在她与妹妹之间的一幕，在回忆中她试图抢夺妹妹的位置。显而易见，这一事件具有多重意义。如果把这一早期事件与她最后出现的一种表现——铁路恐惧症联系起来，并在这两者之间划上一条线，然后将这两件事进行比较，我们就会发现，它们之间似乎存在着一种隐含的意义：她试图与铁路竞争，就像她跟自己的妹妹竞争一样。这样，我们便会立即意识到，患者正在极力躲避某些场所——在这些地方，她的控制欲无法得到满足。她之所以记得许多类似的事例，都与她对待自己的哥哥们的态度有关。因为他们总是强迫患者服从他们的意愿，因此，我们预测在生活中，这个患者会试图支配其他的女性，但她又会尽力躲避男性的权威，无论她面对的那个男性是司机，还是机车工程师，她都会从生活计划中根除掉爱情和婚姻。在少女时代，她很长一段时间喜欢拿着鞭子，在庄园里走来走去，并鞭打她的男仆。我们预测患者的想法是这样的：她试图把这个男仆当作自己的一件附属品。实际上，在她所有的梦境中，男人要么是以动物的形象出现，要么被她征服，或者被她吓得落荒而逃。在她的一生中，她只与一个男人有过短暂的亲密接触。正如人们预料的那样，这个男人是个懦弱的同性恋者，他还以自己的阳痿作为借口，解除了与她的婚约。她对铁路产生的恐惧症意味着她对爱情和婚姻产生了恐惧，她再也不敢相信任何陌生人的承诺。

我们研究了患者在童年时期的男性反抗机制。这种机制在女孩身上尤为明显，并且会影响女孩的其他方面。我们很快发现，儿童对环境的实际期望和紧张的情绪都已经到了白热化的程度。在所有的病例中，他们都会出现"男性谵妄"的症状。

患者在感觉到虚弱能给自己带来许多便利之后，就会将其发展成为一种"极端的软弱"。这样我们也可以很好地理解儿童所采取的那些过度亢奋、抗拒症和神经质的手段。第二个病例是一个三岁女孩，她的其他方面都很健康，但她常常与母亲较劲，对各种形式的压迫与贬低都极度敏感，她非常执拗，而且对母亲有反抗的举动。她还不时地绝食、便秘，反抗家庭为她做的安排。她的消极情绪发展到几乎令人无法忍受的地步。有一天，她母亲带她去喝下午茶，听到她自言自语："如果妈妈让我喝牛奶，我就要喝咖啡；如果妈妈让我喝咖啡，那我就要喝牛奶！"她经常表露出希望成为男人。有一天，她站在镜子前面问妈妈："妈妈，你是不是也一直想成为一个男人？"但当她意识到不可能改变自己的女性性别时，她向母亲建议，希望母亲再给她生一个妹妹，不是一个弟弟。然而，等她长大结婚后，她只想生男孩。后来，她仍然毫无疑问地表现出对男性的高度评价。

由于这种男性反抗在女孩身上表现得非常清晰，我想介绍第三个病例，一个身体健康的三岁女孩。这个女孩最喜欢穿哥哥的衣服，却不爱穿姐姐的衣服，至少一开始她不愿意穿。一天，她和父亲散步时，他们在一家男装店门前停了下来，她想要说服父亲给自己买几件男孩子的衣服。当父亲跟她说店里没有适合她穿的衣服,而且女孩也不能穿男孩的衣服时,她指着一件男装小披风说:"在某些场合下,这件衣服是适合女孩穿的。"她央求父亲给她买这件小披风。在这个例子里,我们会看到一种男性反抗的变体,她一方面预设了成为男性角色的最终目标,另一方面坚持认为哪怕自己外表看起来像个男人,也可以让她得到一定的满足。

　　我认为这些情况都是非常典型的病例,在上述情况下,我们都观察到了一种相当普遍的疾病类型,这让我们有必要提出以下问题:迄今为止,我们采用什么样的教育方法能够协调女性不喜欢但又无法改变的事情呢?因为我们都清楚,如果这种协调不成功,那么我们将会面临刚才讨论过的问题:长期的自卑感会不断地引起女性的不满,于是女性会进行各种尝试,并实施各种计划,以此证明自己在各种障碍面前具有的优越感。在这种情况下,女性出现的那些反抗的"武器"(手段),一部分是与现实有关,另一部分是源于她们的想象,这些都形成了患者神经症的外部影像。当我们的任务是考虑采取什么手段来消除患者身上的不利因素时,我们就不能为自己辩解说,患者身上的这个状况对他有好处,它能让一个人的生活变得更加充实、更加微妙。患者身上的这种情绪,一方面源于自身的自卑感,另一方面源于一种渴望——渴望别人认可她的"准男性"的性格。当女孩沦为别人的一块背景板时,当女孩看到自己发展的机会受到限制时,当女性经前期、月经期、生育期、更年期会有诸多不利因素出现时,她的这种自卑感和渴望被人认可的情绪就会进一步加剧。众所周知,这些时期是女性患者神经质反抗行为的决定性时期,因此我们可以提前预测她们可能具有的反抗行为。虽然我们已经揭示了神经症疾病的一个根源问题，但不幸的是，我们必须承认，无论是在教学还是在治疗手段上，我们都没有找到任何方法可以防止患者身体的先天条件和社会的强迫所产生的后果。从我们的这些观点来看，可以暂时得出以下结论：有必要在预防和治疗疾病两个方面，尽早地让儿童认识到他们的性别器官是不可改变的。儿童不应该将其性别器官视为无法克服的器官缺陷，而要把这些不利的因素看成是他们生活中固有的难题，别人既然都能理解这种难题，必要时他们也要懂得如何与这些难题作斗争。只要让患者认识到这一点，我认为当今女性在职场中出现的不确定性和逆来顺受感都将会消失，随之而来的是渴望被认可的感觉，常常让女性显得低人一等的感觉也会消失殆尽。

第四个病例是一个十岁的男孩。我想用它来说明，在这个病例中，普遍发生在女性身上的男性反抗因素一旦进入社会关系中，女性的男性反抗特质也可能传递给男性，并且在男性身上也会出现类似的临床表现。我们一开始从人类众所周知的本性来进行研究，于是我们假定男孩会因社会环境对他公开表明的高度评价而感到荣幸，同时他也会感到有更多的责任强加在自己肩上。因此，在这种情况下，他与世界的关系也就变得紧张起来。这种紧张的关系产生了实际的成就，也造就了我们的文化。正如当今的文化所倡导的那样，人们认为男人天生就该坚强，男人要承担更多的责任，所以当今的文化在很大程度上是以这种紧张关系为基础的。任何阻碍文化"侵略性"的正常压力，会让患者身上强大的敌对态度、恶意、权力欲以及幻想都浮现出来。这男孩经常害怕不能正确地履行自己的职责，害怕不能获得自己认为的完美男性所必需的高度认可。因此，我们很早就发现，在器官自卑感的影响下，那些抑郁和受宠的孩子会开始制订自己的生命计划。

无论遇到什么困难，他们总是急切而贪婪地追求优越感，这往往会使他们利用自己的弱点，表现出一种普遍的优柔寡断的态度，他们倾向于怀疑和踌躇，一再要求自己后退。这种文化还可能导致儿童采用公开或隐蔽的方式进行反抗，或者明确地表示自己不想遵守游戏规则。至此，我们已经触及患者的神经症基础，我们应该停下来仔细考虑这个基础所造成的伤害。

　　第五个病例：一个高度近视的男孩，尽管他费尽了心力，还是无法应付自己两岁的妹妹。在他与人无数次的争吵中，我们可以看出他好斗的性格。他无法掌控自己的母亲，但是，父亲在家庭中拥有最高的地位和最大的影响力，能够支配家里其他人。他父亲严格恪守纪律，但经常咒骂"女性统治"。这个男孩在各方面都很像父亲。在承受巨大的压力和管制的情况下，他还想要父亲像过去那样平等地对待自己时，可就没那么容易了。由于近视得厉害，在孩童时期的各种经历中，他的运气通常都不太好。有一次，他想用父亲的打字机，却遭到父亲的拒绝，父亲让他别自命不凡地想当什么"科学家"了。[1]他的父亲喜好狩猎，偶尔会带着男孩一起去打猎。这种打猎似乎最终成了一种特殊的男性态度，证明男孩和父亲的地位是平等的，而他比家里其他"女性"更具有优越感。无论哪一次只要父亲不带男孩去打猎，男孩就会尿床，这让他父亲焦虑不安。后来，每当父亲对他严厉管教后，男孩晚上也会尿床。在我与男孩进行了几次谈话之后，这些内在的联系终于被揭示出来。此外，我还发现，男孩的尿床行为源于他将梦境中的幻觉错当作真实的场景。很明显，在他看来尿床是针对父亲的一种强有力的反抗。在夜间尿床之前或之后，这个男

---

　　[1] 与别人的看法相反，在我们看来，这不是父亲的一种经验，而是暗示了父子之间不平等的关系。

孩通常会梦见父亲（因为没有带他去打猎而）死掉了。当我问他
未来的人生计划时，他回答说想要像父亲一样成为一名工程师，
他还想当一名家庭管家。我问他是否会像父亲一样，也不愿意结
婚？因为他父亲反对结婚，他认为女人没有什么价值，她们只对
华丽的服饰感兴趣。由此，这个男孩对于自己的未来生活所持有
的预备态度，以及对未来生活的计划，都是非常清晰可辨的。

第六个病例是一个八岁男孩，他患有淋巴疾病，在智力和身
体方面发育比较迟缓。他的男性反抗的表现与上一个病例类似，
但总体上又完全不同。他因为手淫强迫症来医院找我看病。他母
亲几乎把全部精力都放在他的弟弟和妹妹身上，把他交给家里的
仆人们来照看。他父亲是一个脾气急躁的人，总喜欢发号施令。
这个男孩的自卑感表现为天性懦弱、胆小怕事，如果有人稍稍关
心他一点儿，他便会对这人感恩戴德。他对于变戏法中的杂耍有
浓厚的兴趣，这是他发现的最有影响力的代偿方式。他把注意力
都集中在童话和影视上。跟其他孩子相比，他深受童话和影视的
影响，他期望自己能得到一根魔杖，让这根魔杖把他带到魔法世
界中去。这在某种程度上是他的一种自欺欺人的行为，他也意识
到了其中一部分是骗人的想法。他总是允许别人对自己做任何事
情，这实际上是他在父亲身上看到的一种扭曲的图景：他父亲强
迫别人为自己服务。他发现只有保持行动上的笨拙，做任何事情
时只要无能为力，就能够继续这样要求别人为自己做事情。这样
他的人生计划才能按照自己的想法一直往前推进，所以他一直就
如此表现。

一段时间之后，母亲发现了他的手淫行为，于是，她把注意
力放在男孩的身上。如此一来，他对母亲产生了影响，他在母亲
心中的重要性大大地提高了。为了不失去母亲的关注，他必须继

续手淫，所以他一直这样做。

他与父亲平等的目标恰巧表现在一种欲望中，并且具有一种强迫性。就像渴望长大的孩童那样，他会戴上成年人的硬礼帽，嘴里还会叼着烟。

最后，我简单地把我们了解到的个体在儿童时期的神经质行为扩展到人类历史的层面上。从前，人们比现在要更加相信地球人和外星人都具有魔法的特性。但在今天，这几乎是我们怀有的一种对人类行为的一般预设，也是我们对自我缺乏信心，即自卑感的一般预设。男性神经症患者对妻子的恐惧和他心里怀有的恶念，可以从女巫的狂热和女巫的审判（焚烧）中找到二者之间的类比。女性患者对男性的恐惧以及她们身上的男性反抗，就如同她们对恶魔与地狱的恐惧一样，对此，她们会用上自己的"巫术"（witch-craft）来克服恐惧。男性患者利用女性在恋爱中的单纯和天真，对她们进行伤害和羞辱，而我们教育的目的主要是在男女之间创造一种相互的吸引，而不是相互的评价。我们在努力加强所谓的男性权威时，可能更倾向于鼓励个体的虚幻想法，而不是让他们进一步保持健康的心理卫生。

结束语

一、我们所面对的个体生理和心理的机制会鼓励个体设定某个人生目标，因此产生了"生活"的概念。而生活一直要求我们付诸行动，只有通过行动，我们才能确立精神生活的最终特征。

二、追求一个目标所给予我们的是持续的吸引力，而在个体身上，这种吸引力会制约他情感的减退。所谓的个体本能，实际上是个体向着某个特定目标前进的生命路线，我们可以证明这个路线的方向。尽管个体之间存在着明显的矛盾，但个体的这种意动能力已经准备好，朝着这个综合的目标前进。

三、就像一个没有准备好发挥其功能的身体器官，它会造成一种难以忍受的局面，还会成为个体无数次代偿行为的原因。直到最后，这个器官终于觉得自己足够强大，可以满足个体所处环境的要求。所以，当儿童的心理处于一种怀疑的状态时，他会转而寻找一个心灵上的"储藏室"，里面存有各种能力的配件，这些能力将成为他心理不确定性的上层结构。

四、在心理学的研究中，我们的首要任务就是预估个体的试探性行为和他对力量的运用。这些都是来自个体天生的能力，以及个体利用环境所做出的努力行为，而且这些行为预先及事后都经过了个体充分的检验。

五、每一种心理现象都是完整的生命计划中的组成部分。如果我们的假设没有遵循这一原则，或者与之相反，我们只是去分析儿童的心理生活中的某些表象，却不去理解它们的综合内涵，那么这种解读方法必然是失败之举。因为儿童内心里的这些所谓的"事实"，我们不应把它们当作研究的"最后成品"，而应视为朝着一个目标前进的预备动作。

六、我们认为个体身上发生的任何事件都必然伴随着某种倾向。因此，在这一点上，我们要提醒大家注意下面最重要的指导原则。

个体处在现实世界的层面时：

1. 他会拓展某种可以让自己获得优越感的能力；

2. 他试图适应周围的社会环境；

3. 他已经意识到世界充满了敌意；

4. 他会积累知识和积攒成就；

5. 他学会利用爱与服从、仇恨与蔑视、社群情感和权力欲。

个体处在虚构想象的层面时：

1.他心里产生了一种"如果……就好了"的假象（即虚幻的、象征性的成功）；

2.他学会利用自身的弱点；

3.他做决定时会拖延时间，寻求他人的保护。

七、无可置疑，个体生命线的先决条件是：设定一个高目标，无所不能的像神一样的目标，但这个目标必须在个体潜意识的状态中才会奏效。根据个体的经验和心理构成，这一目标可能会在一个显著的程度上表现出来，并上升到意识层面，而后发展为精神病。个体的权力目标的潜意识性质是由它与社会情感的真实需求之间不可逾越的矛盾所决定的。

八、最常见的是"男人……女人"的对立形式，尽管必要的时候，我们还能发现其他明显矛盾的形式。这也暗示了儿童所渴望的是得到家庭中所有不同权力的总和，其中包含着矛盾的对立性，它通常会把女性因素解释为具有敌意、会被男性征服的一方。

九、在神经质的个体身上，上述所有现象都表现得非常明显。因为患者在某种程度上，通过自己的敌对态度，无法自己彻底矫正在儿童时期形成的错误判断。患者大脑中彻头彻尾的唯我论立场在这一方面给了他很大的帮助。

十、如果每个神经质个体都表现得好像有人想要他提供证据，来证明自己总体上的优越感，特别是让他提供比自己伴侣更优越一些的证据，我们对此就不必感到惊讶了。

第7章　三叉神经痛的心理治疗

（1911年）

　　跟其他心理学的研究方法相比，个体心理学具有更明确的特点，因此我们有必要对其应用的领域加以限制。我们从一开始就应该清楚，个体心理学仅在治疗精神疾病上才有价值。同时，在分析病例时，我们不会因为患者的任何智力方面的错乱，例如低能、智力缺陷或谵妄而将问题复杂化。神经症该如何治疗、能治疗到何种程度，仍然是一个悬而未决的问题；但我们对病例进行了分析，发现治疗精神病和神经症的主要原则是相同的，而且这些方面的发现对患者异常心理状态的进一步研究有着巨大的影响。根据我的经验，精神病患者的智力退化使得病情变得更为复杂，而且当治疗没有出现任何好转的迹象时，我们可以运用个体心理学的治疗方法来改善和治愈这类疾病。

　　要想充分运用个体心理学的治疗方法，至关重要的一点就是能否识别这种心因性疾病[1]。

　　科学界对典型的精神神经症、神经衰弱症、癔症和强迫性神经症的心因性起源做过有力的论证，致使一些质疑和批评不攻

---

　　[1]　心因性疾病属于精神和心理因素引起的临床表现为神经和神经系统为主的一组症候群，这类病的最大特点就是检查不出任何器质性改变，主观症状与客观体征不符合。心因性疾病更多见于成人，尤其是上有老下有小的中年人，同时承受着来自家庭和事业的双重压力，他们是心因性疾病的高发人群。——译者注

自破。最重要的是，这些批评只强调了个体的体格因素，并将所有症状都归因于遗传性退化，其中包括功能性、器质性和精神性现象的退化。但是，这些批评没有考虑个体的心理状态从器官的缺陷转变到神经质心理的发展过程。很久之前我就已经证明，不是所有的患者都会发生这种转变，也不会像其他转变那样，能够让个体转变成一个天才，或者让个体去犯罪、自杀、罹患精神病。[1]我在其他作品中也提到过，如果个体在心理上感知到腺体或器官的遗传性缺陷，就会让患者产生一种神经质的性格；也就是说，这些可能会让一个带有遗传缺陷的孩子对他所处的环境产生自卑感。[2]在这种情况下，起决定性作用的是儿童所处的环境，以及儿童自身对这种环境和天生器官缺陷的适应能力。经过更仔细的调查研究，我们发现，神经性疾病与其说是一种性格疾病，还不如说是"位置疾病"（position-disease）。如果生理退化引起了外貌变化，例如身材丑陋和容貌缺陷，也会产生一种显而易见、根深蒂固的器官自卑感。如果这种生理退化与器官自卑感结合在一起，除了引起客观的疾病症状外，还会引起儿童心理上的自卑感和无助感。例如，有先天听觉异常的畸形耳、色盲、散光或其他伴有斜视的屈光异常等问题的儿童，都会产生器官自卑感。这些疾病虽然不会威胁到生命，但有可能会引起患者的精神障碍。佝偻病可能会影响儿童身材的发育，让患者变得又矮又胖。扁平足、弓形腿、膝外翻、脊柱侧弯等佝偻病畸形都可能会影响儿童的活动能力和自尊心。而肾上腺、甲状腺、胸腺、脑垂体、内生殖腺

---

[1] 阿德勒《器官缺陷及其心理补偿的研究》（*Studie über die Minderwertigkeit der Organe*，1917年出版）。

[2] 阿德勒《自卑与超越》中的《论神经质的性格》（*Ueber neurotische Disposition*，1914年出版）。

等功能不全，尤其是一些非显性的遗传性疾病，患病的个体通常会遭到周围人群的歧视，从而使患者无法积极参与治疗。因此，这不仅影响了患者的器官发育，还会带给患者羞辱感和自卑感，对患者的心理发展也产生了消极的作用。同样，皮肤渗出性疾病、淋巴胸腺疾病、虚弱体质、脑积水和轻微低能等的疾病症状，也都会引起个体非常强烈的羞耻感和自卑感。先天性泌尿系统和消化系统的缺陷不仅会造成患者生理上的缺陷，还会引发患者生理上的自卑感。由于婴幼儿时期所犯的错误，这种自卑感经常会以某种迂回的方式找到一个释放的出口，如遗尿症和大便失禁等。个体的生理需求，因怕做错事受到惩罚，以及身体上出现的各种疼痛等，也都会导致个体在饮食和睡眠方面的过度预防。[1]

这种从主观和客观的角度对器官缺陷进行的思考与论证，在我看来都具有重要的意义。因为它揭示了神经症的发展过程，尤其是神经症患者个性的发展过程，而这种发展会利用遗传性的器官缺陷。同时，它也为我们展示了继发性体质的器官缺陷，以及心理因素在神经症的病因学中的重要意义。我们能够很容易找到器官缺陷与心理发展之间密切相关的实际基础。这一切的根源在于儿童相对娇嫩的器官，与成人相比，即使是健康儿童的器官也是较为柔弱的。所以，健康的儿童同样也会产生器官自卑感和疾病不确定感，不过这种感觉是可以忍受的。然而，在绝对的、永久性的、强烈的器官自卑感的支配下，我在所有神经症患者身上都发现了那种难以忍受的器官缺陷。我们人类的文明有一个特点，就是儿童总是渴望扮演成年人的角色，他们梦想着获得成功，但那些成功从本质上只会给他们带来磨难。眼睛近视的人想

---

[1] 让·保罗（Jean Paul）的《熔体》出色地描述了患者对夜晚的恐惧症，他指出了后面要讨论的"安全措施"，让我们清楚地推断出患者的泌尿系统和消化系统的缺陷。

要看清世间万物，耳朵失聪的人希望能聆听万籁之声，患有语言缺陷或口吃的人渴望口若悬河，患有遗传性黏液增生、鼻中隔偏曲或腺样体肥大而嗅觉失灵的人希望能闻到扑鼻的花香。[1]就像家里排行老二或老小的孩子一样，行动迟缓、体态笨重的人也有想当第一的野心。那些腿脚不太灵活的孩子总是害怕迟到，为了各种各样的理由而疲于奔命，他们的一生似乎都被迫沉迷于各种竞争性比赛。那些有跳跃障碍的孩子，最渴望飞翔。这种身体先天条件的限制与愿望、幻想和梦想之间的对立，换句话说，就是一种非常深入的精神代偿类型，我们可以从它推测出一个基本的心理法则：通过个体努力克服器官缺陷的主观感受，将器官缺陷间接转化为精神代偿和超级代偿。

因此，有神经质倾向的儿童，其外在举止和内在心理通常在童年的早期就显示出间接发展的迹象。无论个体多么不同，但是儿童的行为举止，都很好地诠释了他们渴望在所有的生活关系中处于"潮头浪尖"。他们的野心、自负、渴望知晓万事、侃侃而谈、内外兼修、衣着考究，他们想成为家中的栋梁或学校的骄子——无论成败与好坏，皆要成为万众瞩目的焦点——所有这些都是儿童异常发育早期阶段的特征。这种儿童很容易产生自卑感

---

[1] 在所谓的"合格的自卑感"引起的器官自卑感的所有案例中，改变或改善器官功能，对感觉器官印象有价值地增强，如敏感性的增加、外围感觉感知增加，这些都可视为改变器官功能缺陷的方法。脚可以被理解为一只萎缩的手，但当它适应了地面时，它取得的成就也就相当可观了。患者鼻子、喉咙和气管的发痒，这些通道收缩，还有通过增强鼻子呼吸（对气味的渴望）来诱使分泌物流动，都在神经性哮喘、间歇性打喷嚏以及花粉热中起主要的作用。在维舍尔（Vischer）的《任何一个》（Auch Einer）一书中，我们可以找到一段对神经性鼻腔刺激以及与之相关的器官缺陷的有趣描述。个体对这种"缺陷"的夸张和人为的强化，是为了确保他逃避婚姻、不进入社交关系和恋爱关系。这位天才哲学家从实际观察中得到的事实，被描写得精彩绝伦，我们想象，他观察的对象正是他自己。

和不安全感，并表现出恐惧和胆怯，而这两者都具有神经质的性格特征。处在这种（神经质特征的）固着[1]（fixation）状态中的儿童，会受到一种与雄心抱负密切相关的思想指引，换句话说，他们产生的这种想法是：我决不能独自一人待着，必须有人（例如父母）陪伴我；大家必须对我友好，必须温柔地对待我（这里我们还要加上一句：因为我身体羸弱、别人都比我强，所以别人必须对我友善点）。所有这些内心想法都成为精神刺激的指导原则。儿童表现出的容易被激发的超敏感性、一直多疑和爱发牢骚，都会让别人对他们的羞辱或轻视找不到可施展的空间。但这种情况也可能发生逆转。儿童可能会表现出异常的敏锐，他能预先设定自己的感受，预测到所有会让自己受辱的可能性。这样，他们就可以通过明确的预防措施、沉着而敏捷的思维方式进行主动干预，从而确保自己免受羞辱。或者他们可以通过对自己苦难的夸张描述，以博得某些更强大的人对他们产生怜悯和同情。儿童也可能产生和利用一些真实的或者伪装的疾病、昏厥和想死的愿望来帮助自己实现这些目标，甚至会有自杀的冲动，而这无非是想要唤起他人的怜悯之心，或者报复自己曾经受到过的羞辱。[2]

突然爆发出来的仇恨和报复情绪，狂怒和施虐狂的欲望，对禁忌行为的渴求，以及因懒散和叛逆持续影响自己的学业计划等，这些都显示了一个有神经质倾向的儿童会对想象中的或现

---

[1] 个体在学习历程中，受过去的知识与经验的影响，造成习得的行为不能依据实际情况的需要而调整，行为缺乏弹性的一种现象，称为"固着"。在心理学上，固着是指一种对刺激的保持程度，或不断重复的一种心理模式和思维特征。弗洛伊德认为人格特质的形成，是由于不同时期的重要需求得到了满足，如果某时期的某种需求不能得到满足，将使个体固着于这一时期的需求。——译者注

[2] 参见阿德勒《自卑与超越》中《论儿童时期的自杀倾向》。

实中存在的压迫做出相应的反抗。这些孩子很难乖乖地吃饭、洗漱、穿衣、刷牙、上床睡觉和学习，每当有人提醒他们排便排尿时，他们都会心生厌恶。或者他们会自己"计划"一些意外事件，比如，如果逼迫他们吃饭或催促他们上学，他们就会恶心呕吐，或（通过排便、排尿）弄脏自己或床铺，这样人们就会一直围在他们身边，确保他们不会落单或独自睡觉。这些儿童还会不断地干扰别人的睡眠，把别人叫醒，或者跑到父母的床上去。简而言之，他们会尽力做一切事情来引起他人的注意或获得别人的认可，要么是通过反抗的方式，要么就利用周围人对他们产生的怜悯之情。

总的来说，上述这些情况无论是发生在日常生活中，还是发生在神经质倾向孩子的动态症状和既往病史中，或者源于神经症孩子的性格特点，都清晰地表现出一致的特点。有时候，我们会面对符合想象的"标兵儿童"，他们表现出惊人的听话。然而，他们也不时会流露出莫名其妙的愤怒，或者我们也会从他们身上的超级敏感、长期的受伤者心理、持续的抑郁，以及各种无缘由的疼痛（例如头痛、胃痛、腿疼、偏头痛、寒热不适的夸张抱怨、疲劳等）而真正了解他们，这样我们才能够为他们寻求正确的治疗方案。因此，我们很容易理解他们采取这种顺从、谦逊、随时愿意听从他人的态度，只是为了获得别人的认可和奖励，这是他们获取爱的手段，神经症患者也是如此，我在《自卑与超越》一书中谈到"受虐狂的心理动态"（dynamics of masochism）时，对此进行了类似的论述。[1]

我们现在必须提一下在有神经质倾向的儿童身上发现的某

---

[1] 参见阿德勒《自卑与超越》中《心理上的雌雄同体》。

些表现，它们与我们先前的描述密切相关。儿童顽固地坚持做一些不必要或让人反感的事情来惹恼父母，旨在引起他们的注意，即使父母的这种"注意"是以生气的形式表现出来的。这些倾向包括一些顽皮的天性，如假装聋、瞎、跛、哑，或笨手笨脚、健忘、疯癫、口吃、做鬼脸、跌跌撞撞、弄脏自己等。正常孩子也有这样的倾向，但是有神经质倾向的儿童更需要用病态的野心来进行反抗或获得别人的认可，这样他们才能利用疾病的症状，坚持去玩这种虚构的游戏，做出一些愚蠢的行为举止。这些孩子可能不怀好意或者为了折磨他人，但是，我得承认，他们中的大部分是为了摆脱家庭专制和各种压抑，才会长期坚持做出这些病态的行为，或保持这些不良的习惯。而这些行为和习惯要么是他们亲身经历过的，要么是他们观察别人学到的，例如啃指甲、抠鼻子、吮手指、玩生殖器或肛门等。这些儿童即使有胆怯和恐惧的心理，也会因为有了这些目的而安定下来。他们会利用这种状态来达到自己的目标，例如不被单独留下或由他人照顾等。上述这些例子中，一些相应的器官缺陷的假设也起到了一定的作用（详见我写的关于器官缺陷的书籍）。

从有神经质倾向的儿童的这些特点来看，他们的病症可能会转变成癔症、强迫性神经症、事故性神经症、事故性癔症、神经衰弱症、面肌痉挛、恐惧性神经症，以及那些有着明显单一症状的功能性神经症（如口吃、便秘、精神性阳痿等）。根据我的经验，我认为上述所有病症都是综合性的精神神经症（integrated psycho-neuroses）。为了达到可以抵抗别人的目的，儿童会将一些器官发育良好的进攻本能隐藏起来，先不表现出来。患者在儿童时期没有充分认识到疾病的本质，他们做出的可接受的反应都具备典型的上层结构特征，并被精心赋予了神经症的症状。其中个体身上的暗示感受性（suggestibility，夏科和斯特鲁姆佩尔的观点）、催眠状态（布罗伊尔[1]的观点）、神经症心理的幻觉特征（阿德勒的观点），也就是身份认同，在多大程度上会得到增强，在此我不予讨论。然而，我可以肯定的是，个体身上的每一次幻觉的发作，以及他身上永久存在的神经质性格，都是在儿童时期的态度影响下统一萌生的。这种态度还会由于儿童幼稚的幻想、行为过失和错误评价表现出异常的形式。

　　儿童的愿望幻想绝不仅仅具有柏拉图式的价值，它更是一种精神刺激的表达，而这种刺激完全决定了儿童的态度，也必然决定了他们的行为。这种刺激按照强度分成不同的等级，并会在有神经质倾向的儿童身上大大地增加刺激的强度，以这种方式弥补他们日益增加的自卑感。我们的调查研究首先会让儿童回忆某些往事（比如幼儿时期的经历、梦境），他们对这些事情已经有了明确的态度。在讨论"攻击性本能"时，我已经指出："个体幼儿时期的经验非常重要，我们必须给他们做出解释：儿童的权力本能及其局限性（既是愿望，也是对愿望的抑制），正是通过这些经验表现出来的。此外，毫无疑问，儿童与外部世界的接触，无论是不开心的经历，还是让他们因对文化排斥而有了膨胀的欲望，这些都会以器官缺陷的形式表现

---

[1] 让-马丁·夏科（Jean-Martin Charcot, 1825—1893），法国神经学家，现代神经病学的奠基人，被称为神经病学之父。

　　阿道夫·冯·斯特鲁姆佩尔（Adolf von Strümpell, 1853—1925），德国内科医生和神经学家，是1900年左右德国神经科学的领军人物，他建立了一门独立的学科——神经学。

　　约瑟夫·布罗伊尔（Josef Breuer, 1842—1925），奥地利精神病医生。1880—1882年，布罗伊尔为一名女病人安娜·欧（Anna O.）治疗歇斯底里症（即癔症），成为医学史上划时代的著名病例。1895年，他与弗洛伊德合作出版了《癔病研究》。——译者注

出来，从而迫使儿童的本能发生转变。"有神经质倾向的儿童本能地产生可察觉的延展，这种延展间接地源于儿童自身的自卑感，逐渐表现为一种想要克服弱点和渴望胜利的心态，并且这种本能的延展会清晰地表现在儿童的梦境、幻想、对英雄形象的向往以及个体对待事情的态度中，它们都是儿童代偿性的尝试。

在这个隐藏更深的神经症层面，我们还揭示了在很少的几种情况下儿童的性欲和冲动带有乱伦的性质。我们还发现有些儿童真的尝试着与人发生性行为，当然这种性行为通常是与陌生人发生的。在弗洛伊德进行幻想性分析之前，这些事实在儿童心理学界尚不为人所知，而且我们也会因此抛弃前面关于儿童天真和单纯的假设。然而，如果我们记住本能在儿童身上经常会发生无限的延展，有神经质倾向的儿童在器官缺陷的情况下会得到补偿平衡，那么我们就能更好地理解儿童的本能行为。在性之外，我们也会在其他方面感受到儿童这种本能的延展。我们还发现儿童身上存在着其他几种强烈的本能，如暴饮暴食、全知全能、污秽不堪、唯我独尊、施虐成性、具有犯罪倾向等，儿童还拒绝服从命令、大发脾气、刻意地读书，以及进行一些异乎寻常的尝试，而这些尝试会让个体在某一方面变得卓越非凡。只有当我们成功地把儿童早期唤醒的支配欲及各种表现形式呈现出来时，所有这些神经质倾向的特征才会变得清晰明了。

这种对权力的渴望也可以表述为："我想成为一个男人"。这样的一句话深深地印在男孩和女孩的心里，让我们从一开始就认为，这句话就是为了平衡"不具有男子气概"所带来的不悦感。事实上，神经质心理是在（心理上）雌雄同体和随后的男性反抗机制的强迫下产生的。[1]对有神经质倾向的儿童来说，自卑感的固着会导致本能活动的代偿性刺激，这是心理异常发展的开端，这种发展会以夸大的男性反抗而告终。这些心理因素成了神经症患者对世界持有异常态度的原因，并在很大程度上给他留下前面所描述的那些负面特征，这些特征既不能从性本能中，也不能从自我本能中推断出来。相反，这些特征在患者身上以"伟大思想"的形式呈现出来，实际上这些思想经常会改变或阻碍患者的性本能，甚至有时会阻止性本能的产生。

伴随着过度的本能扩张和被文明否定的本能满足，这两者之间的对立还会出现一些其他的特征，如愧疚感、懦弱、犹豫不决、对失败和惩罚的恐惧等。我在《论神经症的性格》（*The Neurotic Constitution*）中对这些特征进行了详细的描述。我们经常会在患者身上观察到萌动的受虐欲、过分的服从、屈服以及自我惩罚的意愿。我们可以从这些性格特征中推断出患者心理机制的本质以及（病例中）早期的病史。本能扩张在触及社群情感的边沿时，会遇到最大的障碍。这本质上是给个体提个醒，之后会对个体产生各种各样的阻碍，来降低其器官的本能。神经症患者觉得自己是个罪人，所以变得极其认真和公正，但他的这种态度一直是由"我真的很坏，被无法控制的性欲所支配，并且沉溺于无限的自我放纵之中，从而可能让自己犯下任何的罪行"的虚构想法决定的。因此，他有义务采取具体的预防措施。由于他过于追求个人的权力，所以他实际上已经成为整个社会的公敌。

这种虚构的想法虽然过于夸张，却让神经症患者避免了失

---

[1] 参见阿德勒《自卑与超越》中的《心理上的雌雄同体》。

败。[1]他们身上对安全感的渴望有助于形成第三类性格特征，而这些特征都与"预防"这个主要准则相适应。在这些预防措施中，猜忌和多疑的特征最为突出。然而，我们发现同样频繁出现的预防措施还包括对整洁、秩序、节约，以及对人和事进行反复检查的夸张要求。正因如此，神经症患者从来没有做成过任何事情。

所有这些特质都影响个体的主观能动性，也会影响个体身上的社会责任感，它们还与个体身上因内疚而产生做事情优柔寡断的特点密切相关。患者会预先考虑所有的事情，也会考虑因此产生的后果。神经症患者总是处于一种极端的心理状态中，会对可能发生的意外事件进行预估，而当他们处于平静状态时，则会受到对未来的假设和期望的干扰。一种宏大的防御机制遍布他们所有的思想和行动中，甚至会在他们的幻觉和梦境中不断地显现出来。这种防御机制会通过某种暗示，或患者潜意识计划的失败、健忘、疲劳、懒惰和各种痛苦而被强化。在此防御机制中，患者的神经性恐惧起到了非常大的作用，它有多种表现形式，比如恐惧症、焦虑症、癔症和神经衰弱症。神经性恐惧会直接或间接地（"作为一个例子"）闯入神经症患者的防御机制，去阻挡外界的一切攻击企图。患者会进行自我心理训练，让自己获得安全感，这也会增强患者的直觉能力和直觉洞察力。如果训练失败，至少会让患者的直觉得到强化。正是在此基础上，一些神经症患者声称自己有心灵感应的能力，能够认识到宿命，以及拥有

---

[1] 在这方面，神经症患者就像内斯特罗伊（Johann Nestroy，1801—1862，奥地利最伟大的喜剧剧作家之一）剧中的人物所说的："一旦我开始做事情，（我就会成功！）……可是我从来就没有开始过！"他害怕自己的行为冲动。还可参考《论神经症的性格》一书中的内容。

暗示的力量。然而，这些特征会与第一类特征相结合，而第一类特征源于患者追求伟大的思想。与此同时，我们必须把那些伟大思想所赋予的独特性看作是对个体自卑感的一种代偿和防御。我也熟悉下面提及的一些防御措施，包括手淫（用来拒绝性行为，预防由此产生的不良后果）、精神性阳痿、早泄、性欲缺失和阴道痉挛等。这些防御措施常见于那些既不能帮助他人，也不能给社会做贡献的患者身上。同样地，患者也会对自己婴幼儿时期的错误、功能性的疾病以及疼痛进行评估，如果它们可增添自己的疑虑，或让自己远离日常生活，那么患者的这些想象就会固着下来。通常，患者身上的问题一开始会出现在对婚姻或工作的适应过程中。在这种情况下，患者会逐渐发展为病态地寻求安全感，因为途中可能会遇到某种危险，所以他会认为这是对自己的一种警告。安全感似乎失去了它本来的意义，同时与安全感相关的事物也被隔开。而神经症患者做事总是很有逻辑，于是患者开始逃避社会、对自己施加各种限制（比如头痛），并拖延学习和完成工作任务。他会用最昏暗的色彩来描绘自己的未来，并开始囤积负面情绪。他会听到一个暗中的声音始终在低声警告自己："你身上有这么多缺陷和弱点，前途又如此渺茫，怎么敢下定决心去做这么重大的事情呢？"这种现象暂时还找不到更好的名称，我们暂且称之为"神经衰弱"。在"神经衰弱"患者的头脑里，充满了想要获得安全感的计划和倾向——它们存在于所有的神经症中。我们发现，患有神经症的个体总是会选择往后退。

第四类能够反映出神经质态度的迹象，是个体的行动、幻想、梦境和以"性"表现出来的细节特征，它们可以显示出个体想要成为"男人"的欲望，这和第一类特质一样。在我的《论神经症的性格》和《心理上的雌雄同体》（ *Psychical Hermaphrodism* ）中，我已经详细地探讨了这些问题。神经质个体在寻求安全感的过程中，一定会脱离不确定的现实处境。然而，根据我们的分析，那些有神经质倾向的儿童仍然无法准确判断自己的性别问题。我的很多男性患者在童年时期，甚至青春期之前都有女性化的特征，或者是继发性[1]的女性特征（secondary feminine marks），后来他们将自卑感归因于自己的这些特征。另外，他们可能患有外部性器官异常，如隐睾症、睾丸粘连、睾丸发育不全和其他器官生长异常的疾病。他们觉得任何时候只需要找到一个借口，他们便可全身而退。根据儿童幼年时的照片和画像，让我有了这样的发现：男孩如果长时间穿女孩的裙子、蕾丝衣服、戴项链、卷头发和留长发，都会让男孩产生同样的不安全感和怀疑感。而包皮环割术（割礼）、阉割、阴茎脱落或生殖器糜烂等的威胁也会产生同样的效果，只不过程度会更严重一些。如果父母发现孩子有手淫的行为，他们经常会用这样的威胁来吓唬自己的孩子。对男孩来说，他最强烈的愿望始终保持不变：那就是他想长大成为一个男人。这种愿望可能会被符号化为成年男人的性器官。同样的愿望也会出现在女孩身上，因为与男孩相比，处境会让她们产生自卑感，这通常会让她们产生一种代偿性的男性态度。因此，神经质儿童的整个认知世界和所有的社会关系都会逐渐地分成男性和女性两类。儿童内心一直都想要扮演男性的角色，一直都有当英雄的愿望。在女孩的身上，这样的愿望会以十分奇怪的形式表达出来。就像在成年人的思想世界里一

---

[1] 继发性指的是医学上根据病因是否已知对疾病病因的分类，将疾病的病因分为原发性和继发性两种。原发性是指病因未明的一类，而继发性则是病因明显的一类。——译者注

样，她们会把任何形式的侵略活动，以及对权力的欲望、财富、胜利、施虐、反抗、犯罪等的追求，都错误地归类为男性的特征；而痛苦、等待、忍耐、软弱和所有受虐的倾向，则被她们认为是女性的特征。神经症患者永远不会将这些女性特征视为终极的目标（因为这些特征实际上是伪受虐狂的特征），而这些女性特征存在的真正目的是为了最终取得男性化的胜利，也就是为第一类性格特征得到认可的强烈欲望而开辟的一条道路。第四类特征中的其他特点则属于男性反抗，包括性感觉和性欲望的极度膨胀、裸露癖，施虐冲动的萌生、性早熟、强迫性手淫、色情狂、冒险精神、强烈的性渴望、自恋，以及喜欢卖弄风情等。同时，患者身上也会出现女性化的幻想（例如妊娠和分娩的幻想、受虐冲动和自卑感），这同时也是一种提醒，警告他们的男性反抗会得到强化。为了避免这种强化产生的后果，个体所采取的保护措施可以是："己所不欲，勿施于人（此处指的是：不要把自己抗拒的女性角色所承受的痛苦施加在别人身上）！"[1]另外，对患者来说，外界强迫的概念被极大地延展，即使他们对此有那么一点点的怀疑，他们也会用持续不断的斗争来进行抵制。因而，对他们而言，正常的人际关系，如爱情、婚姻和其他的相应行为，

----

[1] 一个患有神经性哮喘的男性经过治疗，患者很长时间没有复发。当患者一想到要从事某个职业的时候，他会出现明显的怀孕幻想。这些怀孕幻想还伴随着胸闷，最终以患者对成功和伟大的幻想——成为百万富翁、慈善家或拯救国家的英雄等而告终。同时患者身上还出现了跑步时才会有的呼吸急促现象。患者怀孕幻想的动态意义在于，它涉及女性化的忍耐力和疼痛感，这既是患者的自我批评，同时又增添了他的恼怒："你只是一个女人！如果你在受苦，那也是你自作自受！"于是，男性反抗就出现了。一个强化后的神经症倾向利用了怀孕幻想和哮喘的症状，可以将其看作一种预期性的弥补方式。现在，周围的环境允许患者去做一个真正的男人，但他会用敌对的方式来对抗自己的环境。"因为我病了，所以我可以比别人享有更大的自由。"患者用这种疾病向世人证明自己真的生病了，但这其实只是一个借口。

都会被认为是缺乏男子气概，即女性化的行为，所以，患者会拒绝这种正常的人际关系。

我们在神经症患者的身上可以观察到大量相互关联的性格特征，这些特征根据一个明确的"计划"而相互帮助或彼此排斥；另外，这些计划能够让我们推断出患者持有异常态度的性质。归根结底，这一切都可以追溯到患者对男性特征和女性特征的夸大以及错误的评价上。如果我们要评论上面的陈述，那就是这种关联的形式太过于图式化，无法描述全部单个特征之间丰富的关系，充其量也只能给出某一个部分的联系，但这也是目前神经症性格的研究中所能得到的最重要的一部分联系。鉴于这些事实，我相信我们能合理地推断出心因性疾病的存在。如果我现在转向三叉神经痛是否是一种心因性疾病的讨论，我可以从性质相似的疾病中获得信息，并给予肯定的回答。在我所研究的三个病例中，三叉神经痛的心理结构，即它的精神动力学，体现出如此高的相似性，并且表现出非常明显的心因性特征。所以，针对这个观点的所有反对意见都完全站不住脚。对于我们提出的问题来说，至关重要的一点是：三叉神经痛不仅符合上述神经症的主要特征，而且每一次发作都代表着某种精神事件的转移。现在，我们可以尝试着解释神经症的心理特征和个体疾病发作之间的关系。

我的患者欧先生（O. St.）是一位二十六岁的公务员，他来找我，告诉我其他医生建议为他的三叉神经痛进行手术治疗。他的病已经持续发作了一年半。有一天夜里，这种疾病突然发作，侵袭了他的右边脸。从那时起，这病每天都会突然发作，反复出现。在过去的一年里，由于剧痛，他被迫每隔三到四天就注射一次吗啡，以缓解疼痛。他曾尝试过许多治疗方法，包括服用含有乌头[1]的药物，接受电疗和热疗，但都没有效果。此外，他还接受过两次酒精注射，而那只会加剧他的疼痛。他在南方待了很长一段时间，尽管在那里他的这个疾病每天还时不时地发作，但稍稍有些缓解。现在他感到非常沮丧，为了不失去工作，他决定接受手术治疗。只是因为他那位非常谨慎的外科医生不能向他保证手术一定会缓解病痛，所以他决定征求一下我的意见。

在这个时候，我已经收集了大量关于神经痛发作和三叉神经痛的心理起源的资料，而且我也可以充分利用以前的观察结果。综合一些分析报告和个体的疾病发作的病例报告，我得出了一个统一的结论：当患者愤怒的情绪与屈辱感联系在一起时，三叉神经痛就会定期发作。[2]得出这一结果后，我们就有可能了解三叉神经痛患者的异常态度，并将依赖性疾病的表现视为情感过程的"等价物"。[3]没过多久，我获得的信息就证明了这一点。患者其实是在期待着被羞辱，或者说他甚至一直在等待这种羞辱，而这种羞辱的概念被极大地扩展开来。一般来说，神经症患者实际上或多或少地都在寻求或"计划"着去被人羞辱。因为只有这样，他才能够从中得出这样的推论：他一定要保护自己，他没有得到应有的赏识，他总是走霉运等。这种态度不仅仅是三叉神经痛的特征，而且还是神经症的普遍特征。当我们回顾并分析患者童年的某些病理症状时，神经质儿童的心理习惯总是非常清晰地

---

[1] 乌头（学名：Aconitum carmichaeli Debeaux），又名：草乌头，是毛茛科、乌头属草本植物。主要栽培于四川。辛，热，有大毒。入肝、脾经、祛风湿，散寒止痛，消肿。有镇痛、局部麻醉的功能。可以从乌头草的根中提炼出强力止痛剂。——译者注

[2] 参见《自卑与超越》中《积极的驱动器》的系统阐述，三叉神经痛也有可能发生在其他人有愤怒情绪的情况下。

[3] 有人指责我是"唯智论"者，我没有必要因为他们的浅薄观点而浪费口舌。

呈现出来。这是一种被男性反抗所补偿的自卑感。咱们再回到这个患者的病例上，我的分析揭示了以下几点内容：

第一，他患有隐睾症，这是他自己发现的。他的自卑感和对未来的不确定性使他怀疑自己有了这个缺陷之后是否能长大成为一个成熟的男人。此外，他还回忆了在他六岁至八岁的时候，他曾经性侵过一个小女孩，他那时只是想了解一些男女性别之间的差异。在和其他孩子玩游戏时，他会扮演英雄，至少是一位将军，或者家庭里的父亲角色。这些带有感情色彩的回忆都有着相同的意义。

第二，他有一个弟弟，比他小五岁，家里人明显偏爱弟弟，父母还让弟弟在他们的卧室里睡觉。他回忆说，在他的童年时代，他用了许多办法想要去父母的卧室睡觉。首先是他害怕一人独处（他会在梦中惊醒），他有时也能因为表现出这种严重的恐惧感而引起母亲的关注，甚至会把他抱到他们的床上去睡觉。然后，他就开始出现幻听，而幻听也能引起恐惧（因为恐惧是为了获得安全感而采取的防范手段）。有时候，他会以为那是窃贼发出的声响，而这些声音总是来自父母卧室的方向，于是，他就会去那里查看一下。这样，他就可以扮演父亲的角色，他身上表现出明显的男性反抗，针对的是自己性别角色的不确定性。这种幼稚的行为是患者为了逃避童年的病态处境而最常采用的方法，这明确地表达出："我感到不安全，我没有引起父母的注意，我没有得到充分的认可（父母对我弟弟的偏爱就是明证），必须有人帮助我，我想要当父亲，我想要成为一个男人。"另一方面，我们可以想象，他产生了这样的错误判断："我不想成为一个女人。""我想要成为一个男人"的想法只有和"我也可能成为一个女人"或"我不希望成为一个女人"形成对比的想法结合起来时，才能站得住脚。[1]第三种方法可以让他忽视弟弟受到的偏爱。他扮演父亲的角色，以获得平等的感觉，并学习如何履行性别义务，以及确保自己的男子气概。这是由疾病造成的行为，尤其是病痛缠身的时候。经过分析，我们发现，这位患者总是回忆他那真实的或夸大的疼痛，以及对这种疼痛的伪装。我对这些疼痛的本质很感兴趣。它们几乎全是源自牙疼。我们第一次在分析患者选择三叉神经痛神经症的原因时，就有了更深层次的理解。该患者是一个健康强壮的男孩，除了牙痛以外，他可能还不知道其他的疼痛方式。因此，我们可以假定，患者在他一生的某个时刻，一定有这样一个阶段，他认为疼痛等于器官缺陷，也等于环境对他认可的增加。

我们已经非常清楚地了解到患者的童年生活是一种动态的生长发育过程。他可能被迫扮演一个自卑的、痛苦的女性化的角色，这间接地导致了他身上夸张的男性反抗。那些被看作反抗和固执的态度，仍会让他母亲至今在回忆时还感到不寒而栗。在许多活动中都会让儿童有机会表现出反抗的行为，像我已经在上文中提到，如饮食、洗漱、刷牙和睡觉等情景。因此，我所能想到的情景就是，所有患三叉神经痛的患者都是在吃饭、洗漱、刷牙或睡觉时开始疼痛发作的（这些描述跟对其他患者的描述是一致的）。当患者接触到任何寒冷的东西时，也会出现疼痛。患者在第一次发病后不久，就回到母亲居住的乡下去了，以便满足自己儿时的夙愿。母亲格外地关心和爱护生病的儿子，细心地照料他的饮食起居，总是给他提供温水来洗漱。在维也纳接受治疗期

---

[1] 在新一代的心理学家中，朱利叶斯·皮克勒（Julius Pikler）从完全不同的角度出发，他在"对比思维"（contrast-thinking）方面也得出了类似的结论。同样可以参见阿德勒《论神经症的性格》一书的内容。

间，他必须在医院里吃饭，于是他的神经痛剧烈地发作起来。但当他在乡下的家里吃饭时，疼痛却从来没有发作过。后来，当他的病情有所好转，能够去办公室上班时，他又必须住在维也纳。就在新住处的第一天，他用冷水洗澡时，神经痛又发作了。

另一种神经痛发作可能与患者渴望得到社会的认可有关。这样，他身上的癫痫发作可能与真实的、假想的或害怕被人羞辱有关。他想在任何时候都扮演最重要的角色，如果他偶尔没有参与别人的谈话，或者听不到别人的谈话，他就会感觉自己被排挤在外。在这个病例里，我们很容易辨认出他儿童时期的病态图式：父亲、母亲和弟弟总在一起，好像只有他自己低人一等，只能独自待着。其他神经症患者之所以出现社交恐惧症和广场恐惧症等症状，是因为他们采取了安全的防御机制以避免因为恐惧而导致的失败。这些症状偶尔也会表现为呕吐、偏头痛等。在我们的病例中，因恐惧他人的羞辱而导致患者以神经痛发作的形式将恐惧表现出来。在我所了解的其他三叉神经痛的例子中，患者会以自己的疼痛为借口，退出其参与的任何社会活动。还有一些症状，如偏头痛、恶心、全身明显的风湿性疼痛[1]、坐骨神经痛、脸红和脸部充血等现象，都会先于三叉神经痛发生。[2]

患者关于性方面的考虑在这种三角关系（如父母、兄弟和自我）中起到了重要的作用，这也是疾病发作的一个根源。他的性生活非常正常，也令人满意。然而，他身上有一个明显的特征，

---

[1] 参见亨申（Henschen）关于三叉神经痛的风湿性起源理论。

[2] 老年人，尤其是老年妇女的三叉神经痛的病例特别复杂，具体原因是年龄造成的真实的和想象的羞耻感。我们的社会如此不公正地对待老年妇女，这构成了我们的文明中最可悲的部分。在我的患者中，神经痛发作是由以下原因引起的：缺乏兴趣、害怕被嘲笑、害怕别人得到偏爱、害怕照镜子，害怕选衣服（她可能因此被人嘲笑）以及害怕花钱。患者认为所有这些都可能会影响她的地位，使她变得贫穷。

这也是大多数神经症患者身上会出现的典型特征，那就是只有当竞争对手出现时，也就是说，当爱情与一些男性特征，比如抢劫和打架等联系起来的时候，他的爱才会变得非常强烈。这一特点贯穿了他的整个情爱生活，并让他回忆起病态童年的三角关系的情景。由此可见，他的情爱生活在一定程度上被自己追求名望的想法毒害了。当他住在南方的时候，他遇到了一个女孩，他开始追求她，但当他发现女孩没有多少嫁妆时，便打消了向她求婚的念头。但是，当另一个男人向女孩求婚时，他的爱情又一次燃烧起来。例如，他一看到那两个人单独在一起，女孩对那位追求者微笑的时候，他的爱情和随之而来的痛苦同时加剧。在他接受治疗期间，我们可以把他身上的几次神经痛发作归咎于这件事情。当那个女孩写信告诉他，她在另一个男人的陪伴下生活得很愉快时，他感到很痛苦。在这期间我们把寄给他的信都没收了，因为他有几次疾病的发作都与这些信有关。这一次，他开始纳闷，女孩为何这么长时间没有给他写信，她很可能和别人在一起过得很开心。他开始出现白日梦和幻想的症状。他幻想着自己让女孩跟别人结婚，然后他再去引诱她违背婚姻的誓言。我们必须承认，在他生病前不久，由于某件不寻常的事情，他身上的这个特征变得更加突出：在他短途旅行期间，他的一个同事勾引了他的情人。于是，他做出了各种各样的复仇计划。在他人生中这一明显的情感波动时期，又发生了一件事。他觉得他的一位上司的妻子在向他献殷勤。显然，他的上司（丈夫）也注意到了这一点，并开始在工作上为难他。尽管他不断地暗暗地反抗，但是，为了不失业，他还是屈服了。在上司休假回来的前一天晚上，他的三叉神经痛发作了，而且非常严重，他忍不住大喊大叫，只有注射吗啡之后才能镇静下来。第二天，他没去上班，而是请了假去接受治疗。他向所有医生，包括我在内，都再三重申希望自己能尽快回到工作岗位上，我们也向他保证会尽一切努力来帮助他。[1]酒精注射本应使他立即恢复健康，但是，正如我们前文所看到的效果，这也会带来剧烈的疼痛。不过，我们现在知道了酒精注射加剧他痛苦的原因。因为在他的潜意识里，他治病的真正目的是希望自己可以继续丧失工作的能力，而不是回到办公室。他只有一个想法是自己无法抑制的，那就是他想成为一个真正的男人，作为一个胜利者来摆脱这一局面。用他在儿童时期生病时所使用的语言来表述，那就是："我想要我妈来陪着我！"当他和母亲在一起时，他的病情有了一些改善，但在此之前，他已经接二连三地突然发病，特别是在吃饭时发作的情况下才好转的。这些发作看起来十分危险，再加上他有可能因为无法进食，最终饥饿而死。因为他的疾病所带来的恐惧和惊吓，让他的母亲更加容易满足他的各种心愿。

通过分析他在治疗过程中的一个梦境，我们可以得出他潜意识的错误态度和神经症出现的最重要的条件。他的梦境是这样的：

"我发现自己赤身裸体地躺在恋人的房间里。她咬了我的大腿。我就大叫着醒了过来，神经痛就剧烈地发作起来。"

造成这个梦境的事件发生在前一天的晚上，具体情况是这样的：患者收到了一张从奥地利的格拉茨（Graz）寄来的明信片，而寄信者是他弟弟和他梦中的女孩。吃晚饭的时候，他似乎觉得饭菜无味，同时还伴随着轻微的神经痛发作。在解释这个梦的时候，他补充说，这个女孩有一段时间曾经是他的恋人，但自己很

---

[1] 请注意，这里的事故性神经症和癔症的心理动态是一致的，它们同样只会出现在有神经质倾向的人身上。

快就厌倦了她，跟她分手了。在他做这个梦不久前，他弟弟认识了这个女孩，他曾警告过他弟弟，但是，正如这张明信片所传达出的信息一样，他的警告没有任何效果。这使他更加心烦意乱，因为自从他父亲去世后，他就接替了父亲的位置，可以说，他对这个弟弟的影响力最大。

"赤身裸体。"他讨厌在女孩面前脱衣服，这显然与他的隐睾症有关。

"她咬了我的大腿。"他解释说，那个女孩有各种各样的反常倾向，曾经咬过他。当我问到他是否听说过有人被咬大腿时，他给我讲了一个鹳鸟的寓言故事。[1]

"我大叫了一声。"他总是在剧烈的疼痛发作时大喊大叫，这样母亲就会从隔壁房间出来安慰他。如果有必要的话，我们最后会给他注射一针吗啡。

我们给患者详细地解释了这个梦，我们没有必要再做进一步的讨论。患者用一系列会让疾病发作的想法，来回应他受到的羞辱感，但这种疾病的发作又可以使患者实现自己的象征性的目标，即对母亲的支配。换句话说，他把自己变成了一个有支配力的人。只有他那被阉割般的耻辱——隐睾症——从他身上去除掉后，他才能向人展示裸体。他现在是一个男人了，不需要向任何人低头，也不再为任何人服务，即使这种迂回的方式会让他受到痛苦的折磨。他通过疼痛和孤独来维护男性的优越感，就如同在

---

[1] 这个寓言对有经验的心理学家来说非常简单。我们正在治疗的一个患者，他的疾病使他害怕疼痛。当我们进一步研究后发现，他很早就知道女性在分娩时所经历的疼痛。在他小的时候，有人对他说分娩的疼痛就像鹳鸟咬了他母亲的大腿一样，这让他理解了这种疼痛。"她咬了我的大腿。"在这里的含义是：她把我贬低为一个病人，通过和我弟弟的关系来羞辱我、阉割我。我们知道他患有隐睾症。

他儿童时期的病态情景中所做的那样。[1]

在梦中，从柔弱的女性气质转变到男性反抗，并不总是像这个病例中的情况那么明显。某些特定的表象有时甚至会误导我们，让我们一开始就错误地假设患者有同性恋的倾向。男性患者和女性患者在生活中和梦中所扮演的男性角色，都可以用男性反抗来解释。如果一个同性别的竞争对手参与其中，那么患者通常会以性行为作为胜利的象征。无论是在梦中，还是在幻想中，神经症患者在性行为中都扮演着某种男性的角色。根据我的经验，性格活跃的同性恋个体的问题也可以用同样的方式加以解释。然而，性本能在那里就是性本能，不再是服务于对权力的觊觎与男性反抗的象征。同性恋个体从性的不确定阶段过渡到性逆转的阶段。被动的同性恋者通过嫉妒、征服或苛求等把自己的移情安排到女性身上，目的是让自己在事后获得明确的角色认可。然而，最重要的是他做出性逆转，目的是为了不暴露自己在正常恋爱中被错误地认为是一个缺乏男子气概的人。[2]另一方面，心理上的雌雄同体及其随后的男性反抗的起源才是我们研究的最根本问题。由于上述原因，它们在神经症和梦境中都呈现得不那么明显，因此，我们通常不得不将属于心理机制的片段和我们之前找到的神经症的补充内容放在一起研究。

我们对患者的治疗是在有利于患者的情形下进行的。以前

---

[1] 比如，使用明显的"女性化"手段来维护自己的优越感。我已经指出了这个机制很容易误导我们，让我们误以为神经症完全是一种"女性化的产物"。对神经系统动力学的检查可以防止这种错误的发生。"女性化"的假设就像"受虐倾向"一样，都是站不住脚的假设，都只是借口，它们是男性反抗的"女性化"的手段。

[2] 就像前面提到的受虐狂者一样，在他自己看来，他通过顺从性欲，努力获得认可，试图唤醒女性的性欲。从这一点上来说，有许多种类的变态，其目的是通过高估追求她们的人，来唤醒一个女人的爱情，从而征服她，并且"他相信自己在狩猎"。参见阿德勒《同性恋者的问题》（1918年，慕尼黑出版）。

的治疗并不成功，浪费了很多时间，并且影响了患者的职业生涯。但幸运的是，他有了一个好机会，被调到另一个办公室，在那里，他受上司欺压的感觉减轻了一些。现在，他的治疗取得了暂时的成功，已经维持了好几个月。他目前在一个新的办公室工作，并且已经从母亲的家里搬了出来。他从一个暴躁不安、急性子的人变成了一个安静的、适应力强的人，他的朋友和熟人对他的变化表示惊讶。他不再觉得自己与工作之间的关系具有强迫性。对我们来说，这具有里程碑的意义，因为他以前的错误态度已经得到了矫正，而这种矫正不仅能防止神经痛的发作，还能防止其他形式的神经症的产生。

　　我的另外两个病例是两位已过更年期的患者。当她们认为自己在社会中的地位很低的时候，她们就会出现严重的疾病症状。就像第一个病例一样，她们在儿童时期就有神经质的倾向。对她们的分析表明，这两个患者身上都存在着器官缺陷、自卑感和男性反抗。她们一生都是在"我想要成为一个男人"这样的思想主导下度过的。这样的态度很容易让我们将其归因于她们童年时期对性别角色的不确定性。由于我们这里讨论的是年纪较大的女性，所以总的来说，和男性患者相比，她们身上的这些相互联系更加复杂，疾病发作也更加频繁。她们要实现男性反抗的希望极其渺茫，同时她们也很难适应自己的命运。尽管在我们的治疗过程中存在着种种困难，但是经过我们的治疗，患者疾病的发作次数明显减少，严重程度也明显下降，结果是患者从此能够更好地享受生活。我希望这两个患者最终都能得到完全治愈。

　　这些是我目前可以提供的数据，来佐证我关于三叉神经痛的心因性起源的观点，我建议从性格学的角度出发，对每一个病例进行检查。我不否认，偶尔也会出现一个病例的病因需要在病理学和解剖病变中寻找。然而，三叉神经痛的发病过程与我们所熟悉的病例不同，否则我们不应该把疾病发作与心理事件联系起来。上述性格特征的缺失应该让我们很快走到正确的研究方向上。

　　我们反对另一种可能被认为是神经症的心因性理论的对立理论，即神经症的毒性基础理论。既然我们可以将症状分解成不同的精神状态，那么神经症的毒性基础理论就完全不成立。不管在神经症和精神病中我们发现了什么毒性，这些毒性也只有通过强化童年时期的自卑感以及随后产生的男性反抗，才能发挥作用。换句话说，只有唤起个体的羞辱感，这种毒性才能让个体患上神经症，就像意外事故是事故性神经症的起因一样。[1]

　　要补充其他的器官性（疾病）病因，我们可能需要在患者的交感神经紧张和血管神经的强化应激性方面进行探究，例如由某些精神刺激而引起的血管疾病。这种疼痛类似于强迫性脸红、偏头痛、慢性头痛、与病理后遗症有关的癔症和癫痫症昏迷的发作，这些症状是由急性血管病变引起的。对于医生来说，在治疗中，识别疾病发作的类型非常重要，因为这可以确保患者的安全。然而，对心灵平衡状态造成影响的神经症紊乱始终是医生对患者进行治疗的起点。

----

[1] 意外事故会引起个体对病痛感的觉醒，也会揭示个体身体上的缺陷。

第8章　距离产生的问题

（神经症和精神病的基本特征）

　　个体心理学的实践意义在于，它可以确定个体的生命计划和生命线在多大程度上由个体对生活和社会的态度、对公共生活中正常和必要问题的态度、获得声望的计划以及群体意识本质来决定。如果读者认可我的某些观点[1]的话，那么现在我们来说一说"自卑感"，它是影响健康人和神经症患者的心理生活的基本因素，同时也是决定性的因素。与自卑感本质上相似的是"一种通过设定目标来提升自我意识的冲动"，也被视为"补偿"功能，或"生命计划"。自卑感迫使个体在扮演"男性反抗"角色的同时，又"害怕做决定"，并通过各种"攻击"手段和"失常"行为来实现个人的目标。我们假设神经症和精神病个体的精神生活固着于"指导性原则"，与之形成对比的是，健康的个体却没有这种固着。健康的个体认为理想中的"指导原则"只是给出了"大概的方向"，并且仅作为一种手段使用。最终，我假设从整体上看，神经症和精神病可以被解释为自我意识的一种"安全机制"。

　　人类不断追求"优越感"为文化的进步提供了条件，同时也完善了人类的生活方式和生活技能。即使没有发挥其应有的作

---

　　[1] 比较阿德勒《论神经症的性格》和阿德勒《自卑与超越》（1914年出版）中得出的观点。

用，这种生活方式和技能也会使所有的可能性和现实情况发挥一定的效用。此时，我们必须明确以适当的角度来看待"结局"在精神生活中的重要意义，而不是随意地对此加以解释。性心理学中有关神经症患者的性态度的说法并不成立，许多人想当然地把"性心理学"看作生命计划的某种类比，认为性心理学是个体心理学的基本原则之一。然而，个体心理学根本不承认这个观点。

在调查研究中，我们发现"获得快乐"的倾向是一个变量，而不是一个定量，它会完全适应生命计划所规定的方向。与大众普遍接受的观念相反，个体身上的性格和情感的特征都经过了个体的充分验证，会为实现一个虚构的优越感目标而坚持不懈地做好准备。只要我们公开这一事实，那些认为"性变态和犯罪倾向由遗传因素主导"的理论自然就站不住脚了。于是，不管患者的疾病倾向是来自器官缺陷、错误的教育制度，还是糟糕的原生家庭，我们都可以描述神经症的基本内涵，并对那些从儿童时期就有疾病倾向的个体进行研究。无论是软弱的无力感，还是悲观厌世的态度，所有似曾相识的计谋、偏见、诡计和兴奋，都与虚构的想象和主观上的优越感有关。我们已经了解到，患者身上的每一个特征、每一种表情都与其所期望的平静与胜利的目标紧密相连。因此我们认为，所有神经症的表现都呈现出一种信念，它与个体的强大野心和人格缺陷之间的矛盾有关，而这种矛盾正是神经症产生的必要前提。只有这样，我们才可以理解神经症。

正如我们学派所证明的，心理上的过度劳累也会体现在想象、梦境和幻觉当中。个体的驱动力本质上是一种准备工作、一种尝试、一种"如果是这样"的假设的延展、一种压制他人的斗争、一种对出路的探索，也是一种可以对抗危险的安全感受。在这里，我们要记住，个体行为的后果并不是源于个体所做出的决定。通常情况下，患者患病的证据或臆想的信念所产生的社会后果，足以满足患者对社会认可的期盼。然而，在某种程度上，神经症患者获取的所有经验对自己而言仅仅是素材和手段。通过生命视角，这些素材和手段会顺着患者的神经症倾向赋予新的意义。患者有时会同时采取明显对立的态度[1]，如"双重竞争"、分裂关系、两个极端、矛盾对立。此外，我们还应该补充一些其他的内容，例如患者对外部事实的扭曲，甚至可能会造成完全排斥外界环境的后果。而且，患者有意地塑造情感生活和感觉，从它们那里衍生出外部的定向反应。记忆与失忆，有意识与潜意识的冲动，以及有知识与无知识，同时都会在患者身上相互作用。

一旦理解了这一点，并且明确认识到神经症的每一种精神表现都有两个前提预设，一方面是情感缺陷，自卑的感觉，另一方面是为了达到像神一样的目标而进行的被催眠的强迫性努力，那么就像克拉夫特–埃宾[2]早已指出的那样，神经症症状的"多重意义"不会再欺骗我们了。在神经症心理学的发展过程中，这种多重意义产生了不小的障碍，这在很大程度上是因为幻想系统和狭隘的思维限制在神经病学上占主导地位，第一种方法会产生无法解决的矛盾，而第二种方法则会导致不孕不育。原则上，个体心理学派致力于研究精神疾病的"图式"，即坚持探索治疗患者所采用的方法。我们的研究工作已经证明，患者身上的真实表现是非常重要的，但更重要的是患者对这些真实表现的评价。因此，

---

[1] 我们想知道，大家是否真的很难理解所谓"内在"和它的对立面"外在"的相似之处，并把两者都设想为达到目的的手段。

[2] 理查德·克拉夫特–埃宾（Richard Freiherr von Krafft-Ebing，1840—1902），奥地利精神病学家，性学研究创始人，早期性病理心理学家。《性心理病态》是克拉夫特–埃宾最著名的著作，1886年第一次出版，这一年也被公认为现代性科学的肇始之年，他也是第一个将性行为作为研究对象的科学家。——译者注

对个体的正确理解和对个人主义的讨论是必要的先决条件。另一方面，在患者对生命计划的完善过程中，患者对完整的优越感的执着坚持，揭示了他与现实要求之间的矛盾，也就是与社会要求之间的矛盾。为了把患者从无助的行为和经历中解脱出来，患者会以生病的方式迫使自己来反抗社会生活中固有的正常决策。因此一种明确的心理社会因素进入了神经症研究的领域。神经症患者的生命计划总是以自己对社会、家庭和两性关系的个人理解来实施的，并且从这个角度来看，说明患者对自己生活的不满和对伙伴的敌对态度进行了不加辨别的预设。患者身上也会出现人类的普遍特征，虽然没有经过内在的调整，未经强化，却会给我们再次留下深刻的印象：神经症和精神病离精神生活的本质相差并不遥远，它们确实是精神生活的变体。对此质疑的人，目前和将来都不可能理解患者的心理现象，因为只有使用正确的方法来研究患者的精神生活，我们才能得到调查研究的最终结果。

　　患者对确定的神经质生命线的坚持，源于一种自卑感，而这种自卑感的目标是我们学派所提出的努力"向上运动"（upward movement）。我们沿着患者的生命线，不断地获取"全面的""分布均匀的"神经质的混合现象。当患者被剥夺了所有的影响力而仍处于亢奋状态时，我们发现患者通常表现出昏厥或兴奋的特征。在神经质疑虑、强迫性神经症或恐惧症的病例中，我们要么"一无所获"，要么"毫无结果"，充其量它只是代表了与明显的困难情形和疾病证明相关的准备工作，在更有利的情况下，这种安排会使患者的行动似乎受到了约束，我们稍后再谈论它的原因。

　　我在术语"犹豫的态度"（hesitating attitude）下详细地描述了这种奇特的现象，在所有的神经症和精神病，以及忧郁症、偏执狂和早发性痴呆中都有表现，有利的环境让我能够深化这一概念。

如果按照我们所指明的方向去观察患者的生命线，就可以理解患者的个体生活方式（仅来自患者自己获得的经验和观点），他正在强化自己的自卑感，然而，他将这种自卑感归咎于遗传、父母的过失或其他缘由，让自己置身事外，免于承担责任。最后，我们通过他的行为和策略认识到他对"完美计划"的坚持，那么如果我们在他充满攻击性的某个特定位置上，发现他的行为偏离了预期的方向，我们一定会非常惊讶。为了让读者对此有更好的理解，我将这种"偏离"细分为四种模式，每一种模式都需要注意，因为患者会在生命计划的某个特定点上，试图在自己和预期的行为或决定之间设置一个"距离"。一般来说，患者似乎是因为胆怯而设置障碍，而这种性格胆怯是以一种疾病或神经质疾病的形式出现在我们面前。这种疾病与患者有目的性的"距离"相一致，经常表现出患者身体状况的变化。而患者正在用各种不同的强度塑造这种疾病，这让他能够从世界与现实中脱离出来。每位神经学家在考虑疾病的多种层级的时候，都会将患者的疾病习性与患者自身的经验相比照。

第一，逆向运动（retrogressive movement）。包括自杀、自杀未遂，严重的"距离"恐惧症，昏厥、癫痫性精神病，强迫性脸红和严重的强迫性神经症，神经性哮喘，偏头痛和严重的癔症疼痛，癔症性瘫痪，意志丧志症，缄默症，各种严重的焦虑症，拒绝进食，健忘症，幻觉，酒精中毒，吗啡成瘾等；另外，患者还可能经常流浪且有犯罪的倾向。患者频繁地出现焦虑，经常会梦到坠落和犯罪，这表明他身上那些夸张的预防措施在起作用——他对可能发生的事情充满恐惧！对患者来说，外界环境施加的强迫迅速延展，他过度敏感地拒绝了所有社会和人道主义的需求。在一些严重的病例中，患者会禁止一切有效活动。对患者来说，能够证明自己生病自然有积极的一面：这种证明能够判定患者的个人意志，同样地，让患者能够消极地战胜正常的社会需求。这一点同样适用于其他三种类型。

第二，中止（cessation）。我们对患者有一个印象，好像患者周围有某个魔法圈，使他不能更加密切地接触生活的真相。他无法直面真相，也无法审视自己的价值，更无法做出决定。患者罹患神经症的直接病因来自工作任务、考试、社交、爱情以及婚姻关系。如果它们以问题的形式出现，并影响患者生活的话，患者就可能因此而患病。焦虑、记忆力减退、疼痛、失眠，继而丧失工作能力，强迫行为，阳痿、早泄、手淫及完全丧失性能力的性变态行为，哮喘、癔症性精神病，等等，这些都是患者为了防止任何外界过度入侵而采取的保护措施。这同样适用于第一类暴力程度较低的外界攻击。患者会经常做梦，梦到自身受到了限制，无法实现理想或参加考试，这具体地勾勒出了患者的生命线，他在这条线上的某个明确的点上突然停止，然后构建自己的"距离"。尼布尔[1]（Niebuhr）在《罗马史》（*History of Rome*）第三卷写道："国家的虚荣心就像个人的虚荣心一样，都会对失败感到羞愧，因为失败就意味着承认自己权力的有限，这比其他不体面的事情更为严重，这种失败会让人放弃之前的所有努力，懦弱地接受事实。害怕失败让人们彻底地卸下一切伪装，而接受

————————

[1] 巴托尔德·格奥尔格·尼布尔（Barthold Georg Niebuhr，1776—1831），德国历史学家。生于丹麦哥本哈根一个德意志学者家庭。1796年毕业于英国的基尔大学。1811—1812年出版《罗马史》前两卷（第三卷出版于1832年）。在西方史学史上，他被认为是近代批判史学的奠基人。——译者注

失败让他们得以生存下去。"

　　第三，犹豫不决，也就是心理上或现实中的"摇摆不定"。患者的犹豫可以让他心理与现实的"距离"变得更加安全。这一距离会以上述疾病，或者与疾病相伴的疑虑，即一种"太迟了"（致命的延迟）的想法作为终结。我们会想方设法地消磨时光。这让强迫性神经症有了无限的延展空间。一般情况下，我们可以在患者身上辨别出以下机制：他会将一种艰难困苦召唤到生活中，并将其神圣化，然后尝试着去掌控它。我们经常发现患者有洗涤强迫症、病态的谨慎、害怕与他人接触（这同样也是患者对"距离"掌控的空间表现）、拖延时间、半途而废、破坏工作进度（就像佩内洛普[1]一样）、不去触碰某些东西等特征。就像我们经常发现自己延误了工作或决策，是因为我们"无法抵挡"那些无足轻重的活动和各种娱乐的吸引。等到我们要采取行动时，却为时已晚。或者会发现，就在我们要做出决定的前一秒，某个困难会突然出现，而它通常是我们自己构建出来的困难（比如怯场）。这种行为显然与前一类模式有关，但不同的是，在前一类模式的情况下，患者往往会阻止决策行动。患者经常会梦见一种"来回摇摆"的运动，或是梦到自己在执行生命计划时突然开始拖延。患者的优越感和对安全感的渴求，会通过一种虚构的假设被揭示出来。患者经常会谈到这种虚构的假设，虽然从未被

---

　　[1] 佩内洛普（Penelope）是希腊半岛西南边伊大卡岛的国王奥德修斯（Odysseus）的妻子，以忠贞而著称。奥德修斯随希腊联军远征特洛伊，这一仗打了十年，他在返家的途中又耽搁了十年。在这二十年中，人们以为奥德修斯已经死亡，许多王公贵族向佩内洛普求婚。坚贞不渝的佩内洛普为了摆脱求婚者的纠缠，想出了一个缓兵之计，她宣称等她为公公织完一匹做寿衣的布料后，就改嫁他们中的一个。于是，她白天织这匹布，夜晚又在灯下把它拆掉，就这样拖延时间，等待丈夫的归来。——译者注

自己忽视，但也从未被他理解。患者"说了这些话，但是并不理解它们"！患者会以一个"如果……"假设句开始为自己辩解："如果我没得这个病，我就会拿到第一名。"我们可以清楚地看到，只要患者坚持自己的生命线，那么他就永远不会从这个生命的谎言中解脱出来。一般情况下，这种假设句会包含着一些无法实现的条件或患者的计划，是否对其做出改变，完全由患者自己掌控。

第四，个体对"障碍物"的构建和掌握，正是这种"距离"的象征。在这里，我们会看到几个不太严重的病例，这些患者可以正常生活，有些人还会活得非常精彩。这些疾病是自发产生的，或经过一段时间的药物治疗，从更严重的疾病中继发性地产生。有时，医生和患者都会轻信患者身上的疾病"残留"（remnant）对患者没什么影响，不过是原来存在的"距离"罢了。但是，患者会以不同的方式利用它，使"距离"具有更强的社会意义。就像患者以前构建这种"距离"是为了断绝关系，现在，患者构建"距离"是为了取得胜利。我们现在很容易就猜到这种方式的"意义"和目的：有了这种"距离"，患者既不受自己判断的影响，更重要的是，他也不受别人对他的自满和威望评价的影响。如果这个决定对他不利，那么他可以退回到自己的困难和他（自我构建）的疾病上。相反，如果他成了赢家，那他就会想："如果我身体健康没病的话，那我还有什么事情做不到呢？尽管我生病了，却依然取得这么多的成就，可以说只用了我一半的能力就完成的啊！"这一类疾病的症状会被患者"调整"为：轻微的焦虑症和强迫的症状、疲劳（神经衰弱）、失眠、便秘、胃肠功能障碍（既会消耗患者的体力，又会消耗他的时间，并且患者还会把这作为一种刻板的消磨时间的方法）、头痛、记忆力差、暴躁易怒、喜怒无常等。患者会固执地寻求一个顺从自己的外在环境，并且一直对这种环境保持敌意。另外，患者会有手淫并带有迷信色彩地去处理秽物（精液）等行为。自始至终，患者都在拿自己做实验，以测试自己是否真的有足够的能力。患者还会有意识或无意识地承认自己在病理上存在着一些器官缺陷。虽然这个结论没有被表达出来，却很容易被我们辨认出来，它隐藏在神经症的"计划"之中，处于患者的生命计划的庇护之下。一旦患者有效构建了这种"距离"，就可以允许自己求助于某些"其他方面的意志力"，或是会与自己的态度相抗争。他的计划路线是由以下因素组成：潜意识地构建一个"距离"，并对这种"距离"进行或多或少的徒劳的攻击。我们必须清楚地认识到，在神经症发展的阶段中，患者与自己的症状、抱怨、绝望和可能存在的内疚感之间的斗争，主要是为了强调症状在患者眼中和环境中的重要性。

总而言之，我认为在这些神经症的生活方式中，所有与成功有关的责任感似乎都被抛弃了。我稍后会解释责任感在神经症中占有重要的地位。因此，神经症患者总是无法融入社会，无法与陌生人建立人际关系，只能退缩到直系亲属的圈子里生活。如果患者经常进入更大的社交圈子，他就会对自己的直系亲属表现出一种逆向的吸引力倾向。

但是，与个体心理学派的观点相一致的是，我们将神经症患者和健康人的行为进行比较，应该能明显地突出我们的观点。归根到底，我们的分析认为，不管是哪种心理行为，都可以被理解为个体事先准备好了"答案"，来回答社会所提出的问题。因此，我们经常会在个体身上发现以下构成要素、内在的前提和安全机制：一个有统一目标的生命计划，有特殊目标的自我评价；

在一个综合的关系中，从幼年时期发展而来的一个有优越感和精神控制的目标。

　　我们所说的几种"距离"类型与神话和诗歌的创作有异曲同工之妙，这让我们的观点更有说服力。但这并没有什么奇怪的。它们都是人类心灵的产物，源于相同类型的思想和思维方式，自然它们也会彼此影响。在这些艺术形象的生命线中，我们同样可以感觉到"距离"的象征，它在悲剧人物中体现得最为明显。故事开头总是"人物命运突变"，然后与人物的"犹豫态度"相联系，这种"写作技巧"显然取材于生活。"悲剧性负罪感"像是一种"启蒙性直觉"，同时启发了人物的主动性和被动性，也启发了生命计划中的"安排"和征服。不仅仅是人物的悲惨命运，还有人们强加给他的责任，这种责任看不见摸不着，却一直困扰着他，因为只有适应社会的要求，他才能成为一名真正的英雄，才能以胜利者的姿态出现在世界上其他的地方。[1]

　　总之，那些为社会寻求新的、陌生道路的人，更可能会面临着与现实世界脱节的危险。上述几种类型中都存在着虚荣心和不安全感的相互作用，它们会让"命运的突变"浮出水面，而且会在个体的"距离"之内约束自己采取果断的行动。

---

[1] 另一方面，"齐唱"则代表了社会的声音，在戏剧的剧情发展到后期，这种声音被转移到英雄人物的身上。

第9章　女性神经症患者的男性化态度

　　我在一系列论述神经症机制的著作中阐述了一个统一的结论：男性反抗，即反抗女性特征或明显的女性冲动和感觉，是引发神经症疾病的主要原动力。神经症体质的最初形态可以溯源到病理性的儿童记忆情景中。在这种情境中，权力最细微的表象也表现得清晰可见。一方面是儿童对未来性别角色的不确定性；另一方面，儿童使用一切可用的手段，突显了扮演男性角色的愿望，例如表现出横行霸道、主动进攻、残忍冷酷。

　　神经症患者普遍会厌恶自己的女性化路线，不断强化自己的男性化路线，这体现在他们的行为、愿望和梦境之中。除此之外，儿童处于极度兴奋的状态下会开始探索"性"，这并不意外。许多患者都谈到，他们对性别角色的疑惑一直持续到童年后期，有些患者甚至一生都带有明显的男性反抗，所以他们无法在社群层面适应职业、家庭、爱情或者婚姻。然而，在女性神经症患者的病例中，患者的回答更令我们震惊。患者以各种方式明确表达，在任何时候，她们都渴望成为一个完整的个体。研究结果充分证明了这些神经症患者所描述的事物勉强能反映在她们的意识层面上，而引发神经症患者的症状、行为和梦境的强大力量蕴藏在患者的潜意识之中。我从各种研究分析中选取以下几类病例，以便能够清楚地观察到一些女性神经症患者的医治过程。

第一类病例：患者倾向于用智慧、勇气和谎言来弥补自己不是男人的事实。

一名二十四岁的女患者患有头痛和失眠，会突然对母亲发怒，下面是她讲述的一段经历。一天晚上，她回家时，看到一个男人因一个妓女主动跟他搭讪而在训斥妓女，和他一起的同伴都在轻声地劝阻他。与此同时，该患者产生了一种无法抑制的欲望，她想要插手此事，并向那个情绪激动的男人说明他的行为简直就是无理取闹。我们分析她的行为，她希望自己像个男人一样，超越自己作为女性的含蓄、矜持。她想要像男人那样行事，甚至比男人更有智慧地来处理事情。

就在同一天，碰巧赶上她去旁听一场面试。面试官是一位诙谐幽默又博学多识的教授，正沉浸在自己的男性反抗之中，面试官跟面试者开着过分的玩笑，还屡次评论面试者像只"鹅"。这位患者愤然起身，离开了面试现场，她一整天都陷在沉思中，心里想着她在面试的时候应该如何反驳这位教授。那天晚上，她彻夜未眠，直到第二天清晨才睡着，后来还做了一个梦：

"我全身只裹了一层薄纱。一位老人走到我的面前，他牢骚满腹地说，这身薄纱穿在我的身上不能起任何遮掩的作用，因为人们可以透过它看到我的肌肤。"

这位老人就是德国著名病理学家阿德勒，患者强调，这个人物形象总出现在她的梦境里。后来，她也偶然会想起来几个人，其中就有那位既严厉又很诙谐的面试官。这些人身上都有一个共同特点，就是他们都才华横溢、聪明过人。"毕竟，人们可以看透那件薄纱。"这句话是她自己从治疗过程中总结出来的。

"全身只裹了一层薄纱"，让她联想到与她形成鲜明对比的

《米洛斯的维纳斯》[1]（the Venus of Milo）。就在前一天，她还谈到这座大理石雕塑，称赞它是一件上等艺术品。她还能联想到《美第奇的维纳斯》[2]（the Venus of Medici）所展现的遮掩姿态，也可以联系到《米洛斯的维纳斯》缺失的双臂。这很容易就能解释她在梦境中穿着薄纱。

后来她又对梦中那位老人的话语提出了质疑。难道她就不能像舞者一样，用多个披肩来遮盖自己的裸体吗？

我无需多言。患者想要在梦中隐藏性别。在《美第奇的维纳斯》雕像中，维纳斯把一只手放在了性器官之前，而在《米洛斯的维纳斯》雕像中，维纳斯根本就没有双臂。这些都清晰地表达了她的愿望，也就是我们前段时间刚刚揭示的：患者想要成为一名男人，而不想做女人。

患者一天里的两次经历和失眠的情况，还有想在面试现场表现得像个男人，希望能战胜那位严厉的教授，以及想要用薄纱来蒙骗我，这些代表了一个连续体的一部分，而这个连续体的内容是由女孩的神经症构成的。在梦中，她怀疑这种性别转变是否能够成功？这种怀疑与儿童时期的病理状况有关，对应着某种早期

---

[1]　《米洛斯的维纳斯》，又称《米洛斯的阿芙洛蒂忒》或《断臂的维纳斯》，是古希腊雕刻家阿历山德罗斯于公元前150年左右创作的大理石雕塑，现收藏于法国卢浮宫博物馆。雕像表现出的爱神维纳斯身材端庄秀丽，平静的面容流露出希腊雕塑艺术鼎盛时期沿袭下来的思想文化传统。她那微微扭转的姿势，使半裸的身体构成一个十分和谐而优美的螺旋形上升体态，富有音乐的韵律感，充满了巨大的艺术魅力。——译者摘自青少年万有书系编写组《叹为观止的世界文明奇迹》第178页，辽宁少年儿童出版社，2014。

[2]　《美第奇的维纳斯》是公元前一世纪的一件大理石雕塑，是古希腊青铜雕像的复制品。这件大理石雕塑现藏于意大利佛罗伦萨市的乌菲兹美术馆（The Uffizi Gallery）。乌菲兹美术馆以收藏欧洲文艺复兴时期和其他各画派代表人物如达·芬奇、米开朗基罗、拉斐尔、波提切利等作品而驰名。——译者注

的不确定性，这关乎患者未来的性别。后来，神经质的性格特征
与儿童阶段的特征相结合，明显的男性特征和防御倾向构成了这
个阶段的主要特点。最后，这种防御倾向避免了女性化，避免了
被推到次等地位的危险。

　　第二类病例：患者是一位自己抚养孩子长大的神经质母亲，
她害怕自己没有办法用正确的教育方式引导孩子。

　　患者是一位三十八岁的妇女，时常焦虑，偶尔会出现心悸，
乳房有压痛，还有"阑尾炎腹痛"等症状，因此，她来接受治
疗。而这与她唯一的孩子——一个十岁的女孩之间有着特殊的关
系。这位母亲一直监视着自己的孩子，总是对孩子的进步感到不
满，并不断地对这个心智不全但心地善良的孩子吹毛求疵。家里
每天都会爆发激烈的争吵，而且她通常会用一顿鞭打来解决母女
之间因鸡毛蒜皮的事情而导致的争吵，有时候还会请孩子的父亲
过来做仲裁。与很多类似的病例一样，这个孩子因此陷入了潜意
识的反抗态度中，并在吃饭、穿衣、睡觉、洗漱、学习的时候制
造出各种各样的麻烦事。[1]

―――――――

　　[1] 弗里德容（Friedjung）用一系列有趣的统计数据描述了独生子女的命运。他
认为，在这种命运中，主要是心理因素起到了非常关键的作用，比如母亲的爱抚、焦
虑心理等。上述病例及其他类似病例，都已证实并进一步扩展了他的观点。它说明女
性对再次分娩的恐惧，或许是导致她们焦躁不安、吹毛求疵，以及只养育一个孩子的
根本原因。这种夜以继日的过度关心，都是为了证明"一个孩子已经带来够多的麻烦
了"。此外，在病例中，必须加上这样一个事实：母亲和女儿都是因器官缺陷出现神
经症，并逐渐地加重。她们两人从小都很虚弱。母亲十八岁才来月经，由于分娩无
力，以及随后生殖系统功能低下而出现的并发症，她在分娩时遭受到难产的痛苦。
孩子出生后不久，因呼吸系统功能低下就开始长时间地患有支气管炎。母亲的哥哥患
有喉部增生疾病，而父亲则死于肺炎。她的女儿在得了猩红热之后，又因肾脏功能低
下出现肾炎和尿毒症，接着，她又因大脑功能低下，还出现了舞蹈病，并伴随有智力
障碍的问题。一位内科医生警告她不能再次怀孕，否则会有生命危险。
　　因此，在每一个病例中，女性患者的神经症都反映一个正在动摇我们文明根基的
问题——女性对女性化的恐惧，对即将来临的分娩和婴儿的恐惧。摩尔（Moll）最近
证实了上述的事实。

患者第一次神经症发作是在十九岁的时候。那时，她与现任丈夫秘密订婚不久。在订婚后的八年中，家人一直强烈反对这门婚事。她心烦意乱，懊恼不已。但是结婚后，她的病就再没发作过，直到孩子出生后又重新复发。在孩子出生后这段时间里，她的丈夫经常采用体外射精的方式来避孕。一位医生提醒过他这种习惯可能会带来的危险，并将他妻子疾病的发作归咎于这一点，于是他就采取了其他的避孕措施。后面产生的结果太令人不可思议了，很长一段时间他妻子再没有犯过病。但是突然之间，神经症又复发了，而他们并没有改变原来的性习惯。到现在已经过去了三年，任何治疗都没有效果，不过他们的性关系却一直尽如人意。

如果真有一种病症像纯粹的神经症，即焦虑性神经症的话，那么毫无疑问，三年前她确实就得过这种病。通过分析她的身体状况和癔病症状，她就是这种病的典型患者。她身上男性反抗显而易见，包括反抗行为、极度敏感、控制欲、虚荣心等。她的自卑感被虚构的、异常强烈的性欲望完整地保留了下来。她的这种性欲望从八岁起就开始存在，一直都使她对恋爱和生孩子充满了恐惧，这也激发了患者对女性的恐惧。与丈夫从相识、相知到订婚后的这段时间里，她利用这种恐惧为自己创造了一个可靠的安全机制，而且她还在潜意识中用幻觉"安排"了这一机制。除了这个安全机制之外，她还幻想出自己的胸部疼痛、胃部疼痛，这样她就可以避免所有不合理的性行为。在她潜意识的幻觉中，她把自己想象成一个多情但意志力薄弱、盲目追求性堕落的女孩。她用恐惧症和神经症来保护自己，这样她就不会被别人看成是一个性欲旺盛的女性。这种与女性特质所进行的斗争，是在她潜意识的状态下进行的。但从童年时期起，这种斗争就在她的自我意识中积累了一些本质性的东西，其中包括一种非常明确地想成为男人的欲望。因此，每当她遇到情况变得紧张时，无论是表面上无害的体外射精会让她想起怀孕的画面，还是她在过去的三年中不利的经济状况，都会使她感觉到潜在的危险。为了反抗女性本质以及丈夫的支配权，她的神经症再次发作了。她夜晚发作的癫痫让丈夫无法正常休息，这也让他清楚地看到，她在夜里睡觉时被孩子的哭闹声吵醒是多么令人难受。这样她也能拒绝丈夫的要求，或者她呼吸急促的症状是对丈夫的一种警告，提醒他如果她再怀孕，她就有患上肺结核病的风险。这样，她也可以避免与外界的社交活动。只要她愿意，她就能够把丈夫拴在家中，所以她强迫喜欢胡乱吹嘘的丈夫屈从于她。

我们从这个分析中得出的最重要的结果是患者那吹毛求疵、折磨他人的方式服务于她潜意识的目的。她想用急躁不安、心神不宁和忧心忡忡的表现来证明，仅仅一个孩子就能给她带来无穷无尽的麻烦。当她的朋友说"天呐，你只有一个孩子"的时候，她的朋友所认为的"正确"印象只不过是她自己想要给外人表现的一个方面而已。她会冷冷地跟着孩子，纠正着孩子的错误，让自己从兴奋状态转移到另一种状态，她小心翼翼地劝阻孩子不要与其他同伴发生性关系。患者的这些辅助行为起源于潜意识，以一种合乎逻辑的形式表述出来："我女儿不能像她母亲那样，她绝不能性早熟！"

尽管其他母亲做法不同，但都会日夜陪伴在孩子的身旁。她们一直爱抚着孩子，总是忙着照看他们，甚至会用一些不必要的预防措施打扰孩子的夜间睡眠。她们毫不疲倦地监视着孩子的营养摄入、排便情况、体重、身高、体温等。要是孩子生病了，这无疑是对母亲毁灭性的打击。"理智、良善、痛苦都成了无稽之谈"。这一过程一直持续到孩子逐渐意识到自己的行为可以控制母亲为止。孩子会从最细微的养育关系中开始怀疑自己的母亲正在企图控制自己，因此，她就行动起来，一直与母亲进行着反抗。

患者的梦总是能部分地反映出一系列精神反应，可以清晰地勾勒出患者神经症的动态轮廓，即心理上的雌雄同体，以及随之而来的男性反抗。在她的梦中，经常会出现"上与下"的象征符号。其中一个梦境是这样的：

"我正在拼命地逃避两只豹子的追赶，我竟然躲到一个衣柜的上面。然后，我就被吓醒了。"

梦的分析揭示出她对自己的第二个孩子有了一种想法，而她在"衣柜上面"是在向男性寻求庇护。她在梦中的后一个行为表现出她神经症的主要症状是恐惧感，这是她对抗女性生育的一个最重要的安全机制。与此同时，在她的梦里，不断"向上"努力的过程揭示出她有控制自己父母的企图。在她的想象中，她的父母就等同于一种迫在眉睫的危险。

第三类病例：患者的男性反抗是一种想要逆转事物的尝试。

第一位患者：我对这位女性患者的复杂梦境和神经症症状所做的分析可以证明，这位患者想要"逆转"（reversal）一切，这与患者想要像个男人一样的想法有关。在我对这个梦进行分析并证明这种"逆转"存在之前，我觉得有责任从理论层面上简要地概述本书中一个重要的主题：睡眠。在对精神的解释中，我们把睡眠作为一种安全的保障机制，它是大脑功能的一种状态。在这种状态下，部分精神系统的矫正功能停止了工作。"深度睡眠"表明了这种校正功能停止的程度。从生物学的角度来看，这是一种精心设计的生理机制，通过不断的休息来保护我们身上最新动态的、最精细的器官组织大脑的特定功能，我们必须把这些特定的大脑功能与矫正相关的问题都考虑进去。然而，矫正功能是由感觉器官不停地集中活动所产生的，在这些活动中，我们必须包括人体的运动机制。因为感觉器官的功能是确保我们生命的安全，一旦超出身体活动的范围，当人体处于某种程度上的睡眠状态时，感觉器官的保护就会失效，因此从广义上来说，这时我们对外部世界的调整功能也就暂时丧失了，也随之失去了正常的矫正功能。梦中虚构的内容是由一种原始的、类似的和形象化的安全机制构成，用以对抗患者的自卑感，这种虚构的内容不受控制地逐渐壮大起来。在这个梦境中，人们对自卑感的真正反应就好像人体存在着再次被压迫到更"低级"的某种危险。由于患者认为这种预期的敏感是女性化的特征，是一种故意夸大的安全感倾向，那么已然可以清醒地察觉到的心理部分就会通过男性反抗来做出反应。所以，梦就这样产生了。患者用幼稚的行为表达出自己的男性反抗，代表了患者想要逆转现实，同时也反映出性的本质。而梦境中关于虚构的解释，同样来自患者最初得到强化的安全倾向。梦的象征，也就是梦的虚构的表现，某些梦的复合体被分解成它们所包含的动态内容。当尤金·布洛伊勒[1]（Bleuler）谈到性行为的象征意义时，他的脑海中似乎模糊地出现过梦的象征。对弗洛伊德和他的学派来说，梦具有真实的、纯粹的性意义、性表征、反常的（性）思想联系和乱伦情结。从这个角度来

---

[1] 保尔·尤金·布洛伊勒（Paul Eugen Bleuler，1857—1939），瑞士精神病学家。曾在伯尔尼大学学医，后任苏黎世大学精神病学教授，兼任布尔格赫尔兹利精神病院院长。1908年发表专著，第一次使用"精神分裂症"一词。1911年发表《精神分裂症中的早发性痴呆型》。他认为，早发性痴呆不是单一的疾病，绝非不可治愈，也未必会发展成为痴呆。1924年他出版的《精神病学教材》是精神病学的经典教材，曾多次再版。——译者注

看，弗洛伊德和我对梦与神经症的分析的不同之处在于，弗洛伊德会把患者有意夸大的虚构内容当作真实的经历，但他忽略了患者的真实目的，并鼓动患者放弃这种"已经成为意识要素的幻想"。而我的观点更深入地探究了这个问题，通过向患者展示"你虚构的内容都是你自己创造出来的"，试图去打破患者的这种虚构想法。另外，我们还会在自卑感和男性反抗中追溯这种虚构的源头。患者的矫正能力曾被局限在情感态度范围内，但在梦中会被释放出来，并用于制造和融合男性的反抗与现实。精神病和神经症的本质在于矫正能力的融合，在这种情况下，患者的虚构内容肯定会以男性反抗的形式明确地表现出来。然而，神经症受到了虚构的初级结构的制约，所以，患者会在周围环境中寻求他人的认可，而本质上，神经症却是一种以最小阻力释放自己的情感的方式。

结果，许多神经症患者的逆转过程会与一种原始本性的虚拟情景相结合，而从男性反抗的角度来看这种原始本性的虚拟，明确显示了逆转关系是自卑的和固有的。这种逆转一切的倾向将会对神经症的本质产生决定性影响。我们的患者与众不同，她会企图逆转家庭和社会的道德、法律和秩序。她的男性反抗过程的出发点是基于对女性角色的错误低估，并且不切实际地放大了女性角色的危险。为了让自己摆脱这种束缚，她试着追寻自己的女性气质，并希望能把它转化为男性气质。患者在讲述的过程中，只提到了两件事。母亲在她小时候告诉她，她是因为意外怀孕来到这个世界上的，当时她正跟着一个哥哥在学游泳，所以她希望扭转一切，包括她的出生，以及她的出生顺序。她的所有行为都是为了这个目的。一开始她也试图在我面前扮演高高在上的角色，故意引导我的思路，还会在谈话中打断我。一天，她甚至还坐到我的椅子上。接下来要谈的梦境发生在对她治疗的后期。

"我正在观看一场旋转木马吊环比赛[1]。后来，我也爬到了护栏里的转台上。裁判突然给我们来了几次急转弯，我反复倒在另一个人的上面。我在他的上面。然后，裁判说：'现在我们要朝相反的方向运动。'瞬间，我们发现自己已经回到了原来的位置。"

这位训练有素的患者透露了以下内容："参加吊环比赛可能就意味着'生活'。我好像听过这样一种诙谐的说法：生活就是一场循环的游戏。我应该跳到一个人身上，我很早以前就知道，男人就应该在别人身上，这与性交有关。在维也纳，人们如果说'我睡在他身上'，就意味着我想占有他。我将它可以暂时地解释为：我跳到了很多人身上，意思是我想要占有他们。显然，你一定是比赛的裁判，因为你常常告诉我，我正在逆转局面，我不希望事情都是这样发生。如果你对此有什么话要说，那恐怕就是我应该回到合适的位置上，也就是一个女人的位置上。"

她对梦的解析同我开始推测的部分内容一样，所以，我们可以预测她会用男性反抗的形式来回应对女性角色的认知。从她的

---

[1] 旋转木马吊环游戏是从拼抢激烈的战斗训练中发展而来的。旋转木马（carousel）源于西班牙语的carosella，指"小型战争"。最早的旋转木马可能源于12世纪拜占庭帝国或者其相邻的中东地区，是一种格斗技巧训练，被用来训练骑兵的骑术和闪躲技巧。大致玩法是，围成一圈的骑兵在一个固定的平台里轮转，有人朝他们扔黏土球。如果骑兵成功躲开攻击，就是获胜者。后来这个训练被欧洲十字军团带回本土，成为骑士的秘密训练手段并严禁外传。一段时期后，抛球训练的方式得以改良，骑士拉动半空中的吊环来训练，降低了训练难度。旋转木马游戏是考验孩子们的即时反应能力：当孩子们手拉吊环动起来的时候，旋转木马会把他们转回去。游戏时，孩子们在运动过程中进行推或拉的动作，借助这种肌肉力量的训练，增强他们的心肺功能。同时，旋转还可以开发孩子们的平衡感和空间感，培养孩子们的倾听和协调能力，开发他们的同理心和合作技能。——译者注

观点来看，这就意味着她要逆转自己生理的自然本性，将它转变到对立面去。我们可以从她不停地重复"跳到一个人身上"的行为，来判断她的男性反抗的强烈程度。我们把这种特征视为唐璜和梅萨莉娜两类人的心理特征，也就是色情狂的心理特征。在梅萨莉娜的类型中，不停地征服他人代表了梅萨莉娜回归男性化的倾向，而在唐璜的类型中，征服他人被解释为一种强化的男性反抗，即对自卑感的一种补偿。她梦境中的思想联系进一步说明她对"逆转"的强烈渴望。她的梦显示了一种追求"向上"的男性特点，但她使用了"上升"到"适合的位置"，那是指女性的低下地位。弗洛伊德在《梦的解析》（*Dream Analysis*）中强调梦是可以被反向解读的，但是我们却无法解释这个明显的矛盾现象。我们假设一下，这是一种梦境虚构的倾向，即被用来逆转梦境的外部结构。

我还要补充一点，患者经常抱怨在早上会感觉到头痛，就像这次梦醒之后一样，又感到了头痛。她认为这是因为自己醒来时身体总是处于一种特殊的姿势导致的。她睡觉时头有时会垂在床边，有时姿势又完全颠倒过来，她的头在床尾，脚却在床头。这两种姿势都可以解释为一种逆转的尝试。我听过她讲的一个梦，在梦里，所有人都是头朝下倒立着。我还要强调一个细节，她的一个表现症状让父母深信她是处于病态的：她患有舞蹈狂热症，这种疾病经常困扰她，总是让她疯狂地旋转。分析显示，这是一种平等的幻想常见的趋势，当一个男人向她求婚并成功后，她就会出现这种平等的幻想。在这种情形下，她的逆转动机也会出现，但由于男性的强硬态度而变得有所缓和，这种逆转似乎是为了消除患者最惧怕的男性优越感。在舞蹈中，根据她的主观评价，人人都是平等的。她对此略带感情色彩地评价说："跳舞时，我也能扮演男性的角色。"

这种症状可能会使她将来没法结婚，而且她会因为这种症状，可能会孤独终身。

患者想要逆转的自卑感究竟在哪里？

她在做梦的前一天，刚斥责了一位朋友，因为这位朋友去了一个年轻男人的家里（大概做了一些不光彩的事情）。她的朋友反驳，问她一生中是否从未做过蠢事。随后，这位患者想起了一件事，几年前她的治疗非常顺利，她曾在母亲不知道的情况下，请求我私下帮她一个忙。鉴于我们之间的关系，我认为这位患者对我没有任何的善意，然而，她对我的这种治疗的抗拒使她只能在一种虚构中寻求庇护，就像她的朋友那样，"她跳到一个男人身上"。她更顽强地坚持着，并断言自己绝不会单独去拜访任何男人。这样，她还能利用这种情绪来反抗我，因为在她看来，我正威胁着要征服她，而这似乎对她的影响越来越大。她的这个梦境代表了一种挑衅的"拒绝"，在神经心理学上，这个梦境与她的大小便失禁的症状具有相同的价值。这个梦重申了同一种感受："我不会让男人说服我自己，我要成为一个男人！"

患者的病情已经明显好转，但有一天，她碰巧看到和他们住在一起的一个堂兄性侵了仆人，她非常震惊，哭了一整天。她是哭着来接受治疗的，最后她气愤地说："我要跟下一个出现在我生命中的男人结婚，这样我就可以离开这所房子了！"考虑到这个女孩以前的经历，以及她一心想要成为男人的愿望，这种想法很容易让人产生怀疑，而且我估计如果她这样做，她的病情会变得更糟糕，最终必然会引起身体上的某种反应。根据这个女孩的心理素质，她想要嫁给下一个出现在她生命中的男人的这个想法，必然会在她的心中引起严重的心理焦虑，并使她意识到这种做法的危险性。事实上，第二天我就开始观察她的反应。她比平时更加难以控制，出乎意料地准时来到我的办公室接受治疗。不过，她有点挑衅地要求大家特别注意她今天守时了，然后她讲述了下面的梦境。

"我看到许多向我求婚的人，他们排成一列，你站在队伍的最后，我走过了所有的人，专门挑选了你来做我的丈夫。我的堂兄对我的行为感到惊讶，问我为何要选中一个我知道他所有缺点的人？我答道：'就是因为这个原因！'然后我对你说，我想站在一个尖头男人的身上，可是你却对我说，最好不要这样做。"

"排成一列的求婚者"——前一天，她说想要嫁给遇到的下一个男人。

在她的梦里，她选择了一列人中的最后一个，这就是一种逆转。于是，她想起了赫尔巴特[1]（Herbart）教育学中的一句话：如果一系列的想法相继进入意识层面里，那么后一个想法总是比前一个想法更好。把她的这句话与梦中相应的男人"形象"（"一排的求婚者"）联系在一起，我们可以推断出，实际上她对任何男人都没有兴趣，我们一开始就预料到这样的一个结果。她继续说道："我要么一个人也不嫁，要么嫁给一个我最熟悉的人。"那个人就是我本人。为了继续贬低我，她又说："因为我知道他的缺点。" "我堂兄像我当初那样惊讶"——这里进行了

---

[1] 约翰·弗里德里希·赫尔巴特（Johann Friedrich Herbart，1776—1841），19世纪德国哲学家、心理学家。在西方教育史上，他被誉为"科学教育学的奠基人"，在世界教育史上被称为"教育科学之父""现代教育学之父"，而反映其教育思想的代表作《普通教育学》则被公认为第一部具有科学体系的教育学著作。他的教育学理论结构图式可表述为：目的—过程（方法和内容）—目的，方法、内容与贯穿其中的目的构成过程中的三维立体结构。——译者注

一个逆转——"是我对他的行为感到惊讶。"那个长着尖头的男人是她以前的一位仰慕者，她却因此被人取笑。他被引入她的梦境，是为了证明她想要在多大的程度上超越一个男人，她多么想站在他的尖头上，以便达到"高于男人"的目的。这种"想要高于男人"的想法，是她的男性反抗的重要表达方式之一，不过也是"逆转"的另外一种表达方式。在她的梦中，这种想法与"逆转"相配合，合乎逻辑地羞辱了我，我是一个"她早就知道有什么缺点"的人。事实上，我真的告诉过她"你最好放弃"，我是在说让她放弃自己那过度发展的男性反抗。她通过梦境对我进行了无关痛痒的贬低，以此来满足自己的优越感。

她堂兄的性侵行为加深了她对男人的敌意。不过，这一次她是通过夸张地表达她的男性反抗来满足自己的优越感。她会锁上自己卧室的门，以防堂兄侵害她。她现在改用这样的方式保护自己，而不像以前那样通过大小便失禁，把床弄得脏兮兮地来保护自己，最终可以逃避结婚。

回想起儿童时期的记忆，本质上具有强烈的抽象性。神经质的男性患者不像艺术家、天才和罪犯，他会积极主动地去开辟新的道路。每当他进行反抗，并试图保护自己免受眼前和未来的危险时，他都会回想起童年的记忆。同样重要的是，他并不是为了遵守社会规范而纠正自己类比性的统觉，他会为了个人的安全不惜一切代价，因此，在我们看来患者很幼稚。我们不应该把这种印象理解为一种精神上的障碍，而应该理解为患者使用了原始的类比，试图在世界上找到自己的真正位置。

"逆转"的倾向常以迷信的形式出现，其表现的目的好像是她真正追求的是人们热切渴望的满足感的对立面。这种印象传达的是患者试图跟上帝或命运开玩笑，想要表明存在着一种强烈的不确定性，患者能在多大程度上通过某种手段去接近一个怀有敌意且强大的个体。为了避免其他人的嫉妒和仇恨，我们经常发现患者往往是想给人留下不好的印象。民间神话中对"恶魔之眼"和"祭牲"的恐惧就属于这种情况，而后者的表现就是为了防止出现更大的不满——就像"波利克拉特斯的戒指"[1]一样。

　　第二位患者是一位烟草商的小女儿，名叫依（E.W.，我们姑且隐去患者的真实姓名），二十四岁，患有五年的强迫症。一年前，她又出现了明显的语言障碍，她会在与人谈话时突然停下来，她找不到恰当的词语继续表达自己的想法，她还感觉当她发言时所有人都在注视她。因此，她尽量避免与人交往，这让她变得更加地沮丧，甚至无法享受到曾经满怀期待的课程，也无法继续接受教育。她的母亲是位神经质且唠唠叨叨的女人，最明显的特征就是贪得无厌。有时母亲会采取强硬的手段让女儿继续说话，有时会去咨询神经专科医生，试图让女儿摆脱压抑的想法，治好语言障碍。由于没有任何进展，她就把女儿送到维也纳的亲戚家里去。但当患者回来时，她的语言障碍确实完全消失了。在她来找我看病的时候，刚过去一年，她没有表现出任何语言障碍的迹象，却出现了其他的症状。这个女孩经常在和别人说上几句话之后，就会产生这样的想法：说话的对方一定觉得跟自

　　[1] 波利克拉特斯（Polycrates），公元前6世纪爱琴海萨摩斯岛的暴君，他在东爱琴海上建立了霸权，拥有庞大的舰队，四处抢掠，希腊人非常痛恨他。尽管如此，他依然事事如意。埃及法老亚马西斯非常担心波利克拉特斯，认为他凡事过于顺利，反倒是一种不祥之兆，就劝他扔掉一件自己最心爱之物，以求神明护佑，消灾避祸。于是，波利克拉特斯将一枚祖母绿戒指扔进大海。没想到几天后，有个渔夫送来一条鱼，他剖开鱼腹，竟然发现那枚戒指藏在里面。法老亚马西斯得知此事，认定这是神灵要他们抛弃波利克拉特斯，不再护佑这位暴君，于是与他断绝了往来。公元前522年，波利克拉特斯被萨迪斯的波斯总督诱去，钉死在十字架上。"波利克拉特斯的戒指"（the "Ring of Polycrates"）喻指无法逃脱的厄运。——译者注

己在一起既不愉快，又令人生厌。甚至当她独自在家的时候，这种强迫性的想法也会一直跟随着她，这种症状会使她重新陷入一种沮丧的情绪之中，因此，她就像以前一样，逃避所有的社交活动。[1]

我认为，利用患者提供的第一手资料，大致可以描绘出她希望疾病能为她带来的各种益处，这种做法是无可厚非的。这会勾勒出一个虚构的故事，一个"假设"，而且我们知道进一步的分析会揭示一些其他的特征。我回顾了患者的童年经历，提出了以下问题：如果患者身心健康，那么她会怎样描述自己的亲身经历呢？我们应该运用一些比较的方法，来确定患者偏离正常生活的程度，以及疾病对患者造成伤害的程度。这种比较能让我们了解究竟是什么原因，让患者在正常的生活中会感到恐惧，进而想要逃避现实生活。从上面提到的病例中，我们很容易发现，这个女孩想要保护自己，才不和男人建立正常的人际关系。尽管我的心理预设研究证明我的猜测是合理的，也就是说，我可以把该患者逃避的主要动机——对男性和失败的恐惧——作为一种对患者病情的试探性解释，但是如果我们认为这种暂时性假设能解开患者身上的谜团，那就大错特错了。任何治疗患者的方法都必须与我们发现的患者病情发展中的具体错误联系在一起，而这些错误只有用我们的引导方法才能得到矫正。我们要从医患关系入手，因为这种关系能够反映出患者适应社会的过程。我们必须预设这一原则，否则，医生会把患者的陈述混在一起，进而影响患者的治疗效果，医生很容易忽视患者直接针对自己的那些重要态度。

---

[1] 这种偏执狂的特征，也是患者对他人产生负罪感的更加明显的表现。

　　我从患者那里得到的最初一点儿信息证实并增加了这些疑虑。她声称自己曾是一个充满活力的健康孩子，总是比她的同伴表现得优秀。她从自己形形色色的记忆中，说出了下面的事情：

　　她八岁那年，姐姐订婚了，姐夫非常注重社会地位和外在形象，禁止她跟贫穷的、缺乏教养的孩子来往。事实上，许多人都在不断地干涉她的生活。比如，她想起一位总是带有偏见的老师经常羞辱她。

　　在她十八岁的时候，一位年轻男孩走进了她的社交圈。所有的女性朋友都很仰慕他，只有她一个人对他那种沾沾自喜的样子感到不快，还常常跟他唱反调。结果，两人的关系很不融洽，因为男孩处处都会招惹她，让她丢脸，于是她就慢慢地远离了这个社交圈。有一天，这个男孩让一个心怀恶意的女孩给她捎去了一封信，大意是说他已经看穿了她的诡计，她只不过是在欲擒故纵，她实际上是个表里不一的女孩。这几句简短却恶语伤人的话，显然让她陷入了一种闷闷不乐的情绪中。[1]她不停地念叨着这封信，在与别人交往时也经常心不在焉。在跟别人谈话的过程中，那个男孩的几句话总会浮现在她的脑海里，让她在社交中感觉很不自在。她变得容易激动，开始斟字酌句，时常在谈话中停下来沉思。渐渐地，她更喜欢待在家里，但这意味着她要和自己喜欢吵架的母亲待在一起，让她在家里这也不得安宁。尽管她接受了医生的治疗，但是病情一直没有好转。当然，我们也要顾忌她母亲的心情。这位母亲坚持说自己的女儿"只是在胡思乱

---

　　[1] 由于她和这个男人之间的紧张关系，因此她的这段经历很受自己"喜欢"。于是，她耿耿于怀，因为她可以利用它来保护自己与爱情之间的"距离"。她需要这种"距离"，才不会被控制或击败。对她来说，"牺牲、服侍"或她送给别人的礼物（即任何表达社交情感的东西），似乎都是一种羞辱。

想"，只要女儿愿意，她就很容易做出改变。这种言论总是会激怒女儿，而女儿声称母亲根本就不知道她在经历怎样的煎熬。

就这样，四年飞逝而过，她的父母终于决定，把这个越来越无法正常社交的女儿送到维也纳的亲戚家里。在那里她待了几个星期，回到家时她的病情显然有些好转，她已经没有任何语言的障碍。然而，她变得更加沉默寡言了。

回来后不久，她和那个男孩再次发生了激烈的争吵，他又通过一个朋友来羞辱她，她再次产生了上述强迫性想法。

患者又给我讲了一些往事。有一次，那个男孩为了报复一个女孩，蓄意编造了一场恶作剧，让舞会上所有的男孩都瞧不起这个女孩，最后女孩哭着离开了舞厅。他曾对另一个女孩说过一句话，大意是说如果他想让这个女孩往东，她就绝不敢往西。我问她是否觉得那个男孩没有同情心，她竟然毫不犹豫地回答说："是，他没有同情心。"

我们下次见面时，她告诉我做了一个梦。为了说明这些印象之间的联系，我将在此引述并解释她的梦境。

"我走在一个中年工人前面，他旁边走着一位金发女孩。"她闪烁其词，"我不知道自己怎么会有这样的想法，我觉得这个人曾经侵害过那个女孩。我对他大声喊道：'离那个女孩远点儿！'"

经过一番耐心的劝说，患者最后同意并做出了以下陈述：一年前，在她去维也纳的那段时间里，她在一次演出中注意到一个男人好色地抚摸着自己的小女儿，但这个人不是一位工人。差不多就在这个时候，和她一起去旅游的表兄想把手伸进她的裙子里。她把表兄推到一边，大声喊道："离我远点儿！"

她小时候就是一位金发女孩。前不久，她在报纸上看到一个工人性侵了自己的孩子。

　　这个梦境展示了她对父亲的疾病和死亡原因的想法。在父亲住院治疗期间的一个问题刺激了她，她问母亲父亲到底得了什么病，她发现父亲死于脊髓疾病。当我问她是否清楚这种疾病的起源时，她告诉我，她听说这是一种"富贵病"。我告诉她这是错误的，但直到最近，人们还一直这样看待这种疾病的起源。她还告诉我，她父亲生活懒散，整天不是在酒吧里，就是在咖啡馆里，母亲对此十分恼火。父亲去世时患者才六岁。三年前，她的姐姐也因为未婚夫的抛弃而自杀了。

　　当我问起她在梦中为什么会走在那位工人前面时，她突然说："因为这些事情都已经过去了。"她无法解释那个工人的问题。她只知道他衣衫褴褛、身材高大、面容憔悴。我提醒她，我已经得出一个明确的结论：她渴望超越男人，比男性更优越。在她年少的时候，她的姐夫曾命令她不要跟衣衫褴褛或贫穷的孩子交往。在梦里，她执行这个命令的目的却不同，这次的命令是与男人有关。对此，患者没有做出任何的回应。我问她父亲是否身材高大、面容憔悴，而这个问题与她跟父亲的谈话有关，也似乎存在着明显的乱伦问题，她给出了肯定的回答。

　　梦的解析显示，她的梦包含了对男性的警告。当把这一点与患者的心理状况联系起来时，答案就愈加清晰可见。我们假设这个女孩患上疾病是为了保护自己免受男性的侵害，这个假设后来得到了证实。因此，梦与疾病代表了她的预防机制措施，最终证明了她的疾病根源是精神状况。现在，我根据已掌握的数据，进一步解释她的神经症和梦境生活的基本要点。在我看来，这些代表着患者的一种心理预期准备，旨在确保个人的优越感。

　　正常的人类思维及其（潜意识的）前心理行为都会为了确

保安全而处于某种压力之下。斯坦塔尔[1]（Steinthal）以类比的方式把人的心理描写成一种器官的构建力，在很大程度上满足权宜之计的要求。阿芬那留斯[2]（Avenarius）等人指出了人类思想的实证研究的目的性。最近，费英格也发表了类似的观点。在我提出个体的安全倾向和人生计划的观点之后很久，我才开始了解费英格的想法。在他的著作中，我也发现了一个丰富的数据宝库，许多作者都表达过类似的观点。克拉帕雷德[3]（Claparède）试图将神经症患者的症状归结为隔代遗传，这跟隆布罗索[4]（Lombroso）的观点一致，但在我看来他们的观点都不成立，因

---

[1] 斯坦塔尔（1823—1899，Heymann Steinthal），19世纪德国著名的语言学家，曾任柏林大学教授。他是语言学民族心理学派的代表之一，认为言语是精神活动，语言学应该属于心理科学，并强调民族的统一性和独特性首先反映在语言中。这些观点影响了新语法学派的早期研究。他的著作有《语法、逻辑和心理学》（1855）、《语言的起源》（第4版，1888）等。——译者注

[2] 阿芬那留斯（Richard Heinrich Avenarius，1843—1896），德国著名的哲学家，主观唯心主义者，经验批判主义的创始人之一。曾在苏黎世、柏林、莱比锡等大学学习哲学。1877年任苏黎世大学哲学教授。他认为自然界中并不存在物理的或心理的东西，只存在非心非物的"第三种东西"，即"纯经验"。自我与环境只是这种纯粹经验的不同关系表现，它们是不可分割的"原则同格"，自我是这个同格的"中心项"，环境是"对立项"。他主张科学理论应遵循"费力最小原则"来记述经验之间相似和先后的关系。他的主要著作有《哲学，按费力最小原则对世界的思维》《纯粹经验批判》《人的世界概念》等。——译者注

[3] 克拉帕雷德（Édouard Claparède，1873—1940），瑞士精神病学家、儿童心理学家、教育学家。1897年获日内瓦大学医学博士学位，毕业后从事精神病理学研究和临床实验工作。在心理学方面主要研究婴幼儿心理学、教学、睡眠和记忆。以记忆实验闻名于世，代表作《儿童心理学》（Infant Psychology，1905），是儿童心理学领域的经典著作，其思想影响了包括皮亚杰在内的诸多心理学家。其他著作有《观念的联想》《心理学方法的分类和计划》《儿童心理学和实验教育学》。——译者注

[4] 隆布罗索（Cesare Lombroso，1836—1909），意大利犯罪学家、精神病学家、刑事人类学派的创始人。曾任军医、精神病院院长、大学教授。毕生致力于犯罪人类学、精神病人与犯罪人关系的研究。1874年写成《犯罪人》一书，系统地阐述了其犯罪学理论。他认为犯罪人中有三分之一是生来犯罪者，他们由于隔代遗传引起的生理器官的变异退化而导致体力、神经和心理反常，从而实施犯罪。——译者注

为他们的研究是沿着疾病的最小阻力路线的方向进行的。总的来说，疾病过去已有的各种症状在任何时候都可能重现，但已使用过的治疗方法却再也不能起到任何的疗效。尽管他们没有预测疾病的类型和内在的性质，但目的的概念本身就包含了目的性。我坚持认为心理的主导倾向在于预防，而这种预防是以补偿性的上层结构的形式存在，器官的不安全感高于一切。令儿童痛苦的不安全感和自卑感，要么是器官缺陷，要么是对周围环境的自卑，这些感受迫使儿童进行更深入的自我改善，施压在他们的安全倾向上。而当这一过程超出个体神经症性格的界限时，就会导致儿童罹患精神病和有自杀的行为。我们还记得，当患者的姐姐被未婚夫抛弃时，姐姐在自卑感加剧的情况下自杀了。我认为这是一种心理的发展过程，是理解自杀情结的基础。在巨大的、包罗万象的生命动态中，男性反抗起到了强化自我生命计划的作用，对于患者来说，男性化就代表了确定性和完整性。

通过检测患者目前提供的资料，我们看到其中包括两种类型的内容。第一种是回忆，关于男性占上风，或试图占上风的回忆。第二种是梦境，证实了前面我们解释的梦境。这些解释可以说明，她是如何把所有的男人，包括她的父亲在内（这多少有着乱伦情结的意味），都描绘成一些不道德的、不受控制的形象。她认为她正在保护自己不受他们肆无忌惮的伤害，就像小鹿要保护自己不受猎人的伤害一样。

患者这种逃跑、撤退和准备防御的态度，一定有其原因。因此，我们期望听到她说出她可能会选择的攻击方式，以及由女孩的不安全感产生的态度。这种态度可以揭示患者的反应，并且表明患者的反应不是出于对某些简单事件的潜意识固着。但这种反应的最终形式表现为女孩的不安全感，以及她对外部世界的需求所做出的反应。我仔细地询问了患者儿时的经历，得到的结果证实了我们的预期。患者想起了四五岁时与其他儿童一起玩过的游戏。起初，她想起了"爸爸和妈妈"的游戏，在这些游戏中，她通常扮演妈妈的角色。后来她又想起了扮演"医生"的游戏。我们随处可见孩子们常常玩这些游戏。第一个游戏是儿童渴望成为大人或者成为与大人平起平坐的人。在扮演"医生"的游戏中，经常出现色情的成分，所以这个游戏几乎都具有色情的性质。游戏中通常会发生身体的裸露和触摸生殖器的情况。我对这一点曾明确地谈及，患者也承认和其他孩子确实做过同样的事情。她还告诉我，在她五岁的时候，一位女性朋友的十二岁哥哥把她锁在一个房间里，并且教她学习手淫。而她直到十六岁都在手淫。

患者接着讲述了自己与手淫抗争的故事。这种抗争的基本动机在于，她担心如果继续手淫下去，可能会变得性欲旺盛，从而成为男人的牺牲品。在这里，我们要再次提出之前的观点，即患者惧怕男性。为了使自己感到更加安全，她过分夸大了自己的性欲望，其实这是很正常的事情。但在她目前的"计划"中，她不可能对此做出正确的判断。然而，我们可以肯定地说，她夸大了自己的性欲。因此，我们必须小心谨慎，不要把她的评论当作我们自己的观点。

我们在刚开始分析时就已经表明，为了确保自己的安全，患者通常会贬低男人。"所有的男人都是坏蛋，他们都想去压迫、玷污和支配女人！"

我们应该会发现患者有一些典型的和非典型的企图，这些都是为了发挥自己的优越感，并且不惜一切代价，废除我们文明中的男性特权。简而言之，她通过某些疾病的发作，或者偶尔进行小规模的男性反抗，来破坏男性特权。女性在寻求解放时所使用的抗争手段，都会在患者的行为中体现出来。然而，这些行为会被扭曲，变得幼稚、可笑和无用。在某种程度上，这种斗争是一种反对男性特权的"个体进取心"（private enterprise），它在某些方面与为女性争取解放的伟大社会斗争相类似，它产生于女性与男性平等的愿望。它经历了从自卑感到代偿的演变过程。

有些性格特征在她身上没有表现得那么明确，尤其是她对男性的反抗（此处是对那个男孩的反抗）、对孤独的惧怕，表现出胆小怕事却以傲慢示人、不喜欢与人交往、对婚姻抱有公开或隐藏的敌意等特点。然而，对男人的贬抑态度也常常伴随有强烈的取悦欲和征服欲，还会让患者对男性产生尴尬的情绪。患者的神经症症状代替了上述性格特征。她的口吃症状代替了尴尬情绪，她想要取悦他人，以及强迫他人的想法，例如她对周围环境的敌意，都指向同一个目标。她的欲望和想法都源于她意识到的自己对周围环境所产生的敌意。因为不安全感一直如影随形，她准备了一些安全防护措施，道德、伦理、宗教、迷信作为辅助手段都可以为她所用。她身边经常会有各种各样的麻烦和矛盾，但也会出现想要改变一切的决心，或者在反抗他人时产生了一种非常积极的愉悦感，这就使得患者与社会的交往变得更加困难。医生就像一位好老师，关注患者表现出的所有特征，不是因为患者让医生注意到了这些特征，而是因为这些特征确实存在，并且实际上这些特征构成了患者对待外界的态度和力量。但因为患者会将这些特征有意识地隐藏起来，所以患者会对每个人都表现出粗鲁的行为和咄咄逼人的态度。

与上述特征相伴而生的是，医生有时可能发现患者有袭击（男性化攻击）他人的企图，尤其对男性进行攻击。这些行为可以理解为："不，我不会对自己屈服。我不会成为一个女人。我不会让他们得逞。他们都弄错了我的性别！"患者试图转换医生和自己的角色，在治疗中发号施令，把自己置于医生的位置（从字面和象征意义上），从而获得比医生更加优越的感受。比如，有一天，这位患者来找我，她说我的治疗方法让她变得比原来更容易激动。还有一次，她告诉我，前一天第一次上速记课时，她变得异常激动，"我从来没有过这样激动！"当我指出这些行为仅仅针对我的时候，她突然放弃了抵抗，不是因为她的这种攻击性就此消失了，而是因为她意识到我并没有把这种攻击性当回事，我也没有想要羞辱她。

通过上述迹象，医生应该可以预测到，在这种情绪下，患者将会采取一种她想要逆转一切的态度。"仿佛"用了这样的方式，患者就可以避免自己的女性气质的出现！我的一位患者带着这样的情绪，梦见所有的女孩都头朝下倒立着。我们分析她渴望成为一个男人，她想要像男孩一样做出倒立的动作。因为女孩做这个动作非常不雅观，所以女孩不能像男孩一样随意地倒立。患者始终坚持强调这种性别上的差异，总是拿"例子"来说事，这些差异几乎成为象征性的证据。患者拒绝去医院看病，她要求医生到她家里去。最常见的逆转发生在梦中，女人取代了男人，还有对男性气概的贬低。正如弗洛伊德、我本人和其他研究者所证明的那样，雌雄同体的象征或阉割的概念更加微妙地暗示了这一点。弗洛伊德和其他研究者认为阉割的威胁所带来的冲击最小。相反，我得出的结论是，在阉割幻想中，性别角色的不确定性暗示了一个男性是有可能转变成女性的。这个患者做了一个梦，很好地阐释了这种说法，它可以作为一个典型的病例来进行分析。

"当我接受鼻科医生的手术时，那个医生刚好出诊，他的一位女助手切掉了我鼻子上的一块骨头。"

经过分析，我们发现，几年前患者曾因扁桃体肥大接受过手术治疗，这件事看似无关紧要。她对那位医生特别感兴趣，这就足以让她突然逃避。我把这段回忆与一场演讲联系起来之后，我发现这段回忆与我之间有着一种明确的联系。我也成功地让她减少了对男性的偏见，赢得了她的好感，因此她的安全倾向在梦中表现出来，提醒她要提防未来可能发生的事。因为她面临的危险是她"明显的性欲"和"男性的残暴欲望"，所以她在梦中想要提前保护自己。事实上，患者梦中的那个女助手并不是医生，也从未做过任何手术，是患者在梦中创造出来的女外科医生。根据梦的情景，我们实际上是在处理一个把男性转化成女性，以及把男医生降格为女性助理的问题，这使我们的研究集中在转化的问题上。那块被切除的骨头可以解释为男性的生殖器。当患者承认这一点时，我们可以假设，当她还是一个孩子的时候，她就相信自己被阉割过，从男人变成了女人。但患者否认了这个假设。然而，许多例子告诉我，这样类似的性理论能够以一种前心理（pre-psychic）的形式存在，也就是说，在所有的发展条件都存在的情况下，这些试探性的想法永远不会发展成一种有意识的判断。在其他的病例中，我们可以证明这种有意识的虚构确实存在着。那些有虚构倾向的患者，表现得好像幻想是有意识产生的。这种情况以及它出现的频率，让我们得出这样的结论：她之所以心理状态发生变化，并不是源于对知识的渴望，而是一种特定的自卑感和不确定感。这些感觉最初是在前心理层面被描绘出来的，如果有必要的话，它们会在患者的意识中发展成一种判断或幻想。然而，如果这种自卑感建立在被评价为"女性化"感觉的基础之上，那么我们就必须把患者身上具有指导意义的"虚构情景"和神经质的"倾向"看作是以男性反抗的形式进行的一种代偿。

　　我们从对上述梦境的了解认识到，患者其实在抱怨失去了男性的身份（她的骨头被女医生切掉了），同时，她也在反抗男性比自己优越的这个事实。她的男性反抗是个人平等理想的一部分：医生应该转变成一个女性。如果你理解了引申的含义，就会意识到她的这个愿望和想要成为一个男人的愿望之间没有任何区别。难道这不是她渴望已久、想要消除的自卑感的目标吗？提高女性的地位和降低男性的地位，都可以达到这个目标。目前，男性享有更高的评价。但是，我们仍然不清楚如何解释"医生出诊"这句话。患者告诉我们，她从未听说过鼻科医生会外出做手术。这似乎可以解释成她想开除这个男性医生，由一个女性医生来替代他。换言之，"所有的男人都应该下地狱！"

　　我还做出了一些推测，也可能有一定的道理。上述想法非常明确地指出了患者是同性恋的可能性。患者的梦境，以及心理状况都清楚地显示出她想把男人变成女人的愿望。另一个让她远离男性的原因，来自她对手淫的回忆和心理的感受，而这可以追溯到她和其他女孩玩的角色扮演游戏。

　　最后，我想说，患者还记得母亲或姐姐不欢迎自己的出生，尤其是姐姐，总是对她很严厉，她们之间的关系一直不好。如上所述，她在和所有男性的交往中都会选择退让。这种态度让我们得出这样的结论：她拒绝服从其他任何女性。在她的一生中，她的奋斗目标一直就是超越所有的女人，并竭尽全力地跟来自母亲的一切影响作斗争。从严格意义上来讲，她身上并没有任何原始的、主动的或遗传的同性恋行为的迹象。然而，我们可以很清楚地看到，她的经历和心理倾向让她形成了一种"仿佛"是同性恋的态度。此外，尽管患者没有明确地表现出同性恋的倾向，但她的行为本质呈现出了这种倾向。

她的许多行为看起来都是"颠倒"的，在某种程度上"有悖常理"。因为她虚构出一个男女平等的世界，她试图颠倒、改变和扭曲其中的大部分事物，甚至全部事物。这种欲望在某些特定的情境下可能发展成躁狂症[1]，并停留在潜意识层面。我们只有给患者一个理解的机会，并加深她的理解能力，这样她才有可能被完全治愈。这种可能性取决于医生的引导技巧。

偶尔患者会让我们感觉到，我们的治疗方向是正确的，不是因为我们采取了上面提到的那些方式，而是因为她的内心可能不反对跟医生发展出一段恋情，这种恋情与"性"毫无关系。因此，男性反抗也会以这种形式表现出来。

患者犹豫好久才跟我说，她曾经对那位鼻科医生有些春心萌动，那个医生吻了她好几次，她试图拒绝他的这种冒犯行为，但她总是觉得自己软弱无力，无法拒绝他，于是她放弃了拒绝。有一次，医生想要强吻她时，她终于鼓起勇气告诉他，他的态度太可怕了，令她不舒服，她不会再来了。这时，她的疾病症状消失了。她的病情好转了大约三个月。可是，自从她和那个男孩重新取得联系，并被男孩指责为表里不一的女孩后，她就产生了一种强迫的想法，大意是她给人留下的印象都很差，所以她再也无法融入社会。

她竟然让那个医生如此轻易地吻了她，乍一看这似乎有些奇怪，显然与她的男性反抗的主张相矛盾。然而，经验告诉我们，患者身上已经觉醒的男性冒险精神经常会使用女性化的手段，比如被亲吻和被爱，我们可以认为它们是一种力量上的满

---

[1] 我们不应该断然否定这个病例与偏执性的精神障碍之间的关系。

足。然而，就在这个男人试图用强迫手段展示自己的优越感时，患者就想向他证明，她才是更有优越感的那一位。这个病例的心理构成非常典型，大家应该很容易就能理解。每个人都知道，如果一个人拒绝别人的示爱，那么这反而会刺激那个表达爱意的人加深对她的感情。就像那些看起来可望而不可即的东西往往令人更加渴望，通常越是公开表达的爱意越容易遭到断然拒绝。因此，有神经质倾向的女孩在与男人建立关系后，她会被爱情关系中的从属感和占有欲所震撼，又因为她无法忍受这种从属感和占有欲，所以她的恋爱总是失败。我们也能理解患者的病情因为战胜了那位医生，和被她视为女性化的、价值较低的性欲后有所改善。

然而，当她发现自己在与那个男孩的交锋中失败后，他甚至赢得了她朋友的支持，她就认为他的话里隐藏着一个众所周知的观点，她害怕人们觉察到她的手淫行为所代表的女性性欲。那个男孩的话很笼统，他可以看出她本人不是表现出来的那个样子。因此，他的这句话被患者赋予了另一层含义：每个人都能看出她的性欲，并像那位医生一样可以随意对待她。她觉得自己太软弱了，无法保护自己不受男人的伤害。

患者极不情愿地说出了这些情况，在这之前，她对自己的病情抱怨了一个小时，而且怀疑自己能否被治愈。很明显，她的这种行为是针对我本人的。很容易看出，她对我的反抗行为是因为我利用她的"弱点"，迫使她多次袒露自己内心的秘密。因此，为了在我面前保持强势的地位，她必须表现出自己的病情已经恶化了，这就相当于对我说："他的治疗对我没用。"

我们简要地指出，对男性的恐惧也具有"自身逆转"的倾向，这种想法可以表述为"男性也应该害怕女性"。这种思维模式与患者的神经质感受极为相似，她的情绪波动是"由下至上"展开的。而这种逆转的倾向，有时会扭转这种"上下"的关系，例如，有时患者会把桌子、椅子和盒子倒转过来。这种行为不仅出现在神经症患者身上，也出现在精神病患者的行为中。众所周知，它的心理等效性（psychological equivalent）是一种消极的态度，可以被精神上的"逆转"所替代。我想要说明一点，在我们的病例中，也体现了一些其他的思维方式，而这些思维方式都是我们在研究精神病时经常会遇到的。比如，她认为人们可能会看穿她，只要有她在，其他人都会感到不愉快，而且她很容易受到别人的影响等。然而，我们必须坚持认为，与精神病患者相比，患者自己总会知道如何将不成熟的虚构情景与现实和谐地融为一体，这样就不会让别人觉得她有精神病。此外，由于不包含某些固有的特征，患者虚构的情景会让我们觉得她没有患病。这些虚构的情景只会让患者更加小心谨慎，不让我们发现患病的事实。我们不觉得她患有精神病，是因为她本该矫正的行为路线合乎她的内在逻辑。患者首先假设女性具有弱点，为了获得安全感，她会尽可能地加强"我要表现得像个男人一样"的虚构想法。此外，她也总是会把矫正机制和现实之间关联起来，找到另一种安全的机制，从而表现得更加"理智"。这里我们的观点接近于布洛伊勒的观点，即"联想松弛"[1]是精神分裂症的一种症状。然而，我们的观点是以患者的心理矫正机制相对器官缺陷为前提的，当矫正机制继续承担更多的任务时，患者的补偿能力就不再

---

[1] 联想松弛（loosening of associations），又叫联想散漫、思考联结松散等。它是一种严重思维障碍的表现形式，是指患者在意识清晰的情况下，以间接相关或完全无关的方式从一个话题转移到另一个话题，其思维活动缺乏主题思想，内容和结构都散漫无序，不能把联想集中于所要解释的问题上。这是躁狂症和精神分裂症的常见症状。——译者注

能够满足要求。

　　几年前，我观察了一位处于疾病衰退期的早发性痴呆患者。一天，他指着一群猎犬，意味深长地说，这些猎犬都是美人，并把每一只猎犬的名字告诉了我。因为他害怕女性，他把所有这些女性都转变成猎犬，以此来贬低她们，从而保护自己。也就是说，他在"逆转"接触到的一切事物。他的矫正机制不够强大，不能让他眼中的事实与现实相协调，无法把整件事变成一个荒唐可笑的事情，也不能让自己的言论变成一种具有实际意义的侮辱。他的矫正机制的代偿功能仍然在起作用，这与其中的贬值倾向有关。

　　患者在告诉了我那位鼻科医生对她图谋不轨的第二天，她就做了一个梦，这个梦显示出同样的心理动力学[1]。她的梦境如下：

　　"我去买了顶帽子。在回家的路上，我看到远处有一条狗，我非常害怕狗，但是今天，我却想让这条狗害怕我。于是，在我走近它时，它跳到了我身上。我安抚它，抚摸着它的背。然后我回到家，躺在沙发上。就在这时，我的两个表兄来访，我母亲就带他们进来，他们对我说：'原来你在这儿。'他们的态度让我很惊讶，而这种惊讶又让我感到尴尬。"

　　我分析了她的这些信息都与愤怒有关。她必须"保护"自己，她所强调的安全倾向要求她这样做。她已经向我暴露出了自

────────

[1] 心理动力学，也叫精神动力学。其理论是西格蒙德·弗洛伊德（Sigmund Freud，1856—1939）及其追随者们用来解释人类行为本源的心理学理论。人有潜意识和人格结构方面，两者相互作用，成为人活动的内驱力，所有认可这个建构的心理学理论，都可称为动力心理学理论。"心理动力"的术语被用于指代某些弗洛伊德发展的精神分析手段。弗洛伊德从热动力学的理论得到启发，发明了心理动力学，来描述意识流中的精神能量（力比多）。——译者注

己的弱点，并且被医生打败了，而我就是梦里那条狗，扑向了她。她显然是基于性的象征意义来看待自己的失败，但是她并没有完全理解其价值。用来表达"失败"和女性化感觉的象征，会让患者对象征所对应的事物做出过于强烈的反应。所以，她选用了象征暗示的方法来保护自己，这源自她的安全倾向的警示性。因此，她通过这种方式把我贬低到一条狗的位置，并在补充陈述中清楚地表达了她打算用什么方式来"逆转"我更加优越的事实。"我想让他害怕我！"在治疗的最初几天，她回到家就感到疲倦，常常躺在沙发上睡觉。正如她曾经说过的，这些疲倦的症状明显是被她"安排"来证明她与我的谈话非但没有让她平静下来，反而使她感到疲惫不堪。但更重要的是，她躺在沙发上的姿势，和她做完鼻子手术后躺在医生诊室里的姿势一模一样，而那位医生当时还吻了她。这是我从她那里"挖掘"出的一个秘密。她的那两个表兄当时都已经结了婚。在他们单身的时候，她经常与他们来往。那时他们经常来她家，因为她家总是举办各种家庭聚会，他们总是和他们的母亲或姨妈一起来。他们认为独自去参加这种家庭聚会是不检点的行为。然而，无论是来我这里接受治疗，还是之前去找鼻科医生看病，她都是独自一人。很不幸，在那个鼻科医生的诊室，发生了她前面给我描述的不愉快经历。

在梦里，她独自出门去买了一顶帽子。上一次买帽子的时候，她是和唠唠叨叨的母亲一起去的，这让她心烦意乱，因为母亲一路上都在抱怨她花钱太多。对狗的安抚，指的是有一次她曾安慰了一位遭到自己拒绝的求婚者。而在梦中，这种拒绝却发生在我的身上。

患者梦中的问题可以这样解读："我应该单独一人去看病，还是和妈妈一起去呢？和妈妈一起会让我非常不愉快，因为妈妈总是想贬低我。我想成为自己命运的主宰者，所以我就独自一人前往。由于我害怕男人，因此我设法转变自己的性别。有一次，我让一个想要亲近我，并向我求婚的人感到极度的痛苦，因为我害怕他会进一步接近我，我就拒绝了他的求婚。每当我和男人说话时就会感到恐惧。只有当我第一次遇见一个男人的时候，我才能表现出自己的优越感。我去看医生的次数越多，我的身体就会越虚弱，但是，除了这些原因，我一个人去看医生，终归是不合适的。"出于上述考虑，她偶尔表现得彬彬有礼，但这是她对付我的手段，这当然也是她"安排"好的。事实上，两天后她无故爽约，没有按照约定来继续治疗。

简而言之，她感觉到自己非常软弱，而这是源于对男性的恐惧。唯一可能的矫正办法就是把自己当作一个男人来看待。这条充满荆棘的道路使她陷入重重矛盾之中，所有这些矛盾都可以追溯到她虚构的非理性本质。在这个世界中她是一个女人，而她也很容易受到女性冲动的影响，尽管她没有刻意克制，但她还是明显地想要抑制住这种冲动。她对女性冲动的克制产生了一种"逆转"效应，即所谓的"酸性反应"，这种反应转变为一种安全倾向，一种"我不想做女人，我想成为一个男人"的想法。她用这种态度面对所有人，包括她的女性朋友和医生。然而，当她面对医生的时候，她所虚构的安全防护将会土崩瓦解，并与现实和谐相处。

对神经专家来说，最困难的引导任务是让患者持续接受治疗，因为他必须让患者愿意接受医生的引导。有一次，患者来到我的诊室，她看上去情绪明显低落，当我问她今天想说什么的时候，她没有回答。最后，当我指出她的坏脾气必然是对我怀有一些敌意时，她大声惊叫道："你为什么这么说？"这不是我第一次听到她说这句话了。她第一次见到我，向我介绍她和母亲时，就反复说过这句话。而当她母亲叙述她的病情时，会加上自己的主观意见，大意是说女儿不愿做出任何改变。患者当时就一直在说这句话。因此，我可以假定这位患者已成功地把她母亲的角色强加给了我，也就是说，在前文所述的梦境中，她没有把我看作一个男人，这是她的最终目标。她一旦贬低了我，就可以接着攻击我。当天她还暴露出了其他敌意，比如因病情恶化而变相地责备我。她说话的语气带有太多的个人感情，说想要到别的医生那里碰碰运气。实际上，她表达了对我的一些敌对看法，并表示打算放弃治疗，至少在短期内不想再继续。显而易见，这一切都是针对我的，但是患者否认自己曾有这样的想法。让我暂时假设她做出的这些行为是为了回应自己的失败——在某种程度上这些行为具有强迫的性质——回应她缺乏抵抗力和调节能力的事实，这与她的疾病有明显的联系。她认为其他人，尤其是男人，是更强大的、充满敌意的、具有优越感的。由于她的安全倾向以及对权力的渴望，她从一开始就片面地强调自己正常的情感，还迫使它们扮演稻草人来吓唬其他人。为了保护自身的安全，她身上的男性反抗会转化成反对这种虚构的想法。从她对我的态度上，我就可以看出这种虚构被评价为女性化。在男性反抗的机制中，她的这种安全保护倾向继续加强了她的优越感和对男性的敌意，因而她早期的记忆中有很多男人更加强壮的例子。另外，她的精神状态总是受到所谓的"上升性虚构想法"（ascending fiction）的影响，而这种虚构想法的出发点被她用有力的笔触这样描述道："我屈服了，所以我太软弱了。"她的最终目标是对抗上述虚构情景："因为我太女性化了，所以我必须表现得像个男人一样，我必须贬低男人。如果我不这样做，我就会屈服于他们。"这两种虚构想法中的神经症都是阶段性的，对其夸大和抑制都会受到患者安全防护倾向的影响。

我们回到之前的问题再来看一下。患者在抱怨什么？她说，她感觉其他人对她怀有一种敌意，就像她给其他人留下了不好的印象似的！这种强迫性的想法必然是从患者的心理状况中产生出来的，因为它不仅实现了她的女性化虚构的情景，这个虚构的情景对她起到了一定的警示作用，而且也为她的男性化虚构情景留出了空间。这样，她就可以抛弃自己的女性角色，尽可能地生活在男性角色之中。在母亲面前，她可以表现得像个男人一样。自从生病以来，母亲是唯一和她保持联系的人，也是她唯一能支配的人，而母亲有时甚至会让她陷入绝望。这种在她身上被激活的敌对情绪有时会转移到其他人身上，因为她认为"只有本身邪恶的人才会害怕不幸"。在她身上，社会意识的缺失是相当明显的。

我们必须记住，她在强迫性想法产生之前还有其他疾病的表现，例如语言障碍，她会在别人面前表现得过分胆怯等。事实上，这是她神经症的第一个表现，当她和别人在一起时，她的紧张情绪就会加剧。好像她想通过讲话来保护自己，而不是屈服于别人。与此同时，她会不断地用口吃和安全防护的虚构思想来掩盖自己的弱点。在真的被男性侵害之前（比如那位医生和她的表兄对她的性侵），她一直保持着这种态度。但是在那之后，她必须用男性反抗机制来保护自己，她还进一步采取了行动策略：要么战斗，要么逃跑。正如上面的叙述所示，这就是她对我采取的措施。对其他口吃者的分析让我有理由做出同样的推论。他们的口吃是一种尝试性的社交后退，他们以消极抵抗的方式远离他人的优越感。这种口吃行为建立在一种强烈的自卑感上，而这种自卑感执着而顽强的目的就是监视、审查和偷袭其他人，患者想用一种受虐的态度来获得（决定性的）影响力，而且她还安慰自己："如果我没有口吃，我就能实现一切愿望！"这样，患者就能够安慰自己，逃避自己的敏感态度。

我知道，读过我早期作品的许多读者对这一点都感到困惑，他们曾经问我，在这种情况下，一个人怎么还会发展出一种男性反抗呢？只要将男性反抗与患者的被动抵抗进行比较，他们就能弄清楚这个问题了。在患者的这种行为中，我们经常会遇到一种特殊的情况，患者的"女性化"路线和"男性化"路线会暂时在时间上重合，并产生一种折中的效果。然而，患者身上这种不间断的安全防护倾向会继续保持其向上的冲动。这一点在梅萨莉娜类型的病人中表现得最为明显，在那里，失败被视为胜利。这样读者就可以理解了吧？

让我们回到患者的身上。现在，我们可以把她针对我的两种思想放到适当的关系中去。她那尖锐的言辞和主观上恶化了的病情都是为了对我产生威胁，就像她不接受治疗是对我的实际威胁一样。她的尖锐言论更多的是在提醒我当下发生了什么，而她的病情让我想起了她得病的早期表现。经过分析，我们现在已经知道她之所以出现男性反抗的强化，是因为她在治疗过程中表现出了对我的顺从。例如，她告诉我，她做了一个梦，但醒来后不记得梦见了什么，只记得是在尖叫之后醒来的。

这种片段的梦境很适合分析研究。就像是医生能够在没有事先克服一些小障碍的情况下，强行通过患者的心灵墙壁上的一个巨大的缺口，进入患者的心灵空间一样。在我问及她尖叫的原因时，她给我讲起童年时代的一些记忆。小时候，如果其他孩子或其他人试图伤害她，她都会害怕得大哭一场。有一次，她被锁在地下室里，听到老鼠在吱吱叫，她被吓得魂不附体。她在鼻科医生的诊室里也曾扯着嗓子高声尖叫。我相信，在她的梦中也发生过类似的情况，也就是说，她在梦境的虚构情景中大声尖叫，就像我们刚才提到的事情会马上发生在她的身上一样。

我们可以通过以下的方式更详细地表达出每一个梦境："我想当然地认为……"很久以前我曾在一些小型的研究中提到过这一点，现在我可以提供更完整的细节。我们证实了弗洛伊德关于梦的一些观点，但其中有些观点被证明是具有误导性的。我们绝不能认为，因为弗洛伊德对梦的内容、梦的目的以及梦中所包含的清醒的生活碎片进行了研究，梦的解析就能应对一切。弗洛伊德认为，梦境的主要功能和指导原则能让患者童年时的愿望在梦中实现。我们坚决反对这一观点，因为它只是权宜之计，并没有起到任何作用，也不可能有别的作用。虽然将弗洛伊德的这一观点与现实相联系时，它们就会自相矛盾，毫无意义，但它确实以一种巧妙的方式实现了我们可以控制梦境的内容。梦中"愿望实现"的原则本身不过是一种虚构，虽然这一原则被巧妙地加以改编，但它可以帮助我们理解梦境。从逻辑的角度来看，这个观点只能辅助理解梦境。因为梦的抽象性范围非常广泛，给所有的心理冲动留出了足够的空间。事实上，我们所有需要做的就是在"愿望实现"的梦境碎片后面，寻找到个体真实的或可能存在的冲动。尽管如此，弗洛伊德提出了一个公式，能帮助我们这些神经病学家有序地整理梦境的材料，并对此做出判断。我们有可能用微积分进行计算（这是费英格的观点）。但矛盾的是，儿童时期的愿望似乎受到了一种压力的影响，而这个愿望是由现在与过去的相似情结所唤起的，也就是说，我们必须从过去的经验中获得新的矛盾，从而来解释这些梦境。这些论点证明了弗洛伊德的公式是站不住脚的，也迫使他创作出大量的虚构假设。他最近提出的一个概念是儿童乱伦关系的固着，这一关系被泛化，并扭曲成令人恶心的性行为，因为在梦境的虚构场景中，他经常会用类比来表达其他的关系，就像在酒吧里聊天的人总是会这样做。

当弗洛伊德的公式允许我们对梦境进行计算时，我们可以看到梦最显著的特征，即引起梦境并构成梦境内容的特征，包括梦境的保护性、预期性和安全防护性因素。实际上，这些因素都会被掩盖起来，被迫以敌对的方式成为梦境的背景。梦境的主要功能是保护自我的地位和优越感。根据我们的观点，梦境的功能决定了做梦者的主要特征。做梦者尝试着成为一名男性，想要从刚刚萌生的失败感中来保护自己，就像神经质、偏执狂、艺术家和罪犯一样，用做梦来对抗任何新生的挫败感。他对男性化—女性化关系的评价源于自己童年时代的经历。这种评价具有鲜明的个体性，其中的矛盾构成了神经症患者的主要虚构情景。做梦者和神经症患者的理想冲动，最终以类比、象征以及其他虚构的形式出现，这些虚构都是建立在上与下、男性化与女性化关系的对比之上的。这种趋势总是向上，朝着男性反抗的方向发展，类似于身体的转动和把睡眠者叫醒。

如果我们必须将这两种梦境按照矛盾对比进行定位分类的话，那么按照克拉格斯[1]（Klages）在《性格学的原则》（*Prinzipien der Charakteriologie*，1910，莱比锡出版）一书中所说，

---

[1] 克拉格斯（Ludwig Klages，1872—1956），德国哲学家、心理学家，性格学和现代笔相学（笔迹分析）的创始人。1900年获得慕尼黑大学化学博士学位。先在慕尼黑大学任教，后定居瑞士。主要从事性格学和笔迹学的研究。首创用笔迹研究人格的方法，主张任何行为和动作均可能体现完整的个体，人的类型可表现在手的动作，特别是在笔迹之中。主要著作有《笔迹学问题》《性格学的原则》《笔迹和性格》《表现学和性格学》《论生命的意义》等。——译者注

我们可以将这种矛盾引导到梦境的微小片段上，即运动性的情感表达（如尖叫声）上。借此，我们就能够从患者的陈述中获得一些见解，并得出以下结论：首先，患者害怕暴力行为，就像小时候遭受男孩子的暴力伤害，后来又遭到鼻科医生的暴力行为那样。其次，她对这种暴力行为的反应，和小时候对任何羞辱做出的反应是一样的。除此之外，我还会想到患者从我这里得到的一条建议。在一次谈话中，为了展示男性和女性在心理反应类型上的不同，我提到了这样一个事实：如果男人和女人都穿着女人的衣服，那么我们可以通过对老鼠的反应，判断出哪个是女人，因为女人遇到老鼠时会提起裙摆。类似的想法在患者的记忆中重现，因为她曾与老鼠一起被关在地下室里。因此，她的运动性情感表达，即大声尖叫，就反映出这种精神上的内容："因为我是个女孩子，他们想囚禁我，强迫我，（在地下室里）羞辱我！"作为一种反应，我们发现患者用男性反抗来对抗这种女性化的感觉，告诉自己："大声尖叫！这样别人才能够听到你，他们就不会逼迫你，而是会释放你！"

　　通过患者对我的态度，我们比较这两种相互支持的思路（即患者对暴力行为的恐惧和患者对它的反应行为）后发现，第二种思路会准确地对外界事物做出相应的反应，并直接对我产生影响。患者的"大声尖叫"是对我表达了敌意，于是，患者就利用"大声尖叫"来保护自己不受我的"优越感"的影响，同时还表达了她想获得"自由"，不再接受我的治疗的愿望。她的第一种思路，"我被征服了，被俘虏了，被羞辱了"可能被遗忘在某一段梦境之中。当我说出这番话的时候，她什么也没说，所以我继续说："我一定是这个梦里最优秀的男性，比你还要优秀。"她还在继续反抗，我的言论对她的反抗只有轻微的影响。她过度的预防措施使她产生了不必要的心理恐惧阴影，她害怕自己会屈服于我的治疗，因而用大喊大叫来对抗我的治疗。

　　她显然更加接受自己是女性的事实，她可能渴望拥有爱情。这是她为了保护自己，也想保护自己不受性欲的伤害，所以对这种欲望进行了扭曲，并且做了篡改。她在我面前显得非常羸弱，她相信这种虚构的感受是真实的，因为只有这样，她才会觉得自己得到了最好的保护。现在我们明白了她身上的"逆转"倾向意味着——她渴望成为更强大的那个人。

　　遗憾的是，我没能让她多接受几次我的治疗，这说明她病情不容乐观。她难以接近的性格，也说明她无法与人建立正常的人际关系。一年后，我得知她去了异国他乡，她的病情开始恶化了。

第10章 治疗中的阻抗

（1916年）

有一天，一位接受过两个月心理治疗的患者来找我，问我能不能把她下次的治疗时间从三点改成四点。在这种情况下，无论患者如何坚持提出要求，我们都有理由认为他们所期望的改变是一种攻击性增强的表现，是针对医生表现出来的男性反抗。如果我们不研究患者在这种情况下提出请求的原因，那么就会出错，我们的行为将会与治疗的目的背道而驰，因为我们治疗的目的是使患者获得内心的自由。

患者说她三点钟要去裁缝店，这个理由非常牵强，不过确实由于治疗时间长，她可以支配的空闲时间多多少少受到了限制，但这也只让她的理由稍微合理了一些。由于我在她要求的那个时间段没有空余时间，所以我建议把时间改在五点或六点。然而，患者拒绝了我的提议，说她母亲五点那会儿有事，会在朋友家等她。因此，我们在这里可以看到患者更改时间的理由不充分，于是我们的假设得到证实：患者对治疗产生了阻抗。

弗洛伊德曾多次指出，在分析的过程中，我们必须意识到阻抗现象经常与移情（transference）有关。但是我们认为这两者所涉及的心理关系是不同的（这与弗洛伊德的观点不同）。这一点经常被误解，所以我将结合上述病例进行讨论。

首先我们要考虑到阻抗发生时的治疗过程。在上述病例中，这个患者连着几天都在谈论与哥哥的关系。她告诉我，跟哥哥独处时，她偶尔会对哥哥产生一种莫名其妙的厌恶感。不过，患者并不反感他，而且很乐意陪哥哥看电影。但是她很谨慎，没有在街上挽哥哥的胳膊，以免陌生人误以为她是哥哥的情妇。在家里，她经常和哥哥聊天，甚至允许哥哥亲吻自己，哥哥也非常喜欢亲吻她。亲吻是患者最乐意做的事情之一，有时她还会体验到一种真正的"狂热亲吻"。但是最近她收敛了对哥哥的感情，她非常敏锐地闻到哥哥嘴里有口臭。

这样，我们就清楚患者与哥哥的心理关系了。她感受到了某些情感，并在察觉到某些可能性的时候立即进行自我保护。如果这些激动的情绪以女性欲望的形式表现出来（允许自己被亲吻、挽着哥哥的胳膊、渴望与男人交往），她就会用男性反抗来应对这些情感，只不过她会对这种反抗进行难以觉察的、合乎常理的伪装。

她怎样做才能维持对哥哥的男性化态度呢？她通过一种潜意识的错误评价，从中发展出一套如此非凡而又精细的知觉和预言体系，以至于她对这个体系的推论有时也是正确无误的。[1]她害怕被人误以为是哥哥的情妇，只有对自己的哥哥有过类似态度的人，才能理解她的这种担忧。哥哥嘴里有口臭这一点，自然也是正确的，不过奇怪的是，哥哥经常亲吻的人，却似乎没有一个人注意到这个问题。要弄清楚这一点，我们的患者就得对哥哥做出负面的重新评估，这种评估可以清楚地表明她的目的。在明眼人

---

[1] 疯子也有正确的时候。如果我要纠正一个错误（我通常会纠正患者的错误），同时发现一个真正的排字错误，那么我当然有权反复纠正那个排字错误。但毕竟我们关心的是犯错的行为，而不是指出打字机的错误。

看来，哥哥的口臭这一点只是托词，而她真正想说的不过是一个直截了当的"不"字。[1]

如果有人对兄妹之间可能发生性关系产生质疑，我只会认为他们无视了现实，而这种现实早已被历史提供的大量数据以及犯罪统计数据和教育学经验所证实。在我看来，这很像是兄弟姐妹在托儿所里扮演"爸爸和妈妈"的游戏，再正常不过了。在这个游戏中，为了避免自己越过雷池，女孩试图以神经质的男性化态度保护自己。但对妹妹而言，哥哥不仅仅是哥哥，还是一个潜在的追求者。她和哥哥一起生活在一个充满幻想的世界里，她试图证明自己有足够的能力保护自己。[2]

她对往事的回忆和残存的情感能够帮助她了解自己的能力。患者这样告诉自己："我只是个柔弱的女孩，所以我无力战胜自

---

[1] 错误的评估，无论是低估还是高估，在正常生活和神经症的心理动力学中都是至关重要的，值得个体心理学进行最详细的研究。"狐狸吃不到葡萄就说葡萄酸"的故事就是一个很有教育意义的例子。狐狸没有意识到自己的缺陷，只会贬低葡萄的固有价值，以此维持自己的自尊。它一切都是为自己的狂妄自大做铺垫。这种心理过程主要保护"自由意志"与个人价值。高估自身成就也能达到同样的目的，这可以帮助个体逃避自身产生的自卑感。这些都是被"安排好的"，是为了对抗"低人一等"的感觉而夸大的一种安全防御倾向。我已经多次展示过，神经症的男女患者夸大的男性化态度正是充分利用了这种"安排"。患者的感官——听觉、嗅觉、视觉、皮肤、器官和痛觉——都被夸大了，受到过度关注，都服从于这种安全防御倾向，从而使患者既当法官，又当罪犯，二者合为一体。正如席勒（Schiller）的警句所说："你是对的，施洛瑟（Schlosser），我们热爱我们已拥有的，又渴望得到我们没有的！真正拥有灵魂的人，他才会懂得去爱，而心胸狭窄的人，他就只会有贪恋之心！"当患者真正理解了自己的态度，根据现实评估和调整自己的态度时，他就迈出了治愈自己的第一步。

[2] 在心灵感应和预言事件的基础上发生的预期的思维、感知及其伴随的安全倾向，是梦和其他事物的主要功能之一，和每一种疾病形式的预后本质一样。诗人西蒙尼得斯（Simonides）曾在梦中被一位死者警告过，不让他踏上某次海上之旅。于是他就待在家里，后来得知那艘船已经沉没了。我们假定，即使没有这个梦和如此"有针对性"的警告，西蒙尼得斯很可能也会待在家里。

己的性欲。从小我就软弱无力，百无禁忌，甚至在哥哥面前都无法控制自己（的性欲）！这样下去，我早晚会被强暴虐待，怀上孩子，并在痛苦中生下孩子。我会被人征服，成为奴隶！所以我必须从一开始就时刻保持警惕，不当欲望的奴隶，不向男人屈服。我不该相信所有的男人！我必须表现得像个男人，这样我才能不向他人屈服！"她天性中的女性欲望成了她的敌人，为了战胜这个敌人，她赋予它不可思议的能量，并且动用了自己的各种诡计。就这样，患者在漫长的情绪冲突中渐渐形成了神经症，性本能被扭曲和夸大，都成了对她的威胁。同样地，男性神经症患者也害怕女性化的特征，比如在情感生活中待人温柔，爱慕女性。这样的男性神经症患者会扭曲这些情绪，并对它们展开攻击。生活中那些与性无关的东西，比如身体特征、以前的羸弱、懒散、倦怠，以及儿时犯过的错误等，也会被他类比成性的威胁。[1]所有这些都是他眼中不够男性的阳刚，或者说女性化特征存在的证据，同时也是他心中男性反抗的对象。我在这本书的其他章节中已经谈论过，男性反抗会使女性患者抗拒自身的性别角色（例如那些总跟母亲作对的女孩），这种态度使男性患者抗拒爱情和亲密关系，性格变得女孩子气、优柔寡断或唯唯诺诺，甚至发展成性无能（常见于"神经衰弱"的患者病历中），这些内在的认知都是一些被"安排好"的心理设计，用于警示，屈从的迹象一出现，男性反抗就会被唤醒，出来应战。

---

[1] 我有一些患者总是乐于谈论他们疾病发作的周期性，从而把注意力引到他们的女性化"特征"上。但在我看来，这却暴露了他们仍然受到一个根本性怀疑的影响——"我究竟是男性化的，还是女性化的？"他们这种"周期理论"给自己一种安慰："每个人都既有男性化特征，又有女性化的特征！"在进行分析时，我总是会找到一些证据，证明这些疾病发作的周期性是一种针对医生的阻抗手段，患者自己却难以觉察。

因此，我们可以得出这样的结论：患者在自我保护的本能下规避乱伦的危险，但同时也有些矫枉过正。正是通过这样的行为，患者实现了男性反抗的一个主要目标，即在未来的生活中避免走上女性化道路的同时，形成对男性的依赖。

在各种神经症中，对男性价值的贬低是很常见的。这种贬低有时候会表现得很明显，就像上面的例子一样，患者有时候会故意隐藏对男性的贬低，以至于有些读者看到我的陈述后从自己身上看不出来这种假象，就对我的解释产生了质疑。但是，我们确实经常能在神经症患者身上发现受虐倾向、"女性化"特征、易于服从，以及易受催眠和暗示的特点。我们内心可能都有对强大的男性的倾慕，存在着向他人屈膝和臣服的冲动。想一想有多少神经症患者爱上了自己的医生，并为他们的成就高唱赞歌！一开始，他们处于热恋中，但过了一段时间之后，只要患者不愿意改变，就会与医生反目成仇。他们做出这样反应的理由是："我真是个傻子！我必须竭尽全力才能避免失败！"就像一个人要跳高必须先后退几步，攒足力气，一飞冲天。一位患者经常说自己水性杨花，她准备好随时与人发生私情，但男人都嫌她长得不够漂亮。另一名是因阳痿而接受治疗的患者，他曾接受过一位江湖庸医的催眠术。醒来后，这位催眠师告诉患者，只要他把自己怀表的表链绕在头上，他就会睡着。患者的阳痿虽然一直没有治好，但他却能安然入眠了。此后，他去看过许多医生，每当他们开具的药物或提供的理疗都没有效果时，他就要求这些医生对自己进行催眠，可是所有的医生都失败了。于是，看病结束时，他会拿出怀表表链，并向医生们展示他是如何催眠自己的。他的意思是："你甚至连江湖术士都比不上，还不如我的怀表表链呢！"从那时起，患者不再相信任何人了，可是一旦他意识到自己心灵的秘密，那条表链就会失去效力。

每当我对这种贬低男性的态度追本溯源时，总是会发现它根植于早期病原性的情境中。在这种情境里，患者还是一个儿童，想要打败父亲。实际上他试图对父亲和兄弟姐妹采用各种各样的攻击和防御方式，要么在想象中打败他们，要么真的实施这些攻击和防御方式。显然，有这种神经质倾向的孩子的性格，还有他那夸大的嫉妒心和野心及权力欲，都极大地激起了他的支配欲。

从这一观点来看，我们就很容易理解在面对女性时，这种有神经质倾向的孩子是如何形成矛盾态度的，我们可以通过获得的数据来验证。一方面，距离产生美，女性被过度地神话了，披上了种种力量和权力的神奇外衣。神话故事、民间传说和民间信仰里经常可以看到这类女巨人或女妖，比如，在海涅[1]的诗《罗蕾莱》[2]（The Lorelei）里，男人被描绘成个头极其矮小或处于绝望的迷惘之中的形象。神经症患者常常保留了有关强势女性的可怕记忆，有些记忆偶尔会被想起，有些记忆则封存在潜意识里，只能通过幻想的形式存在。后来，这种对女性的恐惧，无论是看见女人就害怕，还是担心被女人缠着无法脱身，都会表现在神经症

---

[1] 海因里希·海涅（Heinrich Heine, 1797—1856），德国抒情诗人和散文家，被称为"德国古典文学的最后一位代表人物"。海涅先后在波恩大学、哥根廷大学和柏林大学学习法律和哲学。早在二十岁时他就开始了文学创作，他的早期诗作反映了封建专制下个性所受到的压抑以及找不到出路的苦恼。1843年跟马克思相识，海涅的创作达到顶峰，同时作品更多的是批判现实主义。——译者注

[2] 《罗蕾莱》是海涅创作的一首叙事诗，后由弗里德里希·西尔歇尔（Friedrich Silcher）作曲成为德国民歌。传说在罗蕾岩山上有位美丽的妙龄少女罗蕾莱，因自己所钟爱的人弃她而去，十分伤心，便在罗蕾岩下投河轻生。死后其灵魂化作女妖，整日坐在礁岩上唱歌，她销魂的歌声随风吹入船上水手们的耳中，可怜的水手便会翘首痴眺，侧耳倾听，竟然忘记操舵，直到船只或相撞，或触礁，最后船毁人亡。——译者注

患者的精神世界的上层结构中。神经症患者为了对抗这种生怕自己落后于女人的强迫性的心理需要，就会加强自己的男性反抗，以及强化自己的地位高于女人的理念，并用这些防御倾向来羞辱和贬低女性。这时，患者的幻想和意识中常常会出现两种截然不同的女性形象：理想的人物（如罗蕾莱，Loreley）和粗俗的现实人物（如心爱之人维斯玛米特拉斯，Wismamitras）；母亲类（如圣母玛利亚）和妓女类（参见奥托·魏宁格[1]的观点）。在其他的情况下，这两种矛盾的形象有时候会以一种复合形式出现，例如交际花，有时候则是两种形象中的一种占据主导地位（表现为女权主义者和反女权主义者）。

我们都知道，婴儿在刚出生的前六个月会伸手去抓能看见的一切物品，且不愿意放手。再长大一些，婴儿就有了占有的欲望，试图去控制身边对他感兴趣的人。与这种占有欲相伴随的一种防御倾向就是嫉妒。如果儿童被迫提前构建成长过程（他们还未解决性别角色的不确定性），那么他们通常会出现性早熟或胆怯。我得出这样的结论，儿童试图将父母神化，同时又在这种神化过程中试图保护自己不受其影响，这样，神经质特征便在这个过程中慢慢形成。这样的被动体验并不具备驱动力，也不会引发任何后果。无论个体记住还是遗忘了这种被动体验，它们都可以充当标记，用来识别个体展现过的力量。之所以能够实现这种识别的功能，是因为这些体验描绘了神经症患者种种明显的动态心理活动，也因为在男性反抗的框架下，它们可以被用于提示或是

---

[1] 奥托·魏宁格（Otto Weininger，1880—1903），奥地利哲学家，语言哲学、分析哲学、逻辑哲学的创始人。1902年以论文《性与性格：生物学及心理学考察》的第一部分获得了哲学博士学位。1903年，《性与性格》正式出版，书中将妇女分为两种类型：母亲型和妓女型。同年，魏宁格举枪自杀。——译者注

某种表达的形式。"在女人的事情上，我就是个懦夫！我从小就爱女人，我就臣服于女人了。"这句话的言外之意就是"我害怕女人"。一个男人如果像怕"恶魔"一样怕女人，或是对女人那"令人琢磨不透的内心"、那"永远的莫名其妙"、那"不可抗拒的力量"等都无能为力的话，那么我们将会发现男人的应对方式要么是贬低女性，要么是逃离女性。这样，他就会产生诸如性无能、早泄、梅毒恐惧症、恐恋或恐婚等问题。如果有男性反抗倾向的神经症患者想进行正常的性交，他要么会选择一个不被社会认可的妓女，要么只是把性交对象看成是一具死尸。[1]稍做分析，我们就能明白这样的患者做出如此选择的真正动机，是因为他们相信这样的对象更容易被他们控制。男性反抗还可能迫使一个男人不愿意面对世界，拒绝承担责任，成为一个唐璜式的角色。[2]

　　我遇到过的男性神经症患者，无一例外都会以这样或那样的方式来贬低女性，甚至有时候还会贬低其他男性。男人在爱情中主要是出于嫉妒，与情敌争风吃醋，这些都是源于后一种情况。而女性神经症患者对男性和女性的贬低则更加常见。我有一位患者，她之所以找一位男性医生进行治疗，就是为了不断地贬低这个男人。当她意识到医生具有知识上的"优越性"时，她会更加坚持不懈地贬低他。在我向她解释了一些关于她的神经症特点的重要细节之后，她就开始显现出"阻抗"。她对我又有了一个新的反抗，她反驳道："嗯，你说的都是对的吗？"她希望自己也能对一次！如果她在梦境中或白日梦里还看到自己轻浮或放荡的画面，想象自己与哥哥或我发生了性关系，那么我们就可以认为

　　[1] 即无法抵抗、欺骗或支配的女人躯体。
　　[2] 这种人喜欢同时有多个（或两个）女人来相伴，但永远不会与她们长久厮守。他们还喜欢短暂的成就感，且不需要任何回报。

她出现了神经质的反应，即被放大了的性焦虑，旨在避免自己做出这种行为。因此，这种对医生的"爱的移情"是虚构的，应当被解释为一种夸张的描述，而不应当被解读为"性欲"。事实上，这不是（真正的）"移情"，我们看到的不过是一种童年的态度和习惯，是一种对权力的渴望。

她后来病情的发展是非常典型的神经症。她开始了贬低医生的最终斗争。她把每件事都了解得更加透彻，而且做得比医生还要好。几乎每过一个钟头，她就会对医生的治疗手段进行公然的反对和批评。

个体心理学所使用的各种方法可以帮助患者消除对他人的不信任。对于医生来说，耐心、预知和事先的预警都可以帮助他们对治疗的进展了然于胸。治疗中的必经阶段，是医生要向患者揭示引发其男性反抗的根源所涉及的各种情景中的幼稚和不合理的地方。这就要求患者和医生必须建立友好的关系。这种关系可以帮助医生更加了解神经症患者的症状，帮助患者认识到他的情绪诱因中存在着问题，导致他一直存在错误认知，以及患者为此付出的过度的能量消耗。患者将在个体心理医生的治疗过程中第一次真正了解自己，并学会控制自己那些过度紧张的本能冲动。要做到这些，我们就有必要消除患者对医生的阻抗。医生与神经症患者或精神疾病患者之间建立的心理联系，归根结底靠的是存在于他们心中的群体意识（group-consciousness）。

第11章　梅毒恐惧症

（1911年）

神经症动力学对解读恐惧症和忧郁症的贡献

在我遇到的神经症病例中，我基本上都能从患者身上找到梅毒恐惧症的特定行为或思维方式。有时这种症状非常明显，也是患者就诊的唯一原因。其他时候，它与许多疾病症状混在一起，难以分辨。一般来说，这些患者从未感染过梅毒。然而，有些曾经感染过梅毒的神经症患者，痊愈后也会出现其他的替代症状，他们经常产生对淋病、虱子、寄生虫、脊髓痨或瘫痪的恐惧，以此来替代对梅毒的恐惧，或者一想到自己不久就要怀孕生子时，就会心生恐惧，瑟瑟发抖。他们对这种梅毒综合征很感兴趣，经常阅读和讨论相关的内容，而我们也经常会看到有关这方面的绘画和创意作品，因此社会关注度可窥一斑。

众所周知，恐惧症和忧郁症的患者都非常小心谨慎。我们之所以谈论这一点，是因为这是所有神经症患者的共同特征。通过仔细调查研究这种情况后，我们发现不论恐惧症患者还是忧郁症患者，他们对危险的防御性意识高到了令人难以置信，甚至疑神疑鬼的地步。对患者而言是完全生活在警惕当中，他们的心思已经完全被恐惧症和忧郁症所占据，生活中除了保护自身的安全之外，几乎没有别的事情可干。

这样一来，患者的许多行为让神经学家都难以理解和分析。恐惧症患者的防御倾向会过度保护自己，反而会让自己变得粗心大意。事实上，每一个梅毒恐惧症患者都曾经有过预防措施疏漏的经历。布洛伊勒曾将这种行为称为"自发性矛盾"（voluntary ambivalence），但我认为这种说法不太准确，因为这样的说法难以体现患者内在的心理关系。这种内在的动力是伴随着男性反抗心理的雌雄同体现象。有人将这种神经质心理机制的主控力量（席勒称它为"多愁善感"，Schiller）或者监督力量描述成这样一种心态："瞧，我多么粗心大意啊！我知道这是无法改变的，所以以后要小心谨慎点儿！"在这种心态下，恐惧症患者受到强迫性的精神刺激，他只会继续做出鲁莽的行为，并且不断重复这些行为，直到非常严重的程度，这时就会产生真正具有威胁性的心理波动。

例如，这类神经质的心理机制会轻视永久性或暂时性的自我安全防护措施。我们经常会听到许多荒谬的言论，比如"安全防护措施毫无用处"或者"我不会用这些安全措施"之类的话，这都是对这种"不负责任"行为的开脱。

不可否认，草率的患者给这些行为提供的证据，也不是毫无道理的，只可惜这些证据确实无法说服所有的人！的确，患有梅毒恐惧症的患者很容易相信自己有能力采取安全的防护措施。

我之前在书中反复说过，在我看来，患者这种行为无异于玩火自焚，引火烧身，好让自己进入更牢固的安全网里，这样他就可以把注意力集中到外面世界的危险和自己的自卑上。一位患者在感染梅毒后来找我治疗他的神经症，他的述说清楚地表达出这样的态度："现在，我感染了梅毒，我的恐惧症反而减轻了。十年来，我一直提心吊胆，期盼着染上这种病！"其实，真正让他感到心里宽慰的是，他已经从爱情和婚姻的桎梏中解脱出来了。

　　然而，大多数患有梅毒恐惧症的人还是会采取安全防护措施，以免受到感染。他们会全方位采取措施保护自己，避免任何可能的传染。他们不会碰陌生人的杯子，也不会用陌生人的杯子喝水；上班时独来独往，只用私人的盥洗室。他们的安全设施还会拓展到更大的范围，于是他们就会出现手淫、早泄、遗精和心理性阳痿等表现。例如，他们的贪婪占有欲使他们在爱情的道路上举步维艰。他们的审美原则和道德标准通常高于常人，他们只会用眼睛盯着他人，去发现他人身上的错误。患有梅毒恐惧症的女孩会不断地卖弄风骚，随时与男人打情骂俏，可是一旦谈婚论嫁，她们就会惊慌失措，像男性患者一样开始退缩。这些女孩退缩的理由五花八门，要么是男人体臭、不讲卫生，要么是男人拈花惹草、谎话连篇，要么是他们会婚后出轨等。一些女孩常常表示害怕被丈夫传染梅毒。女性患者用性冷淡作为自己的防御手段，而同性恋和性变态的患者通常也会使用这种防御手段。[1]

　　这些分析一旦揭示了各种梅毒症状的相互关系，我们就会让患者意识到对梅毒的恐惧实际是一种"马后炮"行为，也是一

---

[1] 参见本书第14章《同性恋》中我所指出的，性变态中可以发现一种双重心理模式。第一种模式是受虐狂或伪受虐狂的性变态，旨在通过个人的顺从来束缚另一个人。第二种模式是表现出极端顺从的性变态，其目的是摆脱自己的性伴侣，给自己逐渐灌输一种恐惧感，让自己从伴侣身边逃离或逃避婚姻等。将受虐幽禁在幻想的领域时，这些行为都表现得相当明显。与这些联系在一起的往往是施虐倾向对受虐倾向的一种报复，个体要么充满了幻想，要么是强烈的反感，归根结底取决于对权力的欲望倾向。

种幻觉般的兴奋，我们会模拟治疗中因考虑不周而导致患者感染的可能性[1]，那么患者的恐惧感在治疗后都会减轻。为了使神经症患者彻底治愈，我们必须分析所有的病例，这需要深刻理解患者潜意识的行为特征和冲动，这种分析得到的最终结论有以下几点：

第一，对梅毒的恐惧从来都不是唯一的安全措施，但人们经常发现大多数神经症患者，甚至所有的患者都有这种安全防御倾向。

第二，一开始出现紧张的迹象，安全防御倾向就开始保护患者，也可以说这种迹象是安全防御倾向的标志。

第三，神经紧张的表现为由于器官缺陷产生的自卑感和不确定性所引起的、源自患者童年一直处于弱小角色的恐惧感。在患者成长的过程中，这些感觉很大程度上都会留在潜意识中。

我在本书的多个章节都讨论过这种神经症动力学的形式，男性反抗在回应女性化的感觉时所作的各种努力都与它们有关。这样看来，男女之间的差别无论是从字面上，还是从象征意义上都可以理解为"上级与下级"的关系。

对女性的恐惧无疑是梅毒恐惧症患者表现最突出的一种安全防御措施。患者的经历中通常有一个强势的、男性化的家长，他们的能力和权力压得孩子喘不过气来，使孩子认为患上神经症全是自己的责任，而优秀的父母却养育出平庸的孩子这一现象，也为这点提供了有力的证据。神经症患者通过贬低男人和女人，来逃避自己的自卑感。

明显而夸张的洁癖同样出于安全防御的倾向，它具体表现

---

[1] 疑病症患者的症状由幻觉刺激引起，这些幻觉刺激会使最终的结果具体化，例如被感染、患上早发性脊髓痨、瘫痪、头痛和健忘症。

为强迫性洗涤，害怕污渍、尘埃或灰尘。排便和排尿都具有一种仪式感，同样属于安全防御的倾向。像其他症状一样，便秘象征着追求洁净和浪费时间的冲动。器官自卑感多见于泌尿系统和肠道器官疾病（如痔疮、瘘管、尿道下裂、遗尿症以及早发性尿道疾病）的临床表现。虽然它们都会引发恐惧，但它们会让患者产生先入为主的印象，同时这种可怕的回忆永远存留在患者的记忆之中。

幻想不断地滋生出各种疾病、死亡、怀孕、分娩（对男性来说也是如此）等问题，区别只在于开始和结束时间的早晚。这些幻想总是把注意力集中在出疹、长斑或肿胀上，就好像关于阉割和生殖器短小等问题容易让人想入非非一样，这些幻想也会被视作某种标志。性欲上的不满足和性心理上的不成熟都会引起补偿，从而产生施虐和纵欲的冲动。

患者对他人极度不信任，并一味吹毛求疵，都是与这种自卑倾向有关，从而阻碍了患者与他人建立永久性的友情或爱情。患者生活中的另一个障碍是从童年时代延续下来的多疑，起初是由自卑感引起的，它最突出的表现形式主要是不确定性及其产生的懒惰性。

从每位患者的经历来看，梅毒恐惧症患者都会过度夸张自己的性欲，这严重影响了他们的判断力，并且这种恐惧还会不断地加剧。如果这种恐惧症不足以保护患者，那么患者就有可能产生心理阳痿或其他的防御措施。随着梅毒恐惧症而来的其他恐惧症并不少见，如广场恐惧症、赤面恐惧症、神经衰弱癔病症和强迫症，这些疾病都会影响患者进行正常的社交活动，从而让他逃避因爱情和婚姻而受到的伤害。有一次，我目睹了一个患者表现出一整套"组合症状"，他的表现包括接连不断的打喷嚏，就像维舍尔[1]的小说《任何一个》中的主角一样，尽管患者并未读过维舍尔的小说。

患有梅毒恐惧症的女孩也会表现出男性化的气质，而在男性中，贬低男性和贬低女性的比例基本相同。

梅毒恐惧症作为一种安全措施的手段在这些病例中表现得非常清晰。一位患者正在认真考虑结婚之事，突然发现自己得了疱疹或是淋病，婚事自然告吹了。同样还会引起生理器官的自卑感，常见的情况包括尿道旁管感染、包皮过长、阴茎过短、隐睾症、小睾丸和小阴唇增大等。

我们对神经症心理的分析与解释与患者的观点截然相反。患者认为自己是因为害怕梅毒，所以才避免性交，但我们可以证明他是因为害怕女人，因此他"安排"自己患上梅毒恐惧症。他们所表现出对异性的敌意可以追溯到童年时期。我查阅了大量的文献，如叔本华、斯特林堡、莫比乌斯、弗拉斯、魏宁格，他们都曾提到过这一问题。在他们创作的诗歌和艺术作品中普遍存在着对女性的恐惧。诗人格奥尔格·恩格尔（Georg Engel）在《对女人的恐惧》（*Die Furcht vor der Frau*）和《彩虹上的骑士》（*Der Reiter auf dem Regenbogen*）两首诗歌中对这个问题有清晰的表述，菲利普·弗雷（Philip Frey）在《男女之战》（*Der Kampf der Geschlechter*）中也提到过类似的观点。

叔本华在《人生的智慧》（*Aphorismen zur Lebensweishei*）一书中这样表述："骑士的现代荣誉和现代的性病，联合在一起就是

---

[1] 弗里德里希·西奥多·维舍尔（1807—1887，Friedrich Theodor Vischer），德国小说家、文学评论家、剧作家和艺术哲学作家。如今，他主要被人记得是小说《任何一个》的作者，他在小说中对内倾向型心理做了深刻的研究，同时也揭示了集体潜意识的潜在性象征。——译者注

生命中所有关系的毒药。不论是对公共关系，还是对私人关系而言，这对著名的搭档再次产生的影响要深远得多，不仅是生理疾病，而且还是道德上的暗疾。一种疏远的、敌对的，甚至恶毒的元素侵入了男人与女人的关系之间，可以追溯到在爱默（爱神丘比特的罗马语名字，Amor）的箭袋里找到了有毒的箭矢，那毒素就像一根不祥的恐惧和猜忌之线贯穿于男女交往的经纬之中。间接地动摇了人类关系的基础，也或多或少地影响了整个人类存在的根基。"当然，我们并非要批判这位伟大哲学家的观点，我们只是在考虑他对女性的"敌意"是否与他自身对强势母亲的敌意态度有关。众所周知，叔本华本人在某些方面的表现也明显符合我们对梅毒恐惧症患者的描述，尤其是他对性本能影响力的抵触与逃避的态度，他的极度敏感性，对他人满腹的疑虑，以及在与男人和女人交往的过程中，都表现出明确的贬低态度。他甚至给自己的小狗取名"马恩"（man）。就像梅毒恐惧症患者一样，他对生活的否定就是对性本能的否定。这与我们在神经症患者身上发现的动机完全一样，都是与女强人进行的斗争，他们害怕女性的本质就是害怕被人"贬低"。奥古斯特·斯特林堡（August Strindberg）是一位最典型的男性抗议者，他在《爱之书》（*Book of Love*）里这样形容爱情："除了爱情，女人还能拿出什么武器来捍卫自己，既不屈从于男人，也不失去自我呢？"这一描述很好地体现了男人对女强人的神经质恐惧，以及女性神经症患者悄悄地希望自己可以成为那个"高高在上"的人。这些都在本书中反复讨论过了。

我现在要讨论一些绘画作品对神经质心理机制的表达。从一些绘画的意境中，我们可以清晰地感受到画家对女人的恐惧。因此，上文提及的各种恐惧症症状，我们几乎在这些绘画里都能找到蛛丝马迹，也就不足为奇了，尤其是一些具有绘画风格和象征性的表现就更加显而易见了。在一些最优秀的作品中，坎帕斯帕（Kampaspa）[1]、黛利拉（Delilah）和莎乐美（Salomé）式的形象就是典型的代表。有时"害怕女性"这个主题用委婉的方式表达出来，即隐藏在一些表面上歌颂爱情的力量或成就的画面之下；有时，这个主题会直接用空间的排列体现出来（如大个子女人和小个子男人、女人在画面的上方和男人在画面的下方）。我们看到圣母玛利亚的画像就能理解这个主题了。这种原始的对女性的恐惧也体现了对女性的贬低，因为艺术主要掌握在男人手中[2]。最重要的是，就像恐惧症一样，一位艺术家会创作一系列绘画，或者多位艺术家共同创作一幅或一系列绘画，这些都表达了上述的安全防御倾向。罗普斯（Rops）的画作最具典型性。这些问题与神经症问题的同一性，几乎不需要更多的证据，你们只要看到以下绘画就能明白：《傀儡夫人》（*La Dame au Pantin*）《狮身人面像》（*Sphinx*）、《棉纱业暴发户》（*Cocottocracy*）《酗酒者》（*L'Alcoholiste*）和《梅毒》（*Mors Syphilitica*）。波德莱尔（Baudelaire）曾说他一看到美丽的女人，就会想到不幸将伴随着她，这听起来正像是给上述几幅绘画的文字解释，同时也生动地描述了梅毒恐惧症患者的感受。波德莱尔在诗歌《恶之花》（*Les Fleurs du Mal*）中写道："你啊，美人儿，你踏着死者而来，对死亡嗤之以鼻，恐惧是你最美的装饰。谋杀和恐惧是你最华美的饰品，虚伪而又炫耀地告诉我们你的傲慢。你在我们的必经之路上翩翩飞

---

[1] 指亚历山大的情妇坎帕斯帕骑在亚里士多德的身上。亚里士多德与亚历山大大帝是师徒关系。——译者注

[2] 显然这也是男性在艺术上占优势的原因之一。绘画和雕塑最深远的问题起源于男性的心理本能。

过。你像燃烧着的火焰，噼啪声刚过，就是消失殆尽。有人妄想拥抱你美丽的身体，那便是在自掘坟墓，命不久矣。"[1]

常言道，天才与疯子仅有一步之遥。叔本华的一生都伴有器官自卑症的不确定性，这让他随时都会感到浑身不自在。他的防御倾向过于强烈，导致他害怕行动和发出挑战，因为总是害怕自己会失败。此外，这也导致他患上了恐高症，或广场恐惧症。当面对爱情这一男性最高的成就时，他通常表现得畏缩不前，有时还会不停地颤抖。与其说他恐高，不如说他更害怕深渊。虽然贪婪迫使他不断地往上爬，但一想到万一有一天不小心从高处跌落到"下面"的万丈深渊，他就会战栗不已。从某种程度上来说，由于强烈的社会责任感将他从神经症中解救出来，其中梅毒恐惧症也只占了他的安全防御倾向的一小部分，这种倾向可以防止他跌入深渊。正是这个原因，他把画作的"下面"部分几乎都涂成了最可怕的颜色。[2]

根据我的实践经验，我们在现实生活中经常可以看到下面这种案例，如前所述这些案例都很容易理解。

第一个病例：有一天，一位新婚不久、生活幸福的制造商来找我，向我抱怨，最近几天他因担心感染梅毒而痛苦不堪。他既无法睡觉，也不能工作，害怕与妻子同房，害怕亲吻她，使用卫生间时都害怕传染给她。经过详细的询问，我发现，在恐惧症发作前不久，他在车站吻了一位陌生的女孩。在接受了两次治疗后，他得知自己试图通过梅毒恐惧症来保护自己，以防止自己进

---

[1] 参见古斯塔夫·卡恩（Gustave Kahn）在《法国漫画中的女人》（*Das Weib in der Karikatur Frankreichs*）一书中的讨论。

[2] 一个神经症患者对绘画表现出明显的厌恶，他解释说："绘画让所有的东西都排列得那么的和谐有序，就好像它们凌驾于其他的一切事物之上。"

一步做错事后，他就被治愈了，但是他容易患上恐惧症的倾向可不是两次治疗就能改善的。

第二个病例：一位患有强迫症和经常暴露于污染环境中的内科医生，经过长期治疗之后做了这样一个梦："我梦见自己在维也纳时被土耳其人围攻，我只能等待着土耳其士兵的战败撤离。因为我已经读过这段历史，所以在梦里，我知道战败的土耳其人什么时候会出现在我的面前。为了保护自己，我拿起一把左轮手枪，设法在几个同伴的掩护下，准备去抓捕逃犯卡拉·穆斯塔法（Kara Mustapha）。到了约定的时间，卡拉·穆斯塔法和几个同伙骑着黑马出现了，但是我的战友们都逃跑了。我发现自己寡不敌众，不能俘虏他，正当我也要逃跑时，我的脊椎中了一枪，我感觉自己快要死了。"

我们对梦境进行了分析，做梦者一直担心自己感染梅毒，这个梦就是一种预期思维的尝试，预先向做梦者呈现感染梅毒的最终后果，就是死亡。做梦者是一位年轻的内科医生，他从土耳其士兵还能联想到一夫多妻制。他之所以会做这个梦，可能是因为他在书上读过疱疹发疹期的相关知识。骑士或黑马代表了死亡（"那是黑暗的桑纳托斯"——希腊神话中的死亡之神）。后背中枪的意思是，除了脊髓痨症外，还说明他曾被一个男人击败的经历（又打了一个洞！），而手握枪支的举动代表了他试图采取男性反抗来应对当时的局面，具体的方法就是以迂回曲折的方式取得胜利。为了避免感染梅毒，他们采取了预防措施，"与妓女断绝一切关系！"换句话说，这位患者需要断绝关系的女性是在所有的病例中，唯一需要我们研究的那一位女性患者。再补充一些男性反抗的内容，我们这里还有这些词汇：多妻、土耳其人、哈来姆（尤指旧时某些穆斯林社会中富人的女眷）！做梦者通过这些词汇来贬低女性，以维持自己的男性尊严。还有一个相反的观点，我在《妓女的梦想》（*Traume einer Prostituierten*）一文中分析了第二个梦境，揭示了类似的安全防御倾向。勒诺（Lenau）在他的《梦中警告》（*Warnung im Traum*）一文中，用类似的方式解决了同样的问题：

"现在他已经看不见房屋，只是惊恐地看到眼前的坟墓，那一个个肃立着的十字架在他的四周向他招手。月光下，一个女人医治了他的痛苦，但是那个脸色发灰、把他抱在怀中的女人——却是死神。"

这里我就不再进一步分析了，我们可以肯定梅毒恐惧症的病例都有对女性的恐惧，或对男性的恐惧，而且两者常常兼有。

第12章　神经性失眠症

（1914年）

患者对失眠症状的描述其实并没有提供任何实质性的新信息，患者抱怨的可能是睡眠时间减少和睡眠深度不够，或者是指醒来的时间太早等。尽管说起来似乎有些老生常谈，但患者的重点总是落在休息不足，以及随之而来的疲劳和无法正常的工作上。

为了准确起见，我想要说明一下，尽管很多患者都抱怨这些问题（如疲倦等），但他们的睡眠其实非常充足，甚至比正常人的睡眠时间还要长。我们现在很容易界定导致失眠的疾病本质。患者既没有心理疾病，也没有并发症，但是，不管是长期性失眠，还是间歇性失眠，患者出现的失眠症状都与精神问题脱不了干系。心理疾病中最严重的一种病症就是精神病，通常是以极其严重的失眠为先兆。

失眠症患者对待自身疾病症状的态度非常有趣。他们明显是在强调其疾病的痛苦程度，以及自己采取的许多补救的办法，但总是无济于事。有人折腾了大半夜，拼命想让自己入睡；有人则要等到午夜过后，才会因为极度疲倦而上床入睡；有人反复尝试着消除所有的嘈杂声，或者多次尝试着数羊，甚至数到上千头，却仍然辗转反侧，满脑子都是胡思乱想，在床上翻来覆去，一直熬到天亮。

在一些轻微失眠的病例中，患者通常都会制订睡眠计划，并且会遵守这个计划。在有些案例中，能让患者安然入睡的有以下几种情况：睡前喝一些酒，或服用溴化物镇静剂；晚饭时少吃点或吃好点，还有早点吃晚饭或晚点吃晚饭；睡前一定要打牌；睡觉时有同伴陪着，或独自一人入睡；睡前既不能喝咖啡也不能喝茶，或者正好相反，睡前一定要喝点咖啡或茶。这些助眠的方法五花八门，常常又是相互矛盾的，这是一个更加明显的事实。更重要的是，人们对患者的做法也给出了许多解释，有些人坚持认为性交有助于睡眠，另一些人则持相反的观点，他们认为禁欲才能助眠。

如果午后稍微小憩一会儿，这倒是挺容易的，但也有一些限制的条件（例如："如果没人打扰我""如果我上床的时间刚刚好""饭后立马去睡"等），否则，午睡那么一会儿反而可能使人感到疲劳、引发头痛或犯困打瞌睡。

如果我们反复思考和分析患者的描述，就会发现他们不仅仅是患者，特别是从失眠症对注意力的干扰来看，他们还是工作能力下降或丧失的个体。生活中遇到障碍时，他们就想逃避所有的责任。

为了让我们的研究结果更加简单起见，较早的一些病例，如因酗酒或滥用麻醉剂控制患者，而产生新的症状和其他方面的障碍，则不在本章讨论。由器质性病变引起的失眠，也不在我们的研究范围。

然而，值得一提的是，和失眠一样，滥用麻醉剂同样成为患者认为工作难度增大的借口。药物会造成他们起床较晚、经常犯困、注意力不集中。通常来说，他们会把一天里的大部分时间用来睡觉。

另一方面，患者如果不靠药物和麻醉剂，只靠那些"无害的方法"，治疗效果一定不好。这些方法要么只在刚开始治疗时有效，要么根本无效。这些方法在治疗初期对积极配合的患者行之有效，但医生想要进一步治疗时又会失效，就好像患者希望证明医生的努力是徒劳无益的。而那些比较顽固的神经症患者刚开始治疗时，会有一些抵触情绪，当他们出现失眠的症状时，他们就试图把责任归咎于医生。在他们的既往病史中，我们往往会发现他们也曾使用过失眠这种手段来表示病情加重，以逃避某些工作，并将自己的意愿强加给其他人。

我们从患者的描述中得出的推断，或者我们自己直观感受到的，都表明了睡眠还有另一层含义。没有一位医生会低估睡眠的重要性，但是失眠的深层含义有待商榷。从长远来看，这种明显的困扰患者睡眠的压力意味着什么呢？我们认为它充分体现了这样一种意义：患者想通过失眠吸引他人的注意力，因为只有这样，他才可以不用为生活中所犯的错误负责任，并让自己所取得的成就受到人们的倍加关注。

如果我们研究了导致失眠的内在机制，就能理解它后来如何成为一种武器，让患者用它来保护自己受到威胁的人格和情感。同时，我们很快就会了解到失眠症是如何与患者现实中的危险处境相联系的。患者偶然尝到了使用失眠手段达到自己目的的甜头，他们在生活中反复尝试，感受失眠对周围环境和自己造成的影响，因此，只要患者的心理活动不被人察觉，无论医生采用什么样的治疗手段，都只会反复地强化患者固有的想法，让患者故伎重演。

这就是个体心理学可以发挥作用的地方。其治疗目的应该是帮助患者认识到他们的疾病症状之间相互联系的内在本质，以及帮助他们放弃这种不想承担责任的隐秘愿望。一旦患者向自己和医生承认，失眠是达到自己目的的一种手段，那么就不再赋予失眠任何神秘的因素，他就得承担起责任，采取明确的行动而不再是逃避责任。显而易见，这与其他神经症症状，如强迫性行为和怀疑，在技术手段上具有共通性。

我们现在已经很清楚哪种类型的人会得失眠症。我们可以很准确地描述出这种患者的特点：这类人对自己的能力缺乏信心，同时却有野心勃勃的个人目标。他们往往会高估成功的价值和生活中的困难，不愿面对生活的挑战、优柔寡断、害怕做决定等，这些都是他们身上常见的性格特点。他们还有一些神经质性格的小伎俩，如卖弄学问，故意贬低他人，以及自身的控制欲。有些疑病症患者和忧郁症患者偶尔也会出现自我贬低的倾向。简而言之，失眠症可能是所有神经症患者的生活方式中非常重要的一个环节。

医生无法确定需要几个疗程才能迅速治愈失眠。如果想要速战速决的话，最好的方法就是用巧妙的方式直接告诉患者，失眠是可以治愈的。接下来就是带着极大的兴趣，努力引导患者去了解自己在夜间的思绪，让患者不再过度关注自己的失眠。有时候，这样做会让患者从失眠直接变成长睡不起，甚至可以睡到第二天日上三竿。这种方法也和失眠症一样，会妨碍患者的日常工作。

在我看来，患者在失眠时的思绪具有重要的意义，它有以下两个原因：第一，这些思绪是患者用来保持头脑清醒的一种手段；第二，在这些思绪中可以找到引发失眠的个人心理基础。我将在下一章再讨论第二点。我发现失眠者思虑的事情都是在逃避责任的情况下达到自己的某个目标；否则，在正常情况下他们根本无法达到这个目标，或者是需要他们倾尽全力才能达到这个目标。我们可以从字里行间读出患者的隐秘的意图，有时则需要结合患者所有的人生经历才能解读出来。因此，我们很容易把失眠归入心理表现和心理准备的范畴，而这些表现和准备的目的就是在患者想象的目标和自己之间建立起一种"距离"，并发起一场"远距离行动"。

　　个体心理学的任务就是将这种"行为"清楚地描述出来，帮助我们了解患者对待世界的态度，并揭示失眠与个体生活中的困难之间的关系。这种个体心理学研究的治疗效果和真正的价值在于，它揭示了主导患者行动中那些虚构的、错误的和逻辑上相互矛盾的因素，并将患者从顽固的、僵化的思想中解脱出来。与此同时，我们也会小心翼翼地将患者从不负责任的位置移开，敦促他们承担起责任，哪怕是在潜意识的层面。我们这个理论学派反复强调，只有基于良好的医患关系才能尝试这种渐进式的治疗方法。

　　一旦我们搞清楚了失眠症的功用，就很容易理解引起失眠的方法。这些方法与那些故意想要失眠的人所使用的方法完全一致。这里举几个例子：打牌；拜访他人或邀请他人来家里做客；在床上翻来覆去；一心想着工作；担心各种困难，并把问题无限夸大；制定规划；数数；痴心妄想；强烈的睡眠欲望；睁着眼数闹钟的滴答声，闹钟一响就起床；入睡，却会被梦境或痛苦、恐怖的经历唤醒；起床后在房间里走来走去；大清早就起床，等等。如果想逃避责任的话，任何人经过一番训练之后，通常都能完成这些行为。例如，某个患者为了准备考试，决心第二天早上早起学习。他非常担心失眠可能会影响自己的计划，因为这个计划可以证明他的学习态度非常认真。结果，他凌晨三点就醒了，再也睡不着了，于是他一边痛苦地抱怨自己命苦，一边再也不用为考试结果不好而内心愧疚了。有谁会质疑一个在凌晨三点就醒来学习的人的学习态度呢？

　　更令人费解的是疼痛对睡眠的干扰。在我的例子里，一般都是患者的腿部、腹部、后脑和后背出现疼痛，往往干扰了患者的睡眠。我对睡眠中腿疼的解释是：它是由潜意识下的痉挛易感性引起的，但同样也是一种（用来引起失眠的）过激手段。背痛的情形则都是发生在习惯大口吸气，以及脊柱侧弯的人身上。顺便提一下，这些特定位置的异常现象在神经症的症状中发挥了很大的作用，并且很容易被潜意识倾向所利用，引起器官的疼痛，尤其是在与神经衰弱和疑病症相关的综合征中。如果一个患者运气好的话，医生能说服患者相信自己的头部长着一个节段性的痣（这是自卑感的标志，segmental naevus）[1]，从而使他摆脱对疼痛的固有敏感性。当然，随后的矫形治疗也非常重要。我们可以从患者的过往病例中总结出这些相互的联系。

　　还有一个比较罕见但很有启发的例子。根据患者和家人的说法，患者把头从床边垂下，或者做头部运动，或者用头撞墙，这样他就可以安然入睡。另外，很少有人会这么确定地认为，有目的的过度敏感也是失眠患者通常采取的一种方法。具体来说，他们试图阻止任何噪音或微光的出现，但凡有任何风吹草动，他们就无法完成睡前的准备任务，并导致无法入眠。

　　我再举几个例子来说明我的观点。如果一个患者嫌弃自己的妻子，那么他只要声称自己患失眠症是因为很容易被噪音吵

---

[1] 参见我的《器官缺陷及其心理补偿的研究》中的相关内容。

醒，甚至连妻子睡觉时的呼吸声都会让他心烦意乱，于是他就用这种失眠症当借口来控制妻子。随即，内科住院医生就建议他与妻子分床而眠。一个自负的画家从未完成过一幅画作，并未把它展示在公众面前。到了晚上，他的腿部就发生痉挛，这使得他从床上跳下来，整夜地在房间里走来走去。第二天，他当然没有精神工作。这样他就有理由逃避长久以来都未完成一幅画作，并未向公众展示画作的责任。一位患有广场恐惧症的女性患者，她丈夫晚上经常去酒馆喝酒，她怎样做才能有效地挽回自己的丈夫呢？[1]为此，她养成了夜里多次醒来的习惯，她的恐惧和呻吟把丈夫折腾得心力交瘁，以至于第二天晚上他也早早就困倦了，只好早点回家。她就这样达到了目的。另一位患者因工作的需要偶尔会出差，但是他不愿意出差，于是他需要用生病来向他人证明自己无法从事目前的工作。他就出现了前面提到的胃痛和背痛，以这种方式不断地影响睡眠，后来他开始服用一些安眠药，结果一觉睡到了大天亮，反而加重了倦意，并影响了白天的工作。他的病情还没有好转，他又想出了两个绝妙的点子，可以进一步为自己无法工作提供理由。一是他发现早晨骑车对健康非常有益，于是哪怕前一天很晚才入睡，他依然在次日早上六点钟就醒来去骑车。二是为了锻炼自己，使自己在外出时能适应在那些不舒服的床上睡觉，他买了一张行军床，但晚上他在行军床上辗转反侧，一直无法入睡，到了凌晨两点，他又爬回自己舒服的床上。这两种情况的结果都使得患者无法正常工作。还有一位患者故意夸大其词，希望有钱的亲戚为自己生意的不景气承担一些责任。据他说，他患上失眠症都是因为亲戚拒绝帮助他。于是，他学会

---

[1] 参见本书第18章《梦与梦的解析》的内容。

了睡觉时使劲按压自己的胳膊这个诀窍，这样他按压得越用力，他就会越早醒来。现在，他认为除了自己焦头烂额地处理生意，又被失眠症所困扰，如果亲戚还不愿帮他一把，那他们就太没良心了。

睡眠生理学的主要特征是积累了特定的神经递质[1]，并且促进大脑的血液循环。当然，有些形式的失眠症主要是由睡眠调节机制的紊乱引起的（如引起血管的疼痛和肾脏疾病、心理休克等）。神经性失眠症则具有完全不同的性质，就像其他的神经症状一样，失眠症会使患者原有的神经症倾向恶化。从某种程度来说，即使失眠与相应的生理条件无关，个体也可能患上神经性失眠症。

附录：关于睡眠姿势的问题

个体心理学的方法论告诉我们，睡眠中的现象反映了个体生命线的轨迹。按照迷信的说法，那些极具震撼力的原因所产生的结果，完全不受人类奇思妙想与责任义务的影响。然而，我们确信，梦境和睡眠中的欲望从来都不会以纯粹的生理方式表现出来，而是要通过个体化的倾向从个体的角度来理解，并找出所有具有扩展倾向的脉络。基于大量临床数据的研究，我们发现一个人的睡眠姿势表明了他生活的指导方向。一般来说，通过个体心理学的深入分析，我们可以推断出一个人的睡眠姿势到底意味着什么。下面是几个真实的病例，诚邀精神病学家、神经病学家和

---

[1] 神经递质（neurotransmitter）是神经元之间或神经元与效应器细胞，如肌肉细胞、腺体细胞等之间传递信息的化学物质。根据神经递质的化学组成特点，主要有胆碱类、单胺类、氨基酸类和神经肽类等。——译者注

教师加入研究睡眠的行列。

第一个病例：K.F.是一位十六岁的学徒，患有幻觉性精神错乱。检查他的睡眠姿势后我们发现，他习惯于侧卧睡觉，双臂屈肘，这是一种相当有挑衅意味的姿势。我在白天见到他时，他也常常是双臂屈肘，抱于胸前。他的精神状态表明，他对自己的职业非常不满意，他曾经想当一名教师或飞行员。当被问及他是否知道自己是如何养成屈肘的习惯时，他说这是他最喜欢的M老师走路的姿势。正是这位老师使他有了想要成为一名教师的愿望。

因此，他的睡眠姿势清楚地表明了他对自己目前的职业非常不满意，他是模仿自己的老师。他也通过这种模仿表达了一种拿破仑式的决心。我们应该记得年轻的克尔纳（Kellner）的执念，他注定要成为进攻俄罗斯的陆军元帅，第二年他就被几位学生推到了这个位置。

第二个病例：S先生患有进行性麻痹症。他在睡梦中紧紧蜷缩在一起，甚至连头也缩进被子里。从他的既往病史中，我分析出以下特征：妄自菲薄、冷漠、无助、缺乏主动性。

最后，根据我对儿童睡眠姿势的个人观察，我再次强调，正确理解睡眠的姿势对教学可能也具有重要的意义。

第13章　睡眠障碍的个体心理学研究

（1912年）

　　一位患者长期遭受间歇性昏厥反复发作的折磨，他总是以此为借口来支配所有的家庭成员，尤其是他的母亲。我们对他的行为进行了分析，他曾连续两个晚上在极度恐惧中惊醒，直到凌晨三点才再次入睡。患者的情况简述如下：他正准备和父母去卡尔斯巴德[1]旅行，由于一些意外，旅行不得不推迟了两周。在决定推迟旅行的第二天晚上，他就因为惊恐被吓醒了，他把睡在隔壁房间的护士叫过来，正如患者所预料的那样，这位护士很快又叫来了他母亲。患者要求他服用一种在以前治疗时长期服用的溴化物（镇静剂）。不过即使服了药，他还是从凌晨一点折腾到三点，最后才能入睡。第二天又发生了同样的事情。第一天晚上，他醒着的时候，脑海里总是想到一台打字机。第二天晚上，他的思绪又飘到了几个小镇：戈尔兹镇、百威镇和戈乔镇[2]。他印象中戈乔镇是一座城市，但不记得它具体位于哪里。他做了一个梦，"我们似乎是从卡尔斯巴德获悉，我母亲最疼爱的哥哥去

---

　　[1] 卡尔斯巴德（Karlsbad),捷克著名矿泉疗养地。——译者注

　　[2] 戈尔兹（Gorze）是法国摩泽尔省的一个市镇，属于梅斯康帕涅区（Metz-Campagne）莫塞尔河畔阿尔县（Ars-sur-Moselle）。百威镇（Budweis）位于捷克中南部，也是南捷克州首府，在南捷克盆地的中心伏尔塔瓦河和马尔谢河汇流处。百威啤酒源于该地。戈乔镇（Gojau）位于捷克南波希米亚州。——译者注

世了。我就前去吊唁，还拿这件事向他人炫耀了一番。"我们对该患者的梦进行了分析，知道他曾经希望哥哥——母亲最宠爱的儿子——死掉。现在梦中的场景转移到卡尔斯巴德，而卡尔斯巴德是他父亲的象征，显然，他很崇拜父亲，但在他的潜意识里也希望父亲死去，这样他就可以将原本不那么爱自己的母亲据为己有。这些听起来很荒谬，但经过仔细分析之后，我们就很容易理解他这谜一样的梦境，占有母亲已经成为他奋斗的目标，成为他获得支配权和生存意志的象征。只要理解了这一点，我们就能明白，多年来他深信只要通过支配母亲，就能获得自己未曾拥有、永远也不可能拥有的一切。他把自己经历中的每一次挫折都看成是母亲从他身上夺走了东西。由于他对母亲的支配已经成为心目中统治的象征——这里不存在任何性方面的动机——他完全陷在一种幻觉之中（因为不能用任何其他字眼来称呼它），一旦他拥有了自己的母亲，他将成为王者、恺撒大帝、上帝。

在一个不眠之夜，他又想到那台哥哥的打字机，他曾想用它来练习打字，但哥哥拒绝了他的请求。有一次哥哥去巴黎时，居然一路上都带着那台打字机，就好像最近一次哥哥去寻找避暑山庄时，母亲就一直陪着哥哥一样。

我的意思并不是说，疾病发作的原因只能是患者曾经遭受过种种羞辱，虽然在大多数病例中，这个假设已被证明是正确的，但是，这一事实往往使人们难以对病症有一个总体的看法，也难以洞察疾病发作与其决定性原因之间的相互联系。在这个病例中，我们发现：首先，旅程的推迟让患者的期望落空了；其次，母亲陪着哥哥一起去寻找避暑山庄。这两个原因的内在联系表明母亲最宠爱哥哥，哥哥比患者在家中的地位更优越。同样，我们还发现了母亲对哥哥的偏袒本质，以及患者如何通过攻击行为和希望哥哥死去的方式来对付这种偏袒。

患者的病情和癫痫症的症状类似，在某些情况下，他利用受到的挫折让母亲更多地关注自己，但这仅仅成功过几次，不久之后，母亲又离开了这个坏脾气的家伙。经过一段时间后，他不怎么失眠了，可能是因为他意识到了自己失眠的本质。他发现伴随恐惧的夜间惊醒，也可以赢得母亲的关注，并且可以让她守在自己身边。只要他那敏感脆弱的神经一紧张，母亲晚上就会来到他的房间，和他待在一起。这就是他脑海里的想法与那台打字机之间产生联系的原因，也是他患上失眠症的原因。

他的目的就是要吸引他人的注意，获得他人的关注，这一点可以从一些细节中看出。比如第二天，他让我去找他，而不是像往常一样来找我。

下面是两个需要解答的问题：他为什么会利用恐惧作为自己的武器呢？他为什么选用失眠症这种办法呢？

第一个问题的答案可以从对他的性格进行分析的材料中找到。小时候，他就害怕火车和火车的鸣笛声，他利用这种恐惧让母亲陪在身边，这样他就可以把头埋在母亲的大腿中间。除此之外，他一直都是个勇敢的孩子，因此，我们猜测他在夜间的恐惧与火车有关。很明显，他就是想去卡尔斯巴德镇旅行，而且他哥哥已经和母亲一起乘火车去了。

在第二个不眠之夜，他不仅想到了打字机，还想到了伊斯特里亚半岛[1]的戈尔兹镇和戈乔镇，我们发现戈乔镇离百威镇很近。他从威尼斯到卡尔斯巴德镇的旅途中，曾去戈尔兹镇看望过

---

[1] 伊斯特里亚（Istria）是亚得里亚海东北岸的一个三角形半岛，位于亚得里亚海顶端，的里雅斯特湾与克瓦内尔湾之间，半岛被克罗地亚、斯洛文尼亚和意大利三个国家划分。——译者注

母亲。那一次，他是凌晨一点钟到达百威镇的，因此，他不得不在车站等上两个小时，到凌晨三点钟才坐了一辆小车离开那里。他又是三点钟才睡着。这两个不眠之夜都是在夜里一点到三点这段时间里，他都感到恐惧不安。换句话说，他的两次失眠都是在心理层面再现了卡尔斯巴德镇的旅行，这些都表示他的心理状态日趋成熟，因此他就迫不及待地想要再次独自跟母亲一起去卡尔斯巴德镇旅行。这种急迫感，在他不停地抱怨天气太热中就能看出来。这些抱怨似乎都在说："我必须马上离开维也纳。"

　　起初，他想不起一个叫戈乔的地方。在查阅铁路指南手册后，他发现这个地方与百威镇相邻，两个小镇之间仅由一条不常使用的辅路连接。我很感激G.V.马岱（Maday）指出这条支线代表了患者曾有死亡的念头，因为这条辅路的尽头是一个叫"黑色十字"[1]的火车站。

　　他半夜一点钟醒来，这个时间就是他在百威镇等着去卡尔斯巴德镇的火车时，他失眠的确切时间，因此我们也可以清楚地了解到患者的内心活动。患者在睡梦中独自一人去了卡尔斯巴德镇，没有母亲的陪伴。然而，在现实生活中，他现在试图通过恐惧，也就是从梦中惊醒，即失眠的方式来达到目的：就是想让母亲去他房间陪伴他，来弥补从前的遗憾。我们可以这样描述他的心理状况："我不想慢慢等待（等着母亲宠爱我，或者等着哥哥或父亲死掉），我现在就要像哥哥那样跟母亲一起去旅行。"他希望拥有童年时的那种优先权，当火车鸣笛时，由于害怕，母亲就会用双手捂住他的耳朵。他的这种愿望总与童年回忆有关，就

---

[1] 黑色十字（Black Cross），简称黑十字，是圣殿骑士设立的一个神秘职位，负责消除组织内部的腐败，肩负着忠于圣殿骑士准则与理念的任务。而黑色十字架则代表堕落的地狱，是死亡和邪恶的恐怖象征。——译者注

像失眠与卡尔斯巴德镇有关一样。于是，他就会用恐惧和失眠来支配自己的母亲，也许还能说服她陪他一起去旅行。

这个病例向我们展示出，理想人格的指导思想一直在起作用，即使在睡眠中也没有停止，或者说，它们是用各种肢体语言（在梦里转化为心理语言）表达出来，以便在睡梦中也能试探性地找到一条路，实现这种指导思想。正如在所有不确定的情况下，我们对未来的预期和构建的程度都取决于个人的过往经验。我们有充分的理由表明，最接近个人思想本质的那些最抽象的回忆，通常对个体具有警示作用或促使个体做出选择。这些抽象的经验之所以非常有效，不是因为在个体真的身处危险的境地时它们才有效，而是因为在某种程度上它们似乎代表了个体的整个人格。当然，它们必须产生效果，否则很快就会被人遗忘，但是这些回忆和经验都是主观的，丝毫不具备任何的客观意义。我们有必要了解，那些神经质的"表现"通常都与神经质患者内心的虚构目标有关。在上述病例中，患者唯一的要求就是提高自己在他人心中的地位。患者强迫母亲违背她自己的意愿为他服务，这实际上代表了他内心已经形成的像神一样的理想。而在这种特殊的情况下，这也代表了他以前的恺撒情结的一部分。（从这个角度来看，我们可以更好地理解在癫痫病患者和其他精神病患者的幻觉中，他们常常希望自己成为恺撒，一个拥有权力的人，与起初指导患者的虚构幻觉一样，都是最有力的抽象表达。）

下面的例子则表明，人类强大的思维功能如何将无法满足的虚荣心发展成为失眠症。米太亚德（Miltiades）的各种荣誉使得亚西比德[1]（Alcibiades）晚上都睡不着觉了。的确，失眠症常常

---

[1] 米太亚德是古代雅典的统帅，带领雅典军队赢得马拉松之战的英雄。亚西比德是古代雅典杰出的政治家、演说家和将军，也是苏格拉底的生死之交。——译者注

是由于无法满足的虚荣心造成的，而患者一直都在为那些荣誉奋斗终生。

下面的病例是一位医生对自己所做的分析，我希望大家不要因此而降低对这个病例的兴趣。病例分析的原因在于作者叙述的以下现象：

"我有一件心事，跟'泰坦尼克号'沉船事件有关，我研究了这场可怕的灾难对我产生的影响。那段时间，我发现自己一有空就会跟人谈论这场灾难，而且总是反复问他们，是否当初真的没有办法来救那些溺水的人。

"一天夜里我突然醒来，作为一位真正的心理学家，我自然要问自己，我平常是一个睡眠非常好的人，为什么会在半夜这个时候醒来呢？我找不到任何令人满意的答案，而且我又很快陷入了如何才能拯救'泰坦尼克号'上溺水乘客这一问题的沉思之中。没过多久，大约凌晨三点钟，我就睡着了。

"第二天夜里我又醒来，看了看表，发现已经两点半了。在我的脑海中瞬间闪过了关于失眠症的各种理论。我想到其中的一个理论：一旦习惯了半夜醒来，那么人们就很容易总是在每天的同一个时间点醒来。但是，我的直觉突然意识到自己醒来的原因是：'泰坦尼克号'就是在两点半沉没的！在睡梦中，我是船上的一名乘客，自己完全沉浸在当时沉船的可怕情形中，并且当船下沉时，我一次次地惊醒！

"第三天晚上，我的思绪转向在这种情况下如何自救，如何也能拯救别人。与此同时，我意识到这种努力寻求救援措施的想法不仅可以防患于未然，同时还可以因此而出名，实现自己的伟大抱负。接下来，我很快就意识到，美国之旅是我长久以来渴望的一个目标。这是我在以一种富有想象力的方式表达出内心深处的一种强烈渴望，即我渴望得到科学界同仁的认可。就像我在醒着的时候会去救死扶伤，我睡着的时候也会这样做。我一直在寻找一套安全的方法，并且构建出一整套最具独创性的情境，调用所有的资源，让自己做好精细的防御准备：'想象着自己处在最危险的境地——仔细想想！赶紧醒醒吧！'

"这种对危险和身边人做出的应对方式一定体现出我个人的态度，这一点很容易理解。我很快就找到了两者之间的联系。

"我是一名医生，救死扶伤是我的职责。我早就谙熟于心，与死亡斗争是我选择医生这个职业的最大动力之一。[1]像许多其他的医生一样，为了战胜死亡，我成了一名医生。这种指导性虚构的建立，通常来自个人经历过的一些危险的情形和严重的疾病。

"我记得年轻的时候，有几次与死神擦肩而过。我得了佝偻病，除了行动困难，还出现了轻微的声带痉挛。后来，作为一名医生，我发现儿童患者也常常会出现这些症状。当儿童哭泣时，声门会收缩，造成呼吸困难和失声，因此哭泣会中断，直到痉挛消失，才能继续哭泣。我很清楚地记得，这种呼吸困难令人非常不舒服。那时候我应该还不到三岁，父母当时惊慌失措，家庭医生也忧心忡忡。他们的忧虑似乎传递给了我。除了呼吸困难让我感到不适之外，我还有一种感觉，现在我想把这种感觉称为焦躁和不安。我记得有一次，我在一阵咳嗽后，突然有了这个想法：既然目前还没有什么治疗的方法，那我自己可以尝试着摆脱这种折磨人的疾病。究竟是外界的暗示，还是我自己想出来的，我怎么会有这种想法，我自己也说不清、道不明。然而，我决定不再哭泣。不过从那以后，每当我想哭的时候，我就打自己一下，克

---

[1]《自卑与超越》一书中，由克莱默医生（Kramer）撰写的《关于职业选择的幻想》（*Ueber Berufswahlphantasien*）。

制住哭泣，然后咳嗽也就停止了。我发现了这种方法可以减轻我的痛苦，甚至可以让我直面死亡的恐惧。

"很快我已经满三岁了，而就在那时我的弟弟死了。我相信我在那一刻明白了死亡的意义，我一直陪着他，直到他停止了呼吸。当我被送到爷爷家的时候，我意识到再也见不到弟弟了，他会被葬在墓地里。葬礼后，母亲打来电话说要接我回家，她很伤心，一直在哭，爷爷为了安慰她，说了一些诙谐的话，可能是说她以后还可以生更多的孩子，那时她才笑了笑。很长一段时间，我都无法原谅她那时的微笑，这种怨恨也许可以解释为我当时很清楚地意识到了人应该对死亡有所敬畏。

"我四岁的时候，曾出过两次车祸，我只记得在沙发上疼醒过来，却不知道自己是怎么躺到沙发上的。显然我失去了知觉。

"五岁时，我得了肺炎。好几位医生都说治不好了，但是有一位医生建议采用一种新的疗法，结果几天后我就康复了。我感受着康复的喜悦，很多人都在谈论我一只脚踏进了鬼门关后，又被拉了回来的经历。我记得从那时起，我就开始展望未来的职业，想象着长大后当一名医生。换句话说，我设想了一个目标，我希望这个目标能结束我从小就有的担忧和对死亡的恐惧。很明显，我对这个职业的期望值超出了它实际所能给予的。我不应该期盼任何人类的力量能够战胜死亡，或战胜对死亡的恐惧。然而，生命在于行动，因此，当现实与我的指导性虚构发生矛盾时，我必须调整目标，使之更加接近现实。为了战胜死亡和对死亡的恐惧，我最后选择当了一名医生。

"我认识一个患有轻微智力障碍的男孩，他也有和我类似的经历——他的一个姐姐去世了，他从小患病，也差点儿因病死亡。这个男孩的职业志向是想成为一个掘墓人。就像他告诉我的那样，这个职业可以让他去为别人挖坟墓，而不是埋葬自己。不过，这个男孩后来患上了神经症。由此可知，他思维中的对立与冲突——上与下，主动与被动，软弱与强硬，抗争与顺服等，都包含着'如果我不能改变天堂，那我将改变地狱'的梦想，他的思想具有鲜明的对立性，但这并不妨碍他走上一条中间的道路，因为童年的回忆反复出现在他的脑海里，这些都已经将他在成长过程中从内心的冷漠阶段，过渡到了内心不断发生矛盾冲突的阶段。

"以下的经历就发生在我开始追求理想的职业时。那时候我大约五岁。我一位朋友的父亲问我将来想要干什么。我回答说，我要当医生！他的父亲可能跟医生有过一些不愉快的经历，于是他就驳斥我说：'那你不如直接找个灯柱子去上吊算了！'由于我的选择是由我的想法决定的，当时的我满怀雄心壮志，所以他的话丝毫没有对我产生影响。我当时认为自己肯定会成为一名好医生，就是那种没有人会讨厌的好医生。

"不久之后我就去了寄宿学校。我记得在去学校的路上要经过一个墓地，我每次走到那里都很害怕，看到其他孩子毫不在意地走过墓地，我就感到更加不安，每走一步都让我提心吊胆。除了恐惧会引起极度的不适，我还对自己不如别人勇敢感到难过。有一天，我下定决心要战胜对死亡的恐惧；又一次（就像我当初下决心当医生一样），我决定直面恐惧，主动战胜死亡。(接近死亡!)放学时，我稍微走慢了些，跟其他同学拉开了一段距离后，我把书包放在墓地围墙边的地上，并绕着墓地跑了十几圈，直到我觉得自己已经战胜了恐惧。从那之后，我可以毫无畏惧地走过这条路。

"三十年后，我遇见了一位当年的校友，我们谈论起童年时代的回忆。我突然想到那个后来不在了的墓地，我还记得当年墓地给我带来的焦躁不安，我就向他询问那里发生了什么事。令我吃惊的是，他非常肯定地说我们上学去的路上从来就没有墓地。这位校友的家就在那个街区附近，他住在那里的时间比我住的时间还长，所以他的话很有可信度。后来我才意识到，墓地的故事只不过是我渴望战胜死亡的恐惧而虚构出来的一个充满诗意的故事，只是为了向自己表明，死亡和对死亡的恐惧就像生活中的其他关系一样，都是可以战胜的，并且一定会有战胜它们的方法。这让我有种顿悟的感觉，让我明白在危急关头，我一定能想方设法找到解决的办法，就这样，我战胜了童年的恐惧，成了一名医生，并且常常用这种方式解决那些困扰我的心理问题，正如我在前面提到的'泰坦尼克号'的例子，如果我在船上，我会竭尽所能想办法去解救那些溺水者。

"我那雄心壮志的本质是为了战胜对死亡的恐惧，其他目标几乎不会引起我的兴趣，这可能导致我给人留下这样一种印象：主要在人际关系方面，我好像是一个胸无大志的人！这种双重竞争，正如心理学家们所解释的，是人格分裂，其原因在于：雄心壮志归根到底是一种达到目的的手段，而不是目的本身。因此，在这个过程中，达到目的的具体手段是可以变化的，用什么手段，什么时候用，完全取决于哪个方式能够使预期的目标更容易达到。"

在这份简短的自我分析中，读者可以看出我曾经发现的一种心理机制。在健康心理和病态心理中都存在着这种机制。这种"夜半惊醒"是一种象征，是对生活的一种比喻，反映出生活中的过去（不确定性）、现在（不安全感）、未来（追求目标）和指导性目标（战胜死亡）。

睡眠可以看作是一种抽象化的概念，其目的是让白天受社会规则约束的大脑思维在晚上可以得到休息，也可以让那些在白天的社交活动中疲于应付的身体和感觉器官暂时得以休息。在睡眠中，肉体世界和精神世界都进入了一种长期形成的固有状态之中。我们睡着时，意识层面还在活动，反映了一整天的心理活动，并且还在为个体的理想目标做准备。意识中残留的构想会以幻觉的方式，如梦境，反映出这些渐进式的心理活动。梦境只不过是梦想思维的产物，从来不是任何行为的动机，由于这种思维总是用抽象的、碎片化的方式表达出来，不会产生任何的行动力，所以也让人难以理解。梦境中，何处可以理解，从何处开始或者似乎开始行动，在何处有吸引力、厌恶感或警告等，这些在梦中都受到个体固有的倾向性的影响。同样，梦醒后我们还能记住或忘掉梦中的内容，也都是由前面提到的倾向性决定的。

　　睡眠障碍也会受到倾向性的影响。失眠是一种安全防御的手段，个体只要能证明自己生病是实现个人优越感和满足个人意愿的最佳手段，他都会以疾病为借口，就像第一个病例一样。那些患者的抱怨似乎与这种解释相矛盾，失眠只是患者为了进一步强调其疾病症状的严重性而耍的花招。在这些病例中，半夜反复醒来其实都是患者内心主动安排的结果，而且这种持续的症状跟潜意识的恐惧、疼痛或一些未知动机的行为机制有关。分析失眠期间伴随而来的梦境，我们常常能看到那些隐藏在神经质倾向之下，患者内心真正渴望或关心，但又不敢面对的问题根源。第二个病例阐明了梦境可能是次要的，甚至是缺失的。根据大量的病例资料，我们有理由将患者的间歇性失眠解释为患者对自己的极度自信，清醒时的思维对他来说代表着无可置疑的权威。一位经常做梦的人声称，他连续两个晚上都没有做梦，这毫不奇怪。自从他了解了梦境分析的问题，他就很少做梦了，可能是因为他对自己的行为在心理上已经做了更好的准备，所以他的梦境已经失去了价值和意义。

在第一个病例中，我们清楚地看到一种行为模式。这种模式存在着一些令人怀疑的地方，即它有点儿像是一种自我贬低的意愿（属于癫痫性神经症的表现）。患者为了实现一个不确定的目标，居然可以不惜丢掉生命。从患者的症状来看，他的短暂失眠似乎是在前进的路上绊了一跤，就像大脑受伤伴随着明显的昏迷一样。这一病例的结果并不十分明朗，但作为一种真正的情感性癫痫的表现症状，它不应被忽视。在进行心理治疗的过程中，我们可以解释，甚至可以预测患者的病症，也可以使患者的病情得到改善，甚至发病的次数减少一定的比例。有一次，我观察了一个月，看看是否有必要对患者进行环锯术[1]，原来患者每两个星期就会定期发作的持续性失眠症，现在突然消失了。在我的治疗中，患者不仅改善了发病时的强度，他本人也变得更加随和，与人交往时也变得更加友善。但不久后，他还是固执地放弃了后续治疗。在他放弃治疗前，我告诉他，由于他的潜意识里不自觉的干扰，他的消化系统可能会出现问题。几天后，他患上了一种持续很久的黄疸病。我再介绍一下这个患者的事情：后来我从别人那里听说，他经常性地发怒，还出现短暂的谵妄症状（精神错乱），妄想着自己成了恺撒（这是我从他潜意识的幻觉中推断出来的，他把恺撒当作一种权威的象征）。在结束了我的治疗半年后，他死于心脏衰竭。但是，他的心脏衰竭并非癫痫发作引起的，而是一次短暂的暴怒后引发的。

---

[1] 环锯术的治疗方法至少可以追溯到新石器时代，现代医学中部分医生也使用环锯术。——译者注

第14章　同性恋[1]

（1918年在苏黎世法律医学会上发表的演讲）

福特穆勒（Furtmüller）认为人际交往中通常具有自发地形成某些条件和规则的特点，我们也都默认这些条件和规则，并且在任何时候都觉得这些条件和规则是与生俱来的、真实存在的。

关于"希腊式爱情"[2]的历史资料极其复杂，整理起来非常烦琐，因此，如果想简要介绍同性恋的心理分析的历史，我们必须寻找一些客观的、综合的观点。今天，如果我得出的结论涵盖了大多数研究者，包括科学家和非专业人士的观点，我们也就心满意足了。对于科学家和非专业人士来说，研究有关同性恋的问题，最重要的是要证明同性恋是否与遗传有关，这一点似乎暗指每一个来到这个世上的个体都是同性恋者。学者们对待这个问题的观点各有千秋，主要分为两大组：第一组认为，以男同性恋者为例，他们身体内的男性化胚种复合物数量减少，取而代之的是女性化的胚种复合物的增加；第二组相信这些个体之所以成为同性恋是由于某些遗传的因素，而这些因素在他们体内又得到了专门的强化等。

第一种反对的意见是，从来没有人声称男同性恋者遗传了女

---

[1] 参见阿德勒的《同性恋问题》（1917年由慕尼黑的莱因哈特出版）。

[2] 希腊式爱情也称为柏拉图式爱情，追求心灵沟通和理性的、精神上的纯洁爱情。——译者注

性的特征，即显示女性的外表性状，但他们身上表现出的女性特征比女人身上的女性特征更突出，然而在对同性恋者的研究中，我们只找到有女性倾向的一些同性恋个体，或者是直接变性成为女性的个体，而男性倾向似乎不存在。另一方面，（正常的）女性时常展露出男性化的倾向。为了证明这些特征是遗传而非后天习得的，上述这些事实都是非常不利的证据，所以我们不禁要问，男性的冲动都到哪里去了？当然，我也不是说男性的冲动一点都没有，至少在某些典型的例子中，（同性恋者的）男性冲动被迫隐藏在女性的气质里，以至于这种表里的不一致，这种内在的矛盾表现得特别明显。

第二种反对的意见也同样有道理，我们必须直接面对。他们认为，无论是在童年时代、在航海或流放的长途旅程中、在军旅生涯中，还是在寄宿学校里，兼性同性恋的发生都非常频繁。兼性同性恋是指个体一生中曾有过若干次的同性恋经历。我们可以从许多可靠的信息中得知，兼性同性恋在生活中很常见，几乎是每个人生活中的一种正常的表现，但这种现象并不能向我们证明同性恋与遗传因素有关。

第二组里的科学家假设同性恋者对某些性经历（通常是在童年时期）有固着的记忆。从某种意义上来说，事实似乎与这一假设相矛盾，因为我们知道这种表象的或真正的同性恋经历在童年时期是非常普遍的，有同性恋经历的患者或被指控沉迷于同性恋的人往往是模棱两可的类型。我们注意到，除了同性恋者在很大程度上把这种早期的性经历视为他们整个成长过程中性知识的基础之外，我们无法得出其他任何结论。同样的反对意见也需要让那些作者知晓。那些作者希望通过假设同性恋的早期经历是一种固着现象，并以此来解释产生同性恋的原因。

　　我们不得不提出另外一个问题，它很可能是从一个完全不同的角度来看待上面这种解释。有人可能会问，我们这些正常人也有过这种性的经历，为什么只有同性恋者会固着于这些特殊的经历呢？这是教育学从另一个角度需要切入的一个问题。我们习惯模仿的都是些什么东西呢？人类在表现模仿能力时，难道不正是受到几乎不可侵犯的法律非常明确的指导和限制吗？如果观察到年轻人、儿童、成年人都表现出明显的模仿倾向，我们就会发现，没有人会模仿那些在某种程度上与自己的目标不相符的东西。

　　同性恋者怎样发现自己对性经历的固着是符合自己天性的呢？我们必须回到同性恋的经历之前的某段时间才能解释这问题。在研究特殊的病例时，我们发现，除了性行为之外，这些人还特别强调他们在两三岁的时候常常被家人当作女孩，他们也特别喜欢玩洋娃娃，而且几乎所有的时间都是和女孩待在一起，等等。

　　我们对同性恋固着童年时期不成熟的性经历进行了分析与解释，但很难让我们理解某些人明显的易变态度，他们这种易变的态度似乎是从童年开始的，那时候他们就在挑战整个社会的本质。随着这些同性恋个体的成长，他们否定了维护社会稳定的基本原则，无论他们以何种方式形成自己的人生观和恋爱观，在他们的同性恋形成过程中，他们都不会感觉到、注意到，并扫除掉前进路上的巨大障碍。要让我们相信这些，几乎是不可能的。我们可能会说，在现实生活中，同性恋者比正常人遇到的困难更多，仅凭这一事实让我们了解同性恋者的生活，就需要耗费大量的精力。事实上，在每个同性恋者身上精力的消耗都是显而易见的，比如从他的推理本质上，和他对待男人、女人以及自己经历的态度上，我们都可以观察到这种精力的耗费。为了与他人达成统一，我们还可以看到，他正费尽心力地逐步做着准备。一旦这种准备形成了，那么他就不会轻易改变。实际上，有大量的同性恋者属于混合型，他们确实占了绝大多数，常常呈现出同性恋形成的不同阶段。只有通过耗费特殊的精力，同性恋者才能够放弃他们正常的生活方式。同性恋者的行为明显限制了他们的生活方式，除了同性恋，他们没有留下任何其他的生活空间。

　　他们的这种生活方式既会博得我们的同情，又会让我们觉得好笑，这都是同性恋者一步一步地在催眠自己，并强迫自己接受一个观念：他们不适合过正常人的生活。他们的这个观念没有什么说服力，我们必须习惯同性恋者的语言方式，这样我们才能更多地了解和解释同性恋的本质。我认识一些人，他们外表看上去跟正常人一样，但他们却要突显自己的一些细节，比如他们的语言结构没有男性化的特点，他们的头发长得也不像其他男人那么浓密，等等。我们要想证实同性恋者相信自己和其他男性不同这一观点并不难，因为所有能够说明这个观点的有力证据都已经被同性恋者煞费苦心地收集起来了。

　　因此，我们要找出他们否认自己具有男性特征，以及根深蒂固的性倾向的根源，并且还能够准确、真实、合理地解释他们所具有的截然不同的情感和理智。就像人类精神生活的所有表现一样，只有理解了整个人格的意义，我们才能真正了解这种精神生活，理解个体对社会生活需求所给出的回应。当同性恋者告诉我们，他们的行为可能会触犯法律，或者他们自己也可能会遭受折磨和限制之后，我们发现在同性恋生活的其他方面，可能除了性行为之外，他们仍然不能够完全适应正常人的生活标准。同性恋者的性格中表现最突出的特征是：极度膨胀的野心、格外的谨慎小心，或对生活的恐惧。

　　从普遍存在的事实出发，我们可以扪心自问，如果一个人的天性中具有两种相互矛盾的性格特征，一种是永远无法满足的雄心壮志，另一种是胆小懦弱，一旦他迈出了实现雄心壮志的第一步，那他将会损兵折将，一败涂地，以至于无法适应正常的生活，那么他的命运将会怎样呢？尽管不明显，但每个神经症患者在某种程度上都拥有这两个特征。因此，在进一步探究同性恋者的性格—外貌特征时，我们发现这个事实得到了证实。同性恋者向我们展示了一个神经症患者的清晰图景，但他的神经质倾向并没有明显地表现出来。因为同性恋者把自己的活动空间局限在一个狭窄的范围内，所以同性恋者的最终归宿只能成为神经症患者。在这个狭窄的范围里，神经质的症状不能很好地表现出来。一般来说，同性恋者只有排除困难，才能成功地为自己创造出一种生存方式。他要么自己非常适应这种生存方式，要么他比异性恋者更容易适应这种生存方式，而这种生存方式不断地将他抛入生活的浪潮，并将他与所有的社会问题、社会要求和遇到的困难都联系在一起。然而，许多同性恋者的活动范围并没有变得太狭窄，我们发现了一些明显的症状，其中最普遍的表现就是强迫症。

在研究同性恋者童年时期的经历时，我们被他们许多相似的行为和表达方式所震撼，因为这些行为和表达方式很容易联系起来。在我的解释中，最重要的一点是，我成功地证明了同性恋者在任何时候都很难意识到他们性别的本质，而且他们认识自己的性别要比其他的孩子晚得多。我们发现，这些孩子都有细腻的皮肤，喜欢穿长裙，而且穿女孩衣服的时间比其他的孩子都要长，他们总是跟女孩子玩耍，也没有人向他们强调其性别与女孩完全不同。当他们意识到自己实际上是属于男性这个性别的时候，他们非常惊讶，但是他们已经错误地踏上了女孩心理发展的道路。对于儿童来说，转变心态特别困难，同时雄心壮志也遭到了打击，他们的谨慎心理阻碍了其采取任何新的行动措施，这一点非常的重要。在那之后，不同性别的经历不再足以劝阻他们，相反，他们会利用这些不同的经历来坚定自己的信念：他们与其他儿童不同，他们相信大自然的奇迹就降临在自己身上，他们还认为自己代表了一个新的物种。在他们看来，这种差别通常代表了他们的本质与他人不同，这就是他们的野心所追求的特点。

雄心壮志是如何在儿童的身上起到如此巨大的作用的呢？在这里，那些沿着正常的生活方式成长，并且顺利长大的儿童不是我们的研究对象，我们更关注的是那些因为自己所处的环境而产生了软弱且有自卑感的儿童；还有这样的一些人，一方面被环境压力压得喘不过气，另一方面又因为家人过于娇惯，很早他们就希望将来能做温室里的花朵，不再受到任何外界的影响，能够永远成为万众瞩目的焦点。[1]对于这两种人，我们需要使用两种极端的教育方式，因为这两种教育方式都是培养并强化了儿童对未来的渴望，使他们在未来的生活里完全不会受到各种困难的影响。这种努力和对失败的恐惧都让他们产生了幻想，他们可以用一种奇怪的方式来指导自己支配他人的想法和控制他人的欲望，并引导他们寻找一种具有预期的防御功能的情境，在那里他们很安全，他们不再会有来自任何方面危险的恐惧。除了难以分辨自己的性别之外，还有家庭的和经济条件差，以及父母之间混乱的关系，这些都会给儿童带来更多的困难，可能会让儿童想到用一种非常狭隘的方法来实现自己的雄心壮志。目前最主要的问题是他如何处理与异性的关系。

对此我们可以看到各种不同的答案。我们知道，在一些同

---

[1] 参见阿德勒的《器官缺陷及其心理补偿的研究》（1907年出版）。

性恋的案例中，异性似乎完全被排除在外，而在其他案例中则存在着两性之间的一些妥协。然而，在所有案例中，同性恋者都存在着一种对异性的贬低。当一个孩子的性取向转向同性恋的方向时，他同时也会表现出对异性的轻蔑态度。这不过是从另一个角度来看，他们都拥有相同的心理机制。每一种表现都与另一种表现遥相呼应，因此这两种表现必定会在同性恋者成长道路的某一点上相交。所以我们不能孤立地看待它们，而应该从它们的互相联系中分析和解释它们。如果儿童时期因为性格的缺陷而形成了强烈的雄心壮志，那么同性恋者只有精心地呵护，才能维持自己的雄心壮志。这些性格特征不可能同时出现在一个人身上，因为不仅在成人的生活里，甚至在童年早期的生活里就形成了一种特定的态度，这种态度我们可以从同性恋的行为方式，尤其他们对生活采取的态度中觉察到。为了理解这一点，我们只需考虑这样一个事实，即在已有的安全防御措施保护的情况下，他们的这些特征也就不太明显。同性恋者对待生活的态度永远都是优柔寡断。

同性恋者之间也存在着许多不同的特点。从同性恋者的某种生活方式上我们发现同性恋者与社会生活格格不入。他们频繁地更换职业，而且在工作时间上总是晚去早回。他的整个生活就像受到某种制动装置控制一样，为了操纵这个制动装置，他不得不一次又一次为它提供所需的动力。

病例一

一个生活在上流贵族社会的男人，三十岁左右，体格健壮，有运动员似的健硕肌肉。诚然，他脸上的须发比正常人明显要少一些。他告诉我，尽管他父亲的须发并不是这样，但他兄弟们的须发都长得同样稀少。他的父亲是移民，众所周知的是，居住在他故乡的人面部须发都很稀疏。患者曾向医生提过这个身体特征，他自己也认为这是他的同性恋来自遗传的一个证据，他本人甚至还追根溯源说这是他们种族的一个特性。然而，这似乎并没有影响到他的看法。这本身就足以证明患者的性格，患者的目的就是用聪明才智来证明自己的观点。他的行为本身并没有任何恶意，只不过这是神经症患者所具有的潜意识层面的一种欺骗。他们日常生活中一直谨小慎微，于是他们在不知不觉中也欺骗了自己。因此，这在本质上更像是出于顽皮的天性，而不是出于故意不诚实的目的。他是家里三兄弟中最小的一个，所有的孩子都受到非常严格的监管。直到十岁，他都未和女孩有过交往。在家里，只有两兄弟做伴，他们的关系非常亲密。他是家里的老小，这一点也很有意义，因为家中最小孩子的心理通常都是非常复杂和有趣的。尤其是年龄最小的孩子往往有两种心理特征，而这两种特征的占比差异如此之大，以至于这些孩子往往表现出自相矛盾的特征。第一个特征：因为个子矮小，他们会产生一种压迫感。他们总是受到各方面的压力，很容易就被认出是家中的老小，所以他们心里总是希望自己的身材能比实际的要高大一些。那些跟他们的个子矮小相关的事件和话语总是会刺激到他们，甚至还会伤害到他们的虚荣心。我们都知道童话故事里总是以怎样的方式强调家中老小的作用，以及上天赋予他的特殊性情。他一天到晚都在忙着工作，他就是那个拥有魔靴的人[1]。正因如此，

---

[1] 出自《得到魔靴的汉斯》，作者是苏联人勃拉盖妮娜。小鞋匠汉斯用自己的勤劳、善良赢得长髯老汉的喜欢，并得到了老汉赠送给他的一双神奇的靴子。汉斯想去看看神奇的世界，圆自己的旅行梦，然而由于种种原因最终未能远行，魔靴也就毫无用武之地了。——译者注。

一些在艺术上颇有造诣的历史名人往往都是家中最小的孩子，这些现象才显得合理一些。我们可以在这里谈谈位置心理学，在远大抱负的压力下，家中老小的位置不断鞭策和激励着他，使他总是渴望比周围的人做得更多一些，最终能取得更多的成就。然而，他的这种愿望只有在合适的条件下才能得到满足。有时恰恰相反，家中的老小所面临的种种困难和障碍往往也会让他对自己失去信心，因而他就会变得特别谨慎和逆来顺受。他的谨慎小心在某种程度上甚至可以在性格上体现出来。在战争期间，我能够从军事评论的文章中挑出那些作者，他们在家里的排行都是老小。他们所写的文章要么反映出一种令人不安又提心吊胆的远大志向，要么反映出一种想要挣脱束缚的强烈欲望。

患者继续陈述道，尽管他总是希望自己能站到最前排去，但哥哥们总是把他挤到一旁去，于是他就不断地向其他人发起挑战；总之，他被一种超乎寻常的野心所左右。另一方面，他从来就不愿意去冒险。每次遇到危险的情况，他都会思前想后，一次又一次地质疑自己的能力，而且害怕会失败。他的父母对他的监管非常严格，没人跟他讲过性方面的知识。十岁时，他被送进了一所修道院设立的学校，在那里他一直都是和男孩们待在一起。我知道这所修道院学校的校规异常严格。当他的性特征开始更加明确地出现时，他的头脑中根本没有性的概念，也不清楚自己的性别。在他看来，女孩似乎就是一种令人费解而又莫名其妙的东西。此外，他所受的教育是，任何屈从于性本能的行为都是十恶不赦的罪行。后来，不管发生了什么，他对性的认识也变得越来越清楚了，他从伙伴们那里学到了更多有关性的知识，而手淫是唯一留给他的性行为。的确，当他手淫时，他也相信这是一种罪过，但他认为这是两害相权取其轻，因为在这种情况下，他至少没有伤害到任何人。从社会的角度来看，他的这种想法是非常错误的。康德解释了为什么手淫应该被视为某种罪恶的问题。在我看来，一般正常人的情感本质、分化的社会意识本质和对同类爱的本质，都使得每个人认为手淫是错误的，是一种反社会的性满足行为，但就像上面例子提到的情况一样，我们不得不接受它的存在。

从上面的例子中，我们应该特别强调的是：这位患者身份显赫，出身贵族，在生活中很少与人交往，几乎与世隔绝。从一开始，他接受到的教育就是将来要过上等人的生活。事实上，在他的一生中，他从来没有积极主动地去做一件事。他一路上都是顺风顺水，从修道院学校毕业后就接管了父母的庄园。他是一位心地善良的人，也从未伤害过任何人。别人让他待在何处，他就会待在那个位置上，或者命运如何安排，他就会照做无误。我们开始意识到他所坚守的位置与社会生活及社会要求之间存在着"距离"，这种"距离"也体现在同性恋者的行为中。我们发现对于同性恋者来说，性的问题是一种不完善的行为。尽管我们应当承认他们的行为，但是，同性恋者往往表现得比我们在这里表述出来的行为更加强烈。

突然，一件真实的事情发生了。他结婚了，他的妻子同样也是贵族出身，还是一个孤儿。与妻子相识后不久，他就向妻子坦白自己是个同性恋。就像其他女孩经常遇到的情况一样，妻子似乎认为自己可以扮演救世主，去拯救他，所以她同意与他结婚。结婚前她非常清楚他的所有情况和局限性，因此，这场婚姻注定会彻底失败。他患有心因性无能感，即精神性阳痿。他的这种精神性阳痿的动机，当然使他不能胜任一切工作。这类人既不能专注地完成某项特定的任务，也不能专注地爱上某个人，他们总是执着于维护自己的名誉，并与现实生活保持着一定的距离。该患者正处于心理的发展阶段，在此阶段他畏缩不前，不愿接受任何人的评判。他现在继承了一个庄园，又娶了妻子，所以他拒绝接受生活中任何其他要求。随后，他通过证明自己是同性恋并患有神经质疾病，拒绝了所有进一步的要求。对妻子，他完全没有愧疚，因为他在婚前已经向妻子坦白了一切，而妻子也不能理直气壮地责备他。在这样的情况下，妻子现在只能作为他的朋友、助手和秘书，听候他的差遣，同时他也没有对妻子做出任何的承诺。因此，患者尽可能地远离喧嚣的世界，我们从他童年的经历可以推测出，这就是患者一直想要寻求的一种生活境界。根据患者在生活中的许多表现和其他神经症患者的表现，我们可以假设，他坚决不参与社群生活的目的已经在他的心里根深蒂固，我们也可以认为目前的生活状态就是他的理想生活。他觉得自己找到了一种理想生活方式并以此为借口，悄悄地找到医生，带着炫耀式的谨慎，告诉医生自己的秘密。同样的理由，他也曾用来作为借口，不愿与同龄人交往，唯恐他们立即认出自己是个同性恋者，因为当时在他看来，同性恋是一种见不得人的事情。

在所有这些病例中，上面这个观点也很重要，除非某些情况阻止同性恋者表达他们的观点，否则同性恋者会骄傲地强调自己的这些不良行为[1]。即使是强迫性的想法和行为都与患者的情绪相一致，但是患者似乎想拒绝这些难以理解的想法和行为。从前文提到的观点来看，虽然同性恋者在心理上的差异不是很大，但

---

[1] 参见希腊抒情诗人品达（Pindar）的作品《碎片》（*Fragment*）第123节（克里斯特编辑）："他并不为年轻人的爱情而动心，忒阿森斯（Theoxenes）有一颗铁石的心肠。被阿芙罗狄蒂（Aphrodite）谴责后，他就拼命地赚钱，被迫走上了一条冰冷的道路，最终成了一名为女性的无耻行为服务的仆人。"

这种态度却显示出一些根本性的差异。在性本能的驱动下，性强迫的想法必须寻找某种释放压力的出路。如果这种出路仍有可能找到，患者行动的本质使得寻找出路变得更容易一些，那么他就会用某种方式来理解这种强迫性的想法，否则他将偏离目标，永远不能满足自己的雄心壮志。从相当多的同性恋者的思想和幻想中，我们发现了一些难以理解和不可思议的东西，而且同性恋者还在不断地为之奋斗，从此，同性恋和强迫性神经症之间就形成了一种类比的关系。

病例二

科学文献主要研究的对象是男性同性恋，其原因可能与法学理论有关。然而，女性同性恋的情况也可以证明同样的基本原理。

该患者二十五岁，家中有两个孩子，她是老大。弟弟出生时她才四岁，弟弟一出生，家里人所有的注意力都转移到了弟弟身上，她在家中的地位一落千丈，她被推到了角落。基于这个事实，她后来形成了一种无法抗拒的野心。她的家庭生活阴郁沉闷，父亲脾气暴躁，母亲目光短浅。这个聪明的女孩注意到了家里发生的一切事情，她一想到婚姻，内心就充满了无比的厌恶。当她发现父亲只是个粗暴的、坏脾气的男人时，她就不想和父亲待在一起，但她试图将粗暴坏脾气的性格套用在弟弟身上，让自己相信所有的男人都是野蛮粗暴的，从此以后，她不再跟父亲和弟弟有任何来往。她的生活自然变得非常孤独，她没有玩耍的欲望，跟玩伴相处时也感不到任何的愉悦。然而，她的雄心壮志却赢得了老师的同情，家人决定让她继续上学。十岁那年，她目睹了一个仆人生孩子，整个分娩过程让她逐渐厌恶和恐惧女性的角色。随着青春期的来临，她开始陷入过度的焦虑，于是沉迷于酗酒。因此，我们再次发现，患者在一个富有的家庭长大，她过着正常的生活。我们必须花费一定的精力，才能迫使患者走出生活的困境。

向同性恋角色的明确转变花了她相当长的一段时间。她认识了家乡的一位女同性恋者，然而，就在她遇到这个女孩两年后的某一天，在与母亲发生激烈的争吵之后，她怀着复仇的心态与这位同性恋者住在了一起，从那以后，她就一直跟这位同性恋者生活在一起。平时，她总是和男人保持一定的距离，只有一位其貌不扬的年轻人是个例外。这个年轻人是她家的一个亲戚，跟他相处时，她会倍感亲切。他们谈论科学、讨论社会话题，这个亲戚偶尔带她出去兜风，而且看起来绝对安全可靠。这种极度的谨慎证实了她的不幸，有一天她向这位年轻人坦白自己是同性恋，但是他竭力劝说她，让她嫁给自己。于是他们结婚了，四周后就分居了。我们通常将她归类为性无能，这件事被公之于众，那一直被女孩深恶痛绝的母亲陪她来找我，请我为她女儿进行治疗。

患者向我谈论了她的兴趣爱好，以及她想在科学领域里施展自己的才能。她非常厌恶自己的女性身份，不想再被他人误解。她试图让自己在社会上变得不可理喻，不管什么样的工作，她总能找到理由让自己无法继续干下去。这种习性源于对生活需求的一种不成熟的错误认识，因为悲观态度以及对无法满足这些需求的恐惧，都导致她夸大了这些生活的需求，同时这也反映了她对女性的贬低。从同性恋者悲观的视角来看，正常的性生活对于同性恋者的危险似乎特别大，他们害怕一切承诺，因为这些承诺是对他们（真正的）性角色的默认，于是选择了退缩，我们一定认为这些都是自然而然的事情。他们想要阻止时间的飞逝和事物的正常发展，我们知道其中的缘由，但同性恋者却不知道，而且他们还拒绝承认这些原因。他们把我们所认为的错误观点当作真理来接受，并通过科学的、专业的和非专业的文献来肯定自己的立场，这些文献告诉他们，他们的同性恋倾向是不可改变的，而且是正确的。同性恋者生活在一种精神氛围中，在这里他们能够构建起自己的幻觉和行为，也不需要负任何责任。然而，我们绝不能排除这一点，他们有可能会服从社会的干预。对我来说，在对同性恋者进行的任何尝试性的治疗中，最重要的是让他们认识到生活的逻辑需求，即使患者也能感觉到这一点，至少能使他们保持高度的机密，并在他们追求自己的思维定式或追随自己的热情时，能给他们带来极大的兴奋。然而，我们人类社会始终表明着它的观点：不赞成同性恋。

第15章　强迫性神经症

（1918年11月在苏黎世医师学会发表的演讲）

所有了解强迫性神经症患者精神状态的人都能意识到，这类患者的行为方式与正常人的截然不同，因为焦虑和痛苦一直折磨着这些患者。

我们惊讶地发现，那些从未接触过医学文献的患者，竟然会用一个跨越科学和哲学领域的术语，即"命令式"来表达强迫症的表现形式。尽管这一点听起来很奇怪，但我们发现，哲学与神经症患者都会使用同样的表达方式，以及拥有同样的概念。

强迫性神经症通常表现为强迫的洗涤、祈祷、手淫、各种各样的道德观念、沉思等。如果要对强迫性神经症的整个领域进行系统性的分类，我们会发现其外延相当广泛，因为我们在其他疾病的症状表现中也能发现相同的机制，比如夜尿症、神经性绝食、强迫性饥饿、性变态等。

研究强迫性神经症的科学文献常常忽略了强迫行为的症状，我本人就曾遇到过三个强迫症的病例。

第一个病例是一位浪漫主义作家冯·松嫩贝格（von Sonnenberg），他和他的作品现在已经鲜为人知了。他从童年到青春期都患有祈祷强迫症。他生性倔强、雄心勃勃、放浪不羁，常常与周围的人争执不休。他很早就接触到了宗教信仰的问题。

后来他的祈祷强迫症通常会在教会布道的过程中发作，因此，教会的布道常常会受到他的干扰而被迫中断。第二个病例来自让·保罗[1]的《施梅尔兹的弗莱兹之旅》（*Schmelzle's Journey to Flaez*）一书，他在书中描述了几种强迫性的行为。故事的主人公在童年时期会时不时地大喊：“着火了！”他的这种行为很容易引起人们的恐慌。这些喊声和类似症状常常出现在强迫症患者的身上，它们频繁的发作会对公众的生活造成明显的影响。第三个病例出现在维舍尔的《任何一个》中。书中的整个故事都围绕着主人公强迫性的打喷嚏和流鼻涕的行为展开。

　　强迫性神经症都有一个特别突出的特征，即所有这些行为都有一个发病的初始阶段，这个阶段也可以称为患者与环境进行抗争的阶段。在这个初始阶段中，患者都会感受到来自各方面的压力。所有的心理学家都特别提到了这一点：处于这个阶段的患者完全能够意识到自己的强迫症状是无意义的。

　　就像在那些关于神经症的文献中发现的所有准则和观点一样，我们看待这些说法必须持怀疑的态度。一些患者表示他们在强迫性神经症发作的时候，会感觉到一种解脱和满足，因为这些症状的本质源自患者的性格，同时这也证明了这些症状存在的合理性和必要性。在这个情绪控制有利于症状的阶段之前，神经症患者的精神一直处于极其紧张的状态，而且已经持续数月或数年了。因此，我们有理由假设，患者采取的这些行为只是为了缓解

---

　　[1] 让·保罗(Jean Paul，1763—1825)，德国小说家，原名约翰·保尔·弗里德里奇·里希特尔。早年的作品如《格陵兰的案件》《魔鬼文件选读》包含了一些讽刺性的答语或警句。后来经历了亲友的自杀或早亡，他逐渐改变了愤世嫉俗的人生态度，转向人类狭窄的爱，后来作品中形成了一种幽默的风格。从牧歌式的短篇《武茨》到《少不更事的年岁》，这些情趣盎然的奇特创作，给让·保罗带来了盛名。——译者注

症状，就好像他在公开地跟强迫行为作斗争时，希望自己能把疾病发作的权利据为己有一样。我们同样不能忽略患者为自己辩护的方法具有任意性，因为他是将法官、原告和被告三个角色集中在自己一个人身上。

强迫性神经症呈现出一种相当完整的疾病图景，也表现出一般神经症的基本特征。强迫性神经症的种类繁多，且相互之间存在着由此及彼的关系，例如，强迫性神经症转变成神经衰弱综合征是非常正常的现象。如果我们仔细观察，很快就会发现有这样的一种强迫行为，如吸气，患者的呼吸频率远远高于正常人，而且强迫症与大量的神经衰弱、胃肠疾病等都有着密切的关系。癔症也常跟强迫症有关，我们都知道，在战争神经症中，癔病性震颤、瘫痪和肌肉痉挛也很常见。在强迫性脸红的患者中，我们也常发现轻微的或严重的妄想症的临床表现。当强迫症的症状受到抑制时，强迫症便转化为焦虑症，这也表明了强迫性神经症与焦虑性神经症之间的关系。强迫性神经症患者有时还会发展成不同程度的酒精中毒或吗啡上瘾，或者与两者都有关系。如果涉及冲动性精神病、导致犯罪的强迫性冲动、强迫性自责和道德精神错乱等相关的症状，这些都会引起特殊的神经质形貌。许多强迫症患者都有一些坏习惯，例如懒惰、卖弄学问、浪费时间，特别是折磨人的过高的道德观念和对真理的狂热追求，等等。

从某种意义来说，每个个体在自己的精神世界中都有可能表现出强迫性神经症的特征。这些特征沿着许多不同的方向发展，偶尔会转化成某种特定类型的强迫症。例如，强迫性神经症患者夸大地相信超自然的力量无处不在，而且这些信念已经渗透到某些人的生活和行为的方方面面。一些日常生活中的信息，比如按音节计数、辨认公司的标志、数窗口的数字等，普通人可以很容易就说出这些信息，而且认为这些信息毫无意义，但对某些强迫症患者来说，他们认为这些信息有着非常大的吸引力，因此他们会特别注意这些细节。

强迫性神经症和疑病性神经症之间也存在着千丝万缕的联系。

所有这些表现之间的联系都在提醒着我们，不要被各种复杂的危险现象所迷惑，虽然心理学中有很多错综复杂的现象，但是我们可以区分它们之间的差异。

我们已经有许多证据可以证明神经心理学观点的正确性或近似准确性。

下面我们再来看一个测试。如果家庭医生不上班，也可以请一位神经科医生来为患者进行检查。医生绝不能问一些诱导性的问题，也不能一板一眼地询问患者，而应该把注意力更多地放在了解患者的整体性格特征上。此外，他也不能事先向家庭医生咨询有关患者的情况。这样，医生通常在检查中可以更加清晰地看到患者的问题与答案之间的联系，即使患者对自己所给出的答案也是不得而知。

这种方法并非毫无瑕疵，因此，为了保证对症状解释的准确性，心理医生有必要对患者做进一步检查，最好不要治标不治本，不能只针对具体的疾病症状而忽视患者的个性特征，这才是治疗的真正目的。我们应该想方设法获取有关患者的各方面信息，深入了解患者的个性特征、人生目标以及对家庭和社会需求的态度等。只有掌握了患者的这些信息，心理医生才能对患者的性格有清晰全面的了解。这一次检查很快就证明患者具有一些特征，然后将这些特征融合在一起，就能形成一幅反映患者的完整性格的综合图景。

我们不能一开始就把人看成是完全被动的个体，而要意识到人在各种行为中都有一定程度的主动性。我们可以从人在任何时候都不甘受人摆布的事实中发现这种主动性。一般来说，他们已经通过人生中的种种考验，并学到了一些技能。然而，他们即将做出人生中各种重大的决策，如爱情、婚姻、职业选择和进入暮年，等等。

根据以上信息，我们得到了患者性格特点的大致图样，进而得出一个结论：强迫性神经症患者大都比较敏感，通常都是难以接近的；他们对邻居或其他人的关爱较少，因此朋友也不多；同时他们的野心过于明显，连他们自己也能意识到这一点。我们从这些特点中可以具体地想象出这类个体往往是以一种抵触的态度来应对生活的需求。

和其他神经症一样，对于一些专家认为强迫症是一种性格疾病的观点，我们持相反的意见。我们认为强迫症并不是由性格决定的，而是与患者所处的位置有关。通常，家庭会对患者造成极大的影响，给他带来沉重的压力，从而迫使患者采取暗中抵抗或公然反抗的行为；随后，当面对社会要求的各项责任时，患者就会出现抵触的情绪。

如果我们向患者提出："如果你身体无恙，你会做些什么？"患者的回答竟然是那些他试图逃避的社会责任。

不管是跟着兄弟们一起长大的女孩，还是跟着姐妹们一起长大的男孩，家中第二个出生的孩子患上强迫性神经症的比例高得惊人。实际上，家中老二（无论是犯了错误，还是做了讨人喜欢的事）总是给人一种更亲近的感觉，他的出生顺序决定了他要想获得家人的认可，就必须比其他孩子付出更多的努力。

第三种检测我们的结论准确性的法则是，心理医生要结合患者本人的个性和成长经历，了解患者的症状，帮助患者适应现实生活。这些对于患者来说是必要且有用的。当然，我们丝毫没有必要假定其中有任何的因果关系，因为患者与症状之间没有必然的因果关系，毕竟疾病的症状总是因人而异。事实上，人与人之间存在着普遍的差异。但是，神经症患者过于重视那些强迫性行为，以至于他们很容易就被强迫症的症状所误导。

患者会产生负面的认知偏差，这是因为患者的心理结构或多或少会受到自己的一些悲观态度的影响，而这种悲观的态度是建立在患者的自卑感之上的。一旦面对社会责任提出的挑战时，患者就会不由自主地产生逃避的想法。这一事实同时也证明，只有通过完全探究到患者真实的内心深处，才能真正改变患者的行为。

病例一

患者是一个被严厉的父亲强迫嫁人的年轻女子。她一向严肃认真、对未来充满了希望，而且尽心尽责。她的责任心正是源于一言九鼎的父亲，她之所以如此认真，是因为她认为父亲是家里最有个性的人，而且她也同样特别重视这种品格。家中有四个孩子，她是唯一的女孩，她很自然地告诉我，她能清楚地感觉到自己在家中的地位很低。她只能被迫跟柴米油盐这些家庭琐事打交道，而且每天还要面对自己脾气暴躁、牢骚满腹的母亲。

她对自己的（包办）婚姻几乎没有表示反抗，婚礼是遵照天主教的仪式举行的。不过，两年后，由于丈夫的某些罪行，他们离婚了。不久之后，她结识了一位男子，他们很快坠入爱河，随后按照匈牙利人的风俗举行了婚礼。但是这桩婚事遭到了婆婆的反对。在此之后，战争爆发了，当丈夫在前线打仗时，她不得不带着与前夫所生的孩子和婆婆一起生活。婚后不久，她发现自己在这场婚姻中同样受到了束缚，于是竭尽全力想要从这场婚姻中逃离。与婆婆一起生活的经历再次唤起她的挫败感，就像她跟母亲在一起生活时的经历一样，婆婆对她总是非常的严苛。大约就在那时候，她读到一本福斯特教授（Prof. Forster）写的书，书中说：不管在任何情况下，任何夫妻都不能解除婚姻关系，因为离婚是违反道德的犯罪行为。

从那以后，她时不时感到忧郁，开始后悔离开第一任丈夫。到后来，她的忧郁持续时间越来越长，她一直陷在这种情绪中无法自拔。这是强迫性神经症的一个案例，忧郁症的表现反过来又助长了强迫性的思维。这些强迫性的思维却成为她生病的借口，让她从中获得了某些特权。事实上，这些特权正是她梦寐以求的东西。后来，她就可以不受婆婆的责难，并把照看孩子、操持家务等这些她瞧不上眼的活都交给婆婆去做。不久，她就发现自己成了家庭的主宰，拥有许多虚构的优越感。任何一个野心勃勃的年轻女人都会把这些优越感当作某种补偿，作为当年她在家里受到兄弟们多年压制的一种补偿。

我认为，所有的神经症患者都渴望追求优越感。如果有人质疑我的观点，我建议他先回答以下几个问题。这些症状，或强迫性思维，能满足患者什么样的目的？上面这个案例中，这个女人坚信自己犯了罪，这种思维的背后隐藏着什么不可告人的秘密呢？她那笃信宗教的父亲从未产生过这种想法。换句话说，他的女儿坚持说自己比他更加认真、更加虔诚！她是一个非常有野心的人，但是她的野心从未得到过满足，因为在新的环境里永远找不到满足感，或者就其本质而言，在任何情况下她都无法得到满足。因此，她只能通过一种消极抵抗的方式来反抗。这种行为方式在许多神经症患者的身上都存在。她用强迫的思维逃避了正常的社会责任，使自己无法胜任正常的社会工作，于是她就忧心忡忡，并把自己完全从社会和家庭成员的所有关系中隔绝开来。从所有的病例中，我们可以看出这类患者最大的敌人其实就是时间，她必须浪费自己的时间，因为时间是客观存在的，是无法改变的。时间本身就构成了一种问题，引导人们去思考"你打算如何利用你的时间"这个问题。为了浪费时间，患者专门把时间全部用来与牧师和道德家们建立密切的关系，再用忧郁症让自己从周围环境中博得同情，因此她就可以逃避在第二段婚姻中本应该承担的责任和义务，尤其是她特别希望逃避第二任婆婆的批评。

病例二

患者是一个非常能干且有远大抱负的人。童年时他就感到自己无力面对生活，这一点无疑使他在同龄人中显得特立独行。他从未规划过自己的未来生活或婚姻。考虑到这些想法的自然发展，我们可以得出这样的结论：这倒不是说他从来没有想过未来的生活或婚姻，而是他的童年成长经历使得他在面对职业或婚姻时不敢做出抉择。这位患者确实积极上进，有远大的理想，但因为他的种种逃避行为，使他对自己失去了信心。

他的父母精心抚养他长大，他的父亲是一个非常可敬的人。患者在童年时因做错事受到了父亲的惩罚，这伤了他的自尊，使他感到内心受挫。一次，他撒了一个善意的谎言，却被父亲识破，又受到父亲严厉的教训，这件事让他终生难忘。这次惩罚后不久，他感到极度内疚，久而久之形成了强迫性思维。他的症状引起家里人的恐慌，即便家人试图帮助他减轻痛苦，但无济于事。他会因为自己说错话而强烈地自责好几个月，还会因为一些无关紧要的事情而胡思乱想整整一年。他把自己这一切举动都详细地告诉了父母，然后还曾亲自登门去找老师，向老师承认了一年前在一件事上自己说错了话。

他通过了所有的考试，高中毕业了。然而，当他马上开始新生活并准备大显身手的时候，一场严重的疾病打乱了他的所有计划。他一直感到内疚，甚至还在公众场合跪下，反复为自己祈祷。之后，他又会安慰自己，希望大家不要把他看成一个傻瓜，而是一位非常虔诚的教徒。正是带着这样的想法，他才会在大庭广众之下屈膝跪拜。

后来，有人建议他另谋高就，当他听到这个建议后疾病似乎消失了，他马上就好了。于是，他前往另一座城市。经过漫长的心理准备，一天，他一下子扑倒在圣母玛利亚的圣坛前祷告，并当着许多人的面公开承认自己所犯的种种罪过。因为他的这种行为，警察把他关了监禁，后来还是父亲把他带回了家。

经过一段时间的休息，病情有所改善后，他开始另谋出路。但是，有一天，他突然失踪了。很久之后人们发现他住在一家精神病院里，他躲在那里寻求庇护，直到病情好转才出院。在那里，因为摆脱了所有的社会责任，他的病情逐渐减轻，自我谴责的想法也逐渐消失了。尽管他仍然会跪下来祈祷，但现在他所关心的都是一些完全无关紧要的琐事。不过，他觉得自己现在有能力抵抗强迫性的思维了。于是，医生建议他回家找点事干，重新开始正常人的生活。

就在准备回家的当天，他竟然一丝不挂地突然现身于公共餐厅。

经过相当长一段时间的治疗后，他的病情才大有好转，他离开了精神病院，继续深造。然而，每当他面临自我强加的任务或外界强加给他的任务时，他都会再次逃回精神病院，在那里待上一段时间。在他的专业领域里，他是一个饱学之士，能力远远超过同事。他不是一个消极被动的人，而是一个很优秀的人。但是，他又完全被自己的无能所束缚，成了自己内心的囚徒。他最大的抱负是超越他人，尤其是要超越他的哥哥。他的强迫性神经症给他带了某种安慰：要不是这病拖了我的后腿，我一定会大有作为的！因此，他总是在想，如果没有得这种要命的神经症，他也不会浪费太多的时间，不会有这么多的烦恼和忧虑，他早就该功成名就了！从这些心态中，我们可以合理地推断出，他的好大喜功使他患上了神经症，而这种疾病后来又成了他的一种救赎，就好像其他人吸食毒品、沉迷酒精、依赖吗啡，甚至有时进入政界，这些行为可能都是为了帮助患者逃避现实。

他心目中想要实现的单纯学术上的目标，实在高不可及，是他无法达到的，因此他开始转换思路，运用自己所有的能力和情感来为自己构建一套患病的机制，从而实现自己的虚构目标。现在，只要能证明自己比周围圈子里的熟人略胜一筹，他就心满意足了。这一点也可以从他的强迫性思维中推断出来，"我比别人更能感受到自己的愧疚，所以我比其他所有人都强。我也比其他人（包括我的父亲）都更加虔诚，品德更加高尚，工作更加尽职尽责。"由于他希望自己能成为他那有限的小圈子里最优秀的人，而不是社会上的佼佼者，所以他并不会期望自己能像其他正常人一样走自己的人生之路，也不在意自己是否真的发挥了所有的能力。他完全沉浸在自己构建的精神世界里，也享受着自己幻想出来的优越感。

所有神经症患者都有追求优越感目标的倾向，这也是强迫性神经症的驱动力。尽管如此，并不是每一个追求优越感的人都会生病，只有神经质倾向的个体在承受了过多的社会责任压力后，才会表现出强迫症的症状。强迫性神经症的发作，实质上是患者对社会责任的一种反抗，用来阻止患者完全献身于社会的要求。

结　论

患者处于焦虑、担忧和痛苦的情绪折磨中时，强迫性思维、强迫性言语和强迫性行为都以一种"命令式的直觉"形式出现。虽然我们都知道这种神经症，但如果不从片面的和过于细致的角度来看待这些症状，而是把神经性强迫症放在整个神经症的症状大图景中来进行解读，我们就会发现神经症的发病率甚至比现在一般人所了解的还要高。在文学领域，也有许多神经症的例子。我首先要提到一部读起来令人心情愉悦的传记，它是现在已被遗忘的浪漫主义作家松嫩贝格的作品，而松嫩贝格去世时就曾患有忧郁症。其次，我还要提及的是维舍尔的小说《任何一个》，以及让·保罗的小说《施梅尔兹的弗莱兹之旅》，里面都有神经症患者的类似描述。此外，遗尿症、强迫性饥饿和性变态无疑也是这种症状大图景中的表现形式。

目前，一些权威人士普遍认为，强迫性神经症患者都认为自己的强迫性行为是毫无意义的，是无法控制的，但是这种观点并不能成立。相反，患者偶尔会强调自己是故意表现出这些强迫性的行为，而且这些行为也符合他们自己的性格特征。这些被专家忽视的、也似乎证明了毫无意义的强迫性行为，实际上有着非常重要的作用。也就是说，这些强迫性行为有时能证明患者具有行云流水般的创造力，有时又可以为患者提供一份生病的证明。正是因为强迫性神经症患者对自己的行为无法选择，尽管他也尽了一切努力，仍然使自己遭受到各种各样的痛苦和折磨，并让自己承受了额外的负担，最终也让他有了摆脱部分或全部正常生活责任的理由。

各种神经症，如神经衰弱症、癔病症和恐惧神经综合征之间的界限通常是模糊不清的。而酗酒和吗啡上瘾等行为之间也有相互的关联。冲动性精神错乱、本能的行动、强制性自我谴责、某些刻板的特征，以及精神障碍等症状，都具有类似的心理结构。强迫症的症状也有一些正常的心理过程作为基础，例如某些类型的习惯、原则、"真理"和道德，只不过这些心理过程都被患者夸大或滥用，再加上怀疑情绪的干扰，以及强迫性行为的强化，最终形成了一些具有相似的心理结构的症状。

个体心理学的方法可以帮助我们解释强迫性神经症患者的潜意识目的，即患者实际上是想通过强迫症的各种症状来解脱他们的社会责任，彻底解放自己。强迫症也为他们构建了一些替代性的活动形式，这些都成为他们浪费时间的理由，使他们得以推卸个人责任，并逃避现实生活。

检验我们心理学理论正确性的唯一方法，就是必须证明患者是否有计划地使用强迫症以外的手段，即完全独立于病理的表现，以及使用一些借口、逃避和托词，来使自己逃避生活的责任，至少在一定程度上减少对自己做出的决定或行为所应负的责任。

我们对强迫性神经症的治疗过程，具体包括以下几个步骤：帮助患者分析并澄清患病的本质，纠正患者童年时期产生的错误观念，坦诚地讨论被患者夸大的野心以及帮助患者客观地对待它。最后，我们需要将患者的利己主义倾向和极度的焦虑倾向彻底分开。只有这样，我们才能完全治愈强迫性神经症患者的疾病。

第16章　强迫性观念对个性化情感的强化作用

（1913年）

一

　　一般情况下，我认为每一种强迫性神经症患者在面对外界压力时，都会本能地逃避，这样患者就只能服从内心的强迫性思维。换句话说，强迫性神经症患者会下意识地抗拒其他人的意愿和外来影响，以至于在与这些意志的抗争中，他甚至会把自己的意志强化到神圣不可抗拒的程度。下面这个病例给了我们很大的启发。患者是一位四十岁的妇女，她抱怨自己不能做任何家务，因为她得了健忘症，连最简单的事情都记不住。因此，她的强迫症迫使她不停地提醒自己接下来要做的事情，只有这样才能顺利完成自己的任务。例如，如果她要把椅子放在餐桌旁边，她就必须反复对自己说："我必须把椅子放在餐桌旁边！"这样她就能做成这件事。换句话说，只要患者想做一件事，都必须先用自己的意志来代替外在的意志（比如女人有义务做家务），这样才能做好这件事。福特穆勒在伦理学与精神分析方面做出了可喜的成就，记得他的贡献的人们都知道，他所说的精神机制是伦理学的支柱之一。这种机制也成了强迫性神经症的主要支柱之一。在这种机制下，所有的外在意志似乎都失去了影响力，同时却可以使患者证明他的半神性，即患者自身可以拥有至高无上的权利。让我再简单地提一下，强迫性的工作如何使一个洁癖患者认为自己所处的环境藏污纳垢，强迫性手淫患者是如何抵挡性伴侣的影响，祈祷强迫症患者如何用一种最神奇的方式把所有天上的力量都交于祈祷的人来支配。这种心理的人会用"如果我没有那样做""如果我说了或这样做了""如果我没有说那个祈祷文，而是说了其他的祷告词"等话来说服自己，他们认为这样做了的话，那么"某某人就会死掉"。我们将这些话用肯定的语气转述出来，含义即刻就变得清晰明了："如果我做了这件事或不管它，如果我让自己的意志发挥了作用，那么这个人就不会死了。"因此，患者似乎就产生了一种幻觉，他觉得自己能主宰他人的生与死，或者像神一样。

在这个问题上，我们可以进一步补充道，过度的怀疑和神经质的焦虑也能成为神经症中可以利用的手段，能让患者坚持自己的生活曲线，阻止外界的一切影响，降低外界的一切期望。正如我在前几章所展示的那样，人们总是会发现强迫、怀疑和恐惧代表着神经症中的这些防护措施，它们能使患者表现得高高在上、充满男子气概、优越感十足。

二

一位三十五岁的患者，饱受情感冷漠和强迫性思维的折磨，总是怀疑自己的实际能力，在（治疗的）第一天她就向我透漏她是一位艺术爱好者，给她留下最深刻印象的画作有三幅：（1）伦勃朗（Rembrandt）老年时的自画像，（2）西尼奥雷利（Signorelli）巨幅的壁画《审判日》（*The Day of Judgment*），（3）乔尔乔内（Giorgione）的《三位哲学家》（也称《三位博士》，*Three Ages*）。

　　由此我们发现，患者的兴趣主要集中在衰老和未来的主题上。我们可以假设，该患者是一位难以维持生活平衡的人，一位整日里诚惶诚恐的人，一位可能因任何损失都会使自己陷入崩溃的人。因此，她一定是一位试图改变自己不安全的处境，重新维持生活相对平衡的人。在这个过程中，患者使用自欺欺人的手段，即神经症的症状，似乎显得十分必要。

　　然而，任何人都无法让青春、美貌、权力、势力永驻，一切都会离她而去。她只有两条路可以选：第一条路是反转思维，寻找新的生命线，这就要求她正视那些因疾病所引发的自己内心不安的因素，好好地配合医生的治疗。第二条路是任由自己的疾病恶化，让自己陷入权力的漩涡，被欲望吞噬。如果患者选择第二条路，通常不会主动就医，而是由家人送去就医。

　　无论迂腐、恐惧还是强迫，都是顽固的态度，表明神经症患者的不安全感由来已久。从上面的例子中，我们确实可以假设，这位患者一开始肯定会否认对自己女性角色的不满，然而通过男性反抗证实她已经患上了神经症疾病。

　　第二天，她告诉我，住在维也纳时，城市里的生活让她心力交瘁，而在乡下的生活会让她更加安闲自得。根据这种联系，我们推测这种疲倦一定是她在潜意识中的一种安排，其目的就是想要表明自己将来迁居维也纳是难以实施的计划。

　　如果把她这两天所叙述的内容联系起来，我们就会得出下面的图景：这是一个野心勃勃的女人，她总是希望自己成为生活中所有人的焦点，即使学富五车、才高八斗，她仍然对自己不满意。一想到随着年龄的增长，将无法继续在维也纳的上流社会呼风唤雨时，她就会心惊胆战。她总是预期自己失势后未来的生活，并不断地强化这种未来的情境，因此她就利用这些感官印象和生活中的各种困难，为自己在心理上编造一种信念：她目前没有能力适应现实的生活，或者说她不能接受自己已经红颜暗老，不再绰约多姿，只能待在家里当一名家庭主妇。

因此，她必须逃避现实。神经症或神经质的症状（在这种情况下是强迫性的想法）或者无助感与疲倦感，都成了她最好的借口。所有这些因素都在她的潜意识里编造出这样一个事实：年龄会使一个女人贬值。当她褪尽铅华后，就只能成为男人的助手、一件奢侈品，毫无用处。这一点甚至比她年轻时更加明显。我们暂时不展开讨论这个话题，我直接给出观察到的一个事实来证明我的观点：这个女人觉得自己越是接近本身的女性角色时，就越坚决地拒绝遵循这样的"游戏规则"。她变得更加冷漠，在月经期休息了四天。

第二天，她告诉我她做了一个梦："你桌上有一本王尔德（Wilde）创作的《道林·格雷的的画》（*Dorian Gray*）的书，书里夹着一大块绣得很有艺术感的白色丝绸。我很奇怪这块丝绸怎么会跑到你的书里。"

第一部分梦境证实了她目前病情恶化的原因，就像道林·格雷开始衰老的肖像画一样。白色丝绸、刺绣这类细节对患者都有特殊的意义。"桌上有一本我写的书。"她视若珍宝的白色丝绸竟然夹在我的书里！这一切都让她大吃一惊。她的脑海里浮现出这样的想法：我是不是打算写点有关她对自己年老色衰的恐惧的文章。

她认为自己过去那种矜持态度，是让自己与医生之间保持距离的有效手段。

神经症的强化是由多种因素造成的，包括她对自身女性角色

的抵触，即对男性职业（艺术领域多数是男性）的过度评价，对
家庭主妇身份的贬低，以及日常事务，如婚姻、爱情、年老及各
种问题的讨论，这些都威胁到她内心对优越感理想的追求。精神
和身体方面的因素相互作用，使她虚构出自己对出类拔萃、权力
和自由意志的渴望，于是她出现了神经症症状。疾病又为她提供
了借口，以抵抗所有外来的压力。

第17章　神经症的绝食抗议

　　人们对进食的恐惧一般始于十七岁左右，而且几乎都发生在女孩身上。女孩过多地减少进食量，通常都伴随着体重的快速下降。从患者的整个行事风格我们可以推断，患者的目的就是拒绝当女人。换句话说，患者想通过过度的禁食，来延缓女性形体发育的正常进程。其中一位患者给自己全身涂满了碘酒，因为她相信用这种方式就可以减轻体重；但与此同时，她又再三跟自己的妹妹强调进食的重要性，还一直鼓励妹妹吃东西。另一位患者最终把体重减轻了二十公斤，但这时她看起来不像是个女孩，而更像是个幽灵。

　　我们所面对的厌食症患者全是女孩，她们在孩提时代就已经深谙"绝食"的妙用，它可以作为获得权力的一种手段。在每一个厌食症的病例中，我们总能感受到患者施加在自己和医生身上的压力。她们用这样的方式，使周围的一切都以自己为中心，自己的意志也在各个方面都占主导的地位。这样我们就能理解，这类患者为什么要通过设计"厌食"的机制来重视进食的重要性。营养摄入的过程再怎么强调也不为过，因为对营养的过度重视使她们有合乎逻辑的借口去支配他人——像男人一样！像父亲一样！只有这样，她们才觉得自己拥有批评一切的权力。因为她们现在已经有了主见，这就让她们瞧不起母亲的烹饪技术，所以她们可以自己选择食物，还可以要求开饭的时间。同时，她们想通过这种方式迫使他人关注自己，关切地询问她们不想吃饭的原因。

　　一位患者在治疗一段时间之后，性情大变，好像突然发现吃东西的重要性，又开始暴饮暴食，她的行为立刻引起了母亲的关注。这位患者已经订了婚，显然她是想等病情稍微有点"好转"就马上结婚。然而，她通过各种神经疾病的症状（比如忧郁症、暴怒症、失眠症），尤其是通过不断的"肥胖疗法"，来阻碍自己女性角色的发展，因此最后把自己变成了一个丑八怪。她仍然不断地服用镇静剂，并声称没有它，自己还不如去死。但是，她又抱怨因为服用了镇静剂，自己满脸都长了青春痘，这些青春痘和肥胖的体型一起毁了她的外貌（患有神经性便秘、功能性便秘、神经性痉挛、面部扭曲或强迫性神经症等的患者，通常都有类似的表现）。许多患者会在公共场所吃饭，但私下里却继续禁食来达到同样的目的。众所周知，在忧郁症、妄想症和早发性痴呆症中，绝食抗议具有极其重要的意义。在这些疾病中，由于否定论的存在，环境对患者的治疗没有任何作用，这样她们就逃避了外界环境的压力。

　　这些"反反复复"的欺骗技巧类似于其他神经症患者惯用的手法。通过这些方式，她们达到了"浪费时间"的目的。这就很容易理解，患者表现出"害怕做决定"实际是为了掩饰她们已经做出的"犹豫不决""退缩"甚至自杀的决定。从上面的病例可以看出，患者是通过"害怕伴侣"表现出真实目的——退缩。首先，营养的重要性被患者高估了，然后她又担心摄入过量的营养；最后，正如我们所预料的那样，在正常的社会交往中，她除了采取犹豫不决、停止对立或退缩的方法，别无选择。在她的这种行为中，我们明确地看到了源自童年时期的自卑感对她的人生所产生的影响。除了绝食抗议，其他的"弱者策略"也很容易被人发现。患者只敢"虐待"自己或者蛮横无理地对待家里其他成员，以此达到复仇的目的。

第18章　梦与梦的解析

（1912年9月发表的演讲）

　　解梦是一个老生常谈的话题，可以追溯到人类的起源。无论愚者还是智者，都尝试着探索梦的奥秘；无论国王还是乞丐，也都想用解梦来拓展自己的知识领域，认知自己所在的世界。梦是如何产生的？梦有什么用呢？如何破译梦中难以理解的内容呢？

　　古埃及人、迦勒底人[1]、犹太人、希腊人、罗马人和条顿人[2]都曾期盼能够聆听到梦的神秘语言。在他们民族的神话和诗歌中，我们发现他们为了理解梦和解释梦而进行着艰难的探索，并且留下了许多印迹。他们好像痴迷其中，我们听到他们反复宣称：梦能够预知未来！比如《圣经》《塔木德》[3]《尼伯龙根之歌》[4]中，以

---

　　[1] 迦勒底人(Chaldeans)是古代生活在两河流域的居民，闪米特人的一支。公元前626年，他们的领袖纳波帕拉萨尔在巴比伦建立了迦勒底王朝，史称新巴比伦王朝。在消灭北部的亚述帝国后，新巴比伦王国盛极一时。——译者注

　　[2] 条顿人（Teutons）是古日耳曼人的一个分支。公元前4世纪，他们生活在莱茵河以东、易北河以南的土地上，后来逐步和日耳曼其他部落融合。条顿人以其强大的堡垒和要塞城市而闻名，条顿人使用条顿语（即日耳曼语）。后世常以条顿人泛指日耳曼人及其后裔。——译者注

　　[3]《塔木德》（ the Talmud ）是希伯来文的音译，原意为"教学"，记录了公元前二世纪至公元五世纪间犹太教的律法、条例和传统。——译者注

　　[4]《尼伯龙根之歌》（ the Nibelungen-Lied ）是中世纪德国一部伟大的英雄叙事诗，被称为"德国的《伊利亚特》"。该史诗创作于1200年前后，分为上下两部。"尼伯龙根"一词源自北欧神话，意为"死人之国"或"雾之国"，那里是一个阴森可怖、充斥着鬼怪精灵、蕴藏着大量宝藏的地下世界。——译者注

及希罗多德[1]、阿特米多鲁斯[2]、西塞罗[3]等人，对梦的解析都给我们留下了极其深刻的印象，他们都信誓旦旦地告诉我们，人类可以在梦中窥探未来。即使到了今日，人类对未知世界的认知过程也总是跟梦的解析相互联系在一起。但是，我们所处的理性时代对我们想要窥探未来的痴心妄想都予以否定，并对这种尝试嗤之以鼻。正是在这样的态度下，人们不接受任何对梦的专业研究，甚至还会嘲笑与讥讽他们。

为了界定我们的研究区域，我想要先强调一下，我并不认为梦具有预见性，能开启未来或解答未知的问题。我对梦所做的大量研究让我懂得，梦跟其他心理现象一样，是通过个体与生俱来的内在力量应运而生的。我们刚开始对梦进行科学研究的时候，出现了一些问题，与其说梦具有预见性，不如说梦更有可能使人混淆是非，甚至颠倒黑白。在面临重重困难之际，我们要问一个这样的问题：在一定范围内，人类的心智真的不可能窥见未来吗？

客观的无偏见的观察往往会呈现出人意料的结果。我们如果直接问梦能窥视未来吗，人们往往会给出否定的答案，但是我们不要只注重答案的表层含义，因为人们并不会直接袒露自

---

[1] 希罗多德（Herodotus，约前480—前425），古希腊历史学家，著有《历史》一书。他是西方文学的奠基人，人文主义的杰出代表，被西方尊称为"历史之父"。——译者注

[2] 阿特米多鲁斯（Artemidorus，大约生活在公元前二世纪前后），古希腊占卜家和解梦家，出生于以弗所（今属土耳其）。著有《解梦》一书，主要汇编了前人的著作，对研究古代迷信、神话和宗教仪式有极高的价值。——译者注

[3] 西塞罗（Cicero，前106—前43），古罗马共和国晚期的政治家、哲学家、演说家和法学家。以善于雄辩而成为罗马政治舞台的显要人物。曾当过律师，后进入政界。公元前63年当选为执政官，后被政敌杀害。他在哲学、政治方面均有著述，如《论善与恶之定义》《论国家》《论法律》等。——译者注

己内心的真实想法。如果我们对他身体的其他地方提问的话，比如他的动作、姿态、行为，而不是他所说的话语或大脑的思维，那么我们就会得到一个完全不同的答案。尽管我们否认梦有预测未来的可能性，但是我们的生活方式却恰恰暴露出，在很大程度上我们还是希望能未卜先知。我们的行为也明确表示，无论对与错，我们还是坚信自己有获得未来信息的能力。事实上，我们可以进一步证明，如果未来的形势——无论是我们希望的还是恐惧的——无法预测的话，就什么事都做不成了，既不会有行动的动力，也不会有前进的方向，更不可能避免任何障碍。尽管对此一无所知，但我们表现得好像能够预知未来的一切。

　　我们先从生活中的琐事说起。如果想要买某样东西，我就会在感官上产生一些预期，包括它的味道和愉悦感等。通常情况下，正是这种预期以及其中的愉快与不快感受，才能让我决定采取行动还是放弃行动。即使知道自己的这些预期可能会出错，但我还是会买它。另一方面，如果我有疑问[1]，我也不会原封不动地采取行动，直到做出最终决定前，我都会权衡两种可能的情况。我今天晚上上床睡觉时，并不知道明天醒来的时候天是晴还是阴，但我会做两手准备。

　　可是我真的知道天会晴吗？我"知道"天会晴，和我"知道"我正站在你面前，是一样的"知道"吗？不一样，这两种"知道"是完全不同的。"知道"并不是意识层面上的一种思维过程，而我们却能在身体反应中间接地找到"知道"的蛛丝马

---

[1] 正如我在前文中已经指出的，怀疑在生活中和神经症中的作用都是为了停止攻击性，避免做出决定，并把这些目的隐藏起来不让自己知晓。

迹。俄国科学家巴甫洛夫[1]曾经证明，当动物想要吃到某种食物时，它们的胃里会分泌出消化这些食物所需的胃液，就好像胃预先知道要喂什么食物一样。不过，这意味着我们的身体要想正常地运行，就必须像大脑一样对未来具有一定的预期。我们的身体要想充分发挥它的作用，这也意味着我们的身体必须提前做好准备，就像它能预知未来发生的事情一样。这种对未来的预期，就像前面列举的例子一样，与我们的有意识思维完全不同。然而，让我们反复思考一下这个问题！如果意识能够预测未来，我们还会有行动的动力吗？难道不正是因为无法掌控未来，我们才会反思、批判、不断地权衡利弊，才会真正想去争取和跨越障碍吗？因此，我们对未来的了解必然停留在潜意识层面。对未来的控制需求一旦过度，就会发展成一种病态的心理机制。这种现象很常见，它是以多种方式表现出来的。在这种机制下，内心的痛苦迫使患者维护自己的个人价值和个人情感，他唯一可以选择的路径就是形成适合自己的防御措施，例如极度怀疑、强迫性忧思、怀疑性精神病等。患者绞尽脑汁地考虑着自己的未来，得到的却是不确定的信息，而当患者过度依赖有意识的预期思维时，他只能得到挫折。无论是有意识的，还是明知未来的不可知性，都会让患者内心充满犹豫和怀疑，因此他的每一项活动都会因为瞻前顾后而受到干扰。与之相反，躁狂症患者认为未来既神秘，又时不时会从潜意识中露出，引领人们对其进行探索。现实似乎带着邪恶的意图，并诱使患者有意识地做出种种假设，以保护自己病态的自我意识不违反社会要求。

---

[1] 伊万·彼德罗维奇·巴甫洛夫（Ivan Petrovich Pavlov，1849—1936），俄国生理学家、心理学家，条件反射学说的创立者。他所做的条件反射实验证明动物的行为是因为受到环境的刺激，将刺激的讯号传到神经和大脑，神经和大脑做出反应而来的。1904年，巴甫洛夫获得了诺贝尔生理学或医学奖。——译者注

不言而喻，在梦境中，这种意识层面的思维只起次要作用。同样，平日里接受到的各种关键信息以及与外界互动的感觉器官，现在也都不活跃了，不起任何作用。我们还能相信梦境可以毫无保留地表现出做梦者处于特定情境下的内心的期盼、希望和恐惧吗？

一名患者因患严重的脊髓痨被送进医院，他的行动能力和感觉能力明显受到影响，此外他的视觉和听觉也严重受损。由于无法与人交流，他的病情变得非常严重。当我见到他时，他不停地要喝啤酒，并用各种污秽的语言辱骂护士。我们已经无法得知他真正追求的目标和努力的方式。如果他的一个感觉器官功能正常的话，无论他的言谈还是与之相关的思维都会是完全不同的情形。人们进入睡眠后，触觉在很大程度上都不起作用，身体也失去了行动能力，连他所追求的目标也受到了限制。这必然会突出和强化睡梦中人的意欲、心理暗示和性格。然而，因为做梦者在清醒的时候非常谨慎小心，所有这些因素都会受到限制或阻碍。对梦境提出其他解释的哈夫洛克·霭理士[1]在《梦之世界》（*The World of Dreams*）中也提到了这个问题。从其他人的观点来看，我们可以理解为什么上述患者就像在梦里一样。我们只有了解了事情的真实情况，才能使事情更加合理化（尼采的观点），并给出合乎"逻辑的解释"。

尽管如此，梦所具有的预见功能和预知功能，以及对做梦者

---

[1] 哈夫洛克·霭理士（Havelock Ellis，1859—1939），英国性心理学家、思想家、作家和文艺评论家，性科学领域的先驱。他的研究范围广泛，涉及文学、性学和遗传学，主要著作有《性的道德》《性的教育》《性心理学》等。1926年，霭理士被选为国际性学会常任理事。他是开创人类性学新篇的泰斗式人物，为性的改革和自由奉献了一生。——译者注

行动的指导作用还是有迹可循的。[1]梦预示着做梦者可能在实际
生活中遇到的困难和所要做的准备，因此他做梦时也会永远带着
安全防护的目的。我们试着用一个例子来串起这些线索。一位患
有严重广场恐惧症的患者，又患上了肺病，她需要卧床静养，因
为现在无法出门继续做生意，她做了这样一个梦：

"我走进一家商店，看见员工们都在打牌。"

在我接触的所有广场恐惧症的患者中，我发现他们都有一种
像恺撒大帝或神一样的心态，他们喜欢将某些职责和规定的法律
条款强加在他们所处的环境、亲属、丈夫或妻子、雇员等身上，并
对他们发号施令。这些患者"控制"他人的手段就是不允许任何人
以焦虑、头晕或恶心为借口，来向他们请假或辞职。[2]在这种情况
下，我总是会想到这种态度与教皇——上帝在人间的代理人——的
态度相似。教皇把自己视为关押在梵蒂冈的囚徒，通过主动放弃个
人自由赢得了信徒们的崇拜，并迫使所有的统治者都归顺于他，向
他称臣。这种方式被人们称为"卡诺萨之行"[3]，即使这些统治者
明知没有机会亲自面见教皇。当这个患者的权利受到挑战的时候，
她就会做梦。我们很容易就能解释这个梦。做梦者想象自己痊愈后
的情境，她不用再躺在床上，可以下地走动，像太平洋上的警察一
样，到处监视他人的违法行为。她的整个精神生活始终有一种信
念：一旦这个世界没有她，任何事情都无法井然有序地运行。她的

[1] 阿德勒首次在1913年出版的《侵略欲力》中提出过该观点，参见《自卑与超
越》第7章、第10章和第11章，以及《神经症的性格》一书中的内容。

[2] 参见阿德勒《对神经症生物底物的贡献》（奥地利《医学期刊》1912年第23和24
期），以及本书第19章。

[3] 卡诺莎之行（The Journey to Canossa），是指1077年1月德皇亨利四世前往意
大利北部的卡诺莎城堡向教皇格列高利七世"忏悔罪过"。后来以"卡诺莎之行"一
词表示"屈辱地请求原谅、请求宽恕"。——译者注

信念体现在生活的各个方面，因为她习惯贬低所有人，并顽固地想要改善世界。她在清醒时，从不信任他人，总是尽力寻找他人身上的错误。她经历过太多不信任的事情，所以这也让她比其他人的眼光更加敏锐，更容易发现他人的错误。她很清楚，如果对员工放任自流，他们都会干些什么；她也知道，当男人独处时，他们又会干些什么事情，"男人都是一个样！"正因为如此，她总是把丈夫牢牢地关在家里。

毫无疑问，在这种心态下，一旦她从肺病中痊愈，就会发现家附近的公司业务有相当多的疏漏，她甚至还会发现员工们上班时打牌。做梦后的第二天，她没收了员工的纸牌，并以某种借口反复让女员工来到病床边，给她们分配新的任务，并监督她们完成。为了掌控未来，她只需要在睡眠的意识中，通过一些恰当的类比，就能把自己的真实想法用直接或虚构的方式表现出来，这些都让她过分追求优越感目标的性格暴露无遗[1]。事实上，为了证明自己永远是正确的，患者要做的事情就是在康复之后，再次提高要求和标准。这样，她就会发现员工们工作中永远存在错误和疏漏。

另一个解梦的例子，是西塞罗笔下的古希腊作家兼诗人西莫尼底斯[2]（Simonides）对梦的解析，我认为这个例子非常有研究的价值。在启程前往小亚细亚之前的一天晚上，西莫尼底斯梦见"一

---

[1] 这个"相似虚构"是思维与因果原则中最重要的假设之一，我们能对"相似虚构"更深入的了解，都归功于我的朋友兼合作者A.豪特勒（Hautler）。

[2] 古希腊诗人西莫尼底斯是西塞罗（Cicero）的作品《演说家》中的角色。它描述了西莫尼底斯在2500年前已经掌握了高超的记忆术。他曾参加一次宴会，宫殿因地震而塌陷，除了西莫尼底斯外，无一幸免。事后，西莫尼底斯通过回想事发前宫殿里与会者的座位，辨认出了全部尸体。这就是"记忆宫殿"的由来。目前记忆宫殿法是最实用的记忆方法之一。——译者注

位他曾心存敬虔地埋葬的某人警告他，不要踏上这段旅程"。做了这个梦后，西莫尼底斯就停止了一切准备，取消了这次旅行，待在家里。根据我们解析梦的经验，可以假设西莫尼底斯其实本来就害怕这次旅行，他利用这个受过他恩惠的人[1]，通过人们对死亡的恐惧来吓唬自己，并营造出了这次航行可能会遭遇不测的预感来保护自己。根据他的说法，梦境中这艘船倾覆了，这一事件很可能在西莫尼底斯的脑海中出现过，就像其他的沉船事故一样。如果这艘船真的安全抵达目的地，西莫尼底斯相信自己的梦这种迷信的行为，其后果也无伤大雅，但如果西莫尼底斯没有听从这个警告，而是登上了船出外旅行，那后果会怎样呢？

　　通过对梦的解析，我们发现了梦有两种用途：一种是解决问题，另一种是释放做梦者在特定情境中的欲望。做梦者将努力沿着最适合自己的人性、秉性和性格特点的路线来实现这些用途。梦可以模拟未来预期的情境（比如广场恐惧症患者的梦境），以便做梦者在醒来后将这些情境以公开的或秘密的方式实施。显然诗人西莫尼底斯是在用过去的经验来阻止自己外出旅行。如果做梦者坚信这些体验的真实性，相信自己对死者力量的解释，并且根据自身所处的情境衡量是否要外出旅行，把所有这些可能性都考虑进去，那么我们就会得到一个毋庸置疑的结论：西莫尼底斯做这个梦，就是为了警告自己，这样他可以毫不犹豫地留在家

---

　　[1] 我打算进一步详细地讨论如何使用这种涉及面广、能引起情感共鸣的回忆，其目的是产生情感与后果、诱导谨慎的行动，以及产生厌恶感、头晕眼花、焦虑症、对性伙伴的恐惧、昏厥和其他神经症的症状。我在《神经症的性格》一书中讨论了其中的大部分内容，并且把它概括为一种相似性（例如乱伦相似性、犯罪相似性、与神的相似性、自大狂、小气狂）或者把它描述为"相互关联"的疾病。据我所知，只有汉布格尔教授（Hamburger）得出了几乎类似的结果。对这种神经症"安排"的详细描述，参见本书第4章。

中。我们也可以假设，即使西莫尼底斯没有做这个梦，他也会留在家里，不外出旅行。那个患有广场恐惧症的患者又会怎样呢？她为什么会梦见自己的员工疏忽大意、不守规矩呢？我们可以从她的行为中侦测出以下假设："当我不在场时，所有的事情都会变得乱七八糟。一旦我恢复了健康，重新掌控公司，所有的事务才能井井有条，我还会向每个人证明：如果没有我，任何事情都无法办成。"因此，我们完全可以肯定，等她出现在店里时，她马上就会发现员工们各种玩忽职守和粗心大意，因为她会用敏锐的眼光鸡蛋里挑骨头，她就是为了显示自己的优越感。她很可能是要证明自己是正确的，这就是她在梦里预测未来的原因，[1]因此，梦就像性格、情感和神经症的症状一样，是由做梦者按照预先设计的目的来安排的。

　　现在我在这里插入一个你们许多人都想问的问题：如果说梦会影响未来事件的发展，那么我们应如何解释大部分人做的梦都难以理解，往往是无聊且毫无意义的事情呢？这种质疑非常重要，甚至大多数权威专家都尝试过解读这些稀奇古怪、杂乱无章且又难以理解的梦境，试图寻找到梦的本质，或者他们认定梦是无法理解的，因而彻底否认了梦的重要性。在解梦的专家中，舍尔纳（Scherner）和弗洛伊德是新晋的研究者，他们曾试图探究梦的奥秘，这是值得夸赞的。弗洛伊德的释梦理论的核心观点是，梦代表了一种来自童年的，且未被满足的性欲的释放。他认为梦的内容之所以难以理解，是因为梦是一种有目的的扭曲，尽

---

[1] 根据这个梦境，我们可以推测，作为一位渴望永生的诗人，西莫尼底斯恐惧死亡，而广场恐惧症患者在梦中追求虚构的统治目标，则说明患者想当女王。可参见《失眠的个体心理学研究结果》（*Individual-psychologische Ergebnisse über Schlaflosigkeit*，发表于莱比锡1913年出版的《医学的进展》），其中强调了对死亡的幼稚恐惧与选择医学专业之间的关系。

管做梦者受到了文明的限制，但他好像至少可以通过幻想的方式满足被抑制的欲望。今天，弗洛伊德的这种理论受到多方质疑，尤其是他把性欲作为神经症疾病的基础，甚至是整个人类文明的基础。梦的内容之所以难以理解，是因为梦不是窥探未来的一种手段，而是一种附属现象，是一种力量的象征，是一种标志和证明，表明做梦者的身心都在尝试着进行预期的思考和探索，并试图证明做梦者的个性特征和某些即将面临的困境之间的关系。换句话说，梦是思维的同步运动，其运动方向与个体的性格特征和本质需求是一致的，只是用一种难懂的语言表达出来，而这种语言又难以被人解读。但是，这种语言指明了前进道路的方向。当我们醒来时，我们确实需要清晰的思维和能被理解的言语来指引我们的行动，但在梦里这种清晰度和可理解性就变得多余，没有必要了。因为梦就像一团火的烟雾，可以向我们指明风吹的方向。

另一方面，烟雾也可能告诉我们某个地方着火了。经验还告诉我们，可以从火中推断出有木头在燃烧，或者其他材料正在燃烧。

如果我们把一个梦分解成一个一个的小部分，并且从做梦者身上发现这些组成部分的真正意义，那么我们只要再花点精力去深挖一下，就能发现梦的背后存在着既定的目的和驱动的力量。除了与梦有关的内容，这种思路在生活的其他方面同样适用，个体的目的会受到种种因素的制约，包括自我理想以及个体觉得压抑的困难与不足。从这种角度来看，我们就获得了个体的生命线，或者至少了解到其中一部分内容，从而得以暗中窥见个体潜意识的生命计划。通过这个计划，个体可以掌控来自生活的压力和不确定性。我们还可以暗中窥见个体为了克服这种不安全感以及避免失败而走过的许多弯路。梦和其他心理功能一样，都是可以当作个体生活的一种映射，也是个体用来探索自己与世界、与他人的相对位置和相互关系的重要手段。在梦里，预期思维的各个过渡阶段都会呈现出来，都好像受到某个预先确定的目标以及个体的经验指引似的。

因此，我们对梦的结构中原本难以理解的细节部分有了更好的理解。梦里很少呈现出真实的情境，即使呈现了，也是由做梦者自身决定的，比如，最近发生的事情或景象都会出现在梦境里。为了解决一个悬而未决的问题，梦可以将问题变得更简单、更抽象和更幼稚，而这种方式通常会使梦境更富有表现力，充满了理想化的图景。例如，在现实中个体面临犹豫不决的选择，而在梦中就会变成临近学校的考试，或哥哥变成强大的竞争对手；成功的喜悦在梦中可能表现为飞上天空；危险在梦里可能会呈现为深渊或坠落的行为。思维的预期准备和应对现实风险的防御机制都是通过梦里的情绪表达出来的。[1]梦里的场景都非常简单——至少与现实生活中的复杂情形相比是简单的——在一定程度上代表了做梦者试图抛开现实生活中各种混乱的、令人费解的权力争端，努力找到一条出路，也就是他更倾向于类似于梦中的这些简单化的人生之路。例如，就像一个没有听懂老师问题的学生，当被问及有关能量的推进问题(如"有人推你的时候，会发生什么事情")时，学生就会表现出一脸茫然。如果一个陌生人走进教室，当被问到同样的一个问题时，他会带着满眼的困惑看着老师，就像我们在听做梦者讲述自己的梦境时所露出的不解表情一样。

最后，我们来讨论一下梦的不可理解性，它跟前面我们已

[1] 如果有必要从安全防御的角度考虑，这些人可能会从梦境中获得倾向性的力量。

经讨论过的问题同属一类。在之前的讨论中，为了保护某一行为，我们需要把对未来的信念根植于潜意识的层面。我在《神经症的性格》中详细讨论过，这是一种人类思想和行为的基本准则，根据这一准则，潜意识的指导路线也是潜意识中的理想人格发展的前提。这种理想人格的构建及其相应行动的指导路线都包含了与梦境及其背后的情感过程相同的认知和情绪的材料。同样的必然性迫使一种情绪材料保留在潜意识中，同时也对梦中的思维、图景和听觉印象产生巨大的压力。为了保证自我人格的统一性，很多梦元素都必须同样地保留在潜意识层面，甚至保留了梦的难以理解性。例如，那个广场恐惧症患者的梦境，她试图通过潜意识的人格来实现自己支配环境的目的。如果她能够理解自己的梦境，这种目的和行为中的专制性马上就会受到她清醒时思维的批评。因此，如果她想要实现真实愿望的话，她的梦境一定是难以理解的。从这个角度来看，我们就能理解，一旦我们让神经症患者将过度紧张的目的带入意识层面，并让这个目的降低效用，那么精神疾病和所有神经质的症状都会站不住脚，变得不堪一击，这样患者身上的疾病症状很快就能得到改善。

现在，让我来展示几个例子，我是如何在患者的帮助下，对患者的梦境做出解释的。一位患者因为患有易怒症和自杀躁狂症，来找我治疗。我想强调做梦者开始陈述的部分，梦境思维中那些具有类比性的表现在假设中很突出[1]。这位患者面临的困境是，她爱上了自己的姐夫。她的梦境如下：

---

[1] 参见费英格在《仿佛哲学》里提出的"知道"的理论知识，与我关于神经症心理学的观点完全一致。

拿破仑式的梦[1]

"我梦见自己在舞厅里，穿着一身优雅的蓝色连衣裙，头发也梳得很漂亮，我在跟拿破仑一起跳舞。

"后来，我又做了一个与拿破仑相关的梦。

"我把姐夫当成了拿破仑，否则把他从姐姐身边夺走就没有什么意义（也就是说，她的神经症本质根本不是针对这个男人的，而是为了超越自己的姐姐）。因为我是姐姐婚姻中的第三者，为了让这件事看上去更合乎伦理道德，而且不会让人觉得我心怀嫉妒，我必须把自己想象成露易丝公主（Louise），这样拿破仑为了娶一位出身名门的妻子，跟他的第一任妻子约瑟芬（Josephine）离婚，就显得顺理成章了。

"我用露易丝这个名字已经有一段时间了。有一次，一个年轻人问我的教名是什么，我的同事知道我不喜欢拉坡迪恩（Leopoldine），就简单地说我叫露易丝。

"我经常梦见自己是一位公主（这是患者的指导路线），这确实是我最大的野心。梦给我架起了一座桥梁，跨越了现实中我与贵族之间的鸿沟。此外，这种梦境的目的就是让我醒来时感到更加痛苦，因为现实中我寄人篱下，孤单一人，只能自食其力。我的心头不断地涌现出令人悲伤的思绪，这也让我对所有与我有交集的人表现得苛刻而无情。

"拿破仑出现在我的梦中，是因为我无法成为一个男人，所以我只愿意在那些地位至高无上的强者面前屈膝下拜。顺带说一

---

[1] 拿破仑、耶稣基督、圣女贞德、圣母玛利亚，还有恺撒大帝、父亲、叔叔、母亲、兄弟等，都是他们常见的想要获得优越感的补偿性理想人物，同时也是神经症患者精神生活的指令性准备和情绪性的准备机制。

句，这并不影响我认为拿破仑是个窃国贼（这是窃贼的梦境）。但是话又说回来，我只在他面前屈膝并不代表我真正臣服于他，因为我只想用一根绳子拴住这个男人，就像我另一个梦那样……然后我就想跳舞了。

"跳舞对我来说一定是很多东西的替代品，因为音乐对我的灵魂产生了巨大的影响。

"在一场音乐会上，我渴望能跑到姐夫身边，亲吻他，几乎要用吻让他窒息。

"为了不让自己失态，我就把这种渴望都用在了陌生人身上，我必须让自己完全沉浸在激情奔放的舞蹈中。如果没有舞伴邀请我跳舞，我就会嘴唇紧闭呆坐在那里，忧郁地凝视着远方，不让任何人靠近我。

"我不愿意让自己沉湎于爱情，但在我看来，舞会和爱情本就是天生的一对。

"我选择穿蓝色的连衣裙是因为蓝色最适合我，我想给拿破仑留下一个好印象。现在我渴望去跳舞了，这是我以前做不到的事情。"

从这一点开始，对梦的解释可能会进一步深入，最终我们揭示出这样一个事实：这个女孩的潜意识目标就是掌控别人，只是这个目标在一定程度上被弱化了。现在，她不再认为跳舞是耻辱的事情。

她的梦境就是这样。我们可以从中看到，就行为而言，梦充当了一种辅助的心理表达方式，就像镜子一样，它能反映出行为背后相关的事件和整体的意图。民谣中也常常有梦境指向未来将要发生的事情，因为这是一种具有普遍性的情感表达。比如，德国伟大的作家歌德[1]，他把人类所有的情感都聚焦在自己的作品中，用一首优美的民谣表达了梦的力量，曾经将梦境描述为"对未来的窥视"。伯爵从圣地（耶路撒冷）返回城堡时，他发现自己的城堡里空空荡荡，荒无人烟。到了晚上，他梦见一场小矮人的婚礼。我想用歌德的诗歌来结束今天的演讲：

"只要现在能歌唱未来，一切的嘈杂声都会销声匿迹。从微小之处可见其美妙，终将在大处获得更大的喜悦。喇叭声、叮当声，钟鼓齐鸣；骑马人、驾车人，婚礼队伍；他的眼前皆是幸福的人群。过去如此，将来也如此。"

在这首诗里，诗人描述了做梦者对婚姻和家庭的情感，并将这些情感惟妙惟肖地表达了出来。

---

[1] 约翰·沃尔夫冈·冯·歌德（Johann Wolfgang von Goethe，1749—1832），德国诗人、剧作家和思想家。他是魏玛时期最著名的古典主义代表。1774年发表《少年维特之烦恼》，1831年完成《浮士德》。他的创作对德国文学，甚至对欧洲文学的发展都做出了巨大的贡献。歌德的作品也对中国新文化的启蒙运动发挥过积极的影响。——译者注

第19章　潜意识在神经症中的作用

（1913年）

　　我们要采取个性化的方法来理解神经症心理学中的个体问题。这就要求我们提出的每个假说不仅要建立在个体经验的基础之上，还要有大局观，再结合分析者自身的知识框架。这非常重要，同时也解释了为什么不同的观察者会有不同的观点、评价和假设；也解释了为什么一个学派强调或贬低某个观点，而另一个学派可能持相反观点；还解释了为什么某些重要数据会被有些人忽略，而一些不重要的细节却被其他人赋予特殊的意义。许多分析师都会秉承一套完整的学说，不会轻易动摇[1]，除非他们发现学说中存在着明显的矛盾。总的来说，专家们辩论时的表现就像神经紧张的患者拒绝对自己的生命计划做任何改变一样，直到他们意识到自己在潜意识中所追求的伟大理想遥不可及时，才会放弃这种理想。

　　与其他心理学家不同，我鼓励读者验证我的观点，并对我的解释进行讨论。心理治疗是一种带有艺术性的职业，自我分析在某种程度上像是画家创作自画像。只有理解了自己的生命线，我们才能发现自我分析的重要性。我们无法保证这种分析不带任何的"偏见"，因为这种分析过程会受到个体性格的限制（或者说

---

[1] 参见福特缪勒著《精神分析及其伦理》（*Psycko-analyse und Ethik*）。

两种性格之间发生冲突的限制），而且因为个体只能从自己的角度看待出现的问题，很难做到真正意义上的推己及人。在评价精神分析的治疗方法时，传统科学将个体的经验和个人的观点都视为一种"干扰因素"，而不予重视。除非我们的课题具有创新性和研究价值，否则这种分析方法会随着时间的流逝而消失。

在精神分析的治疗实践中，上述这些个性的局限并不是令人困扰的因素。如果神经症患者在现实压力下崩溃了，医生就可以引导他们逐渐地适应现实，最后融入社会。患者和医生的微妙关系可以防止神经症患者生活在自己的虚幻之中。当患者在虚幻中为了维护自己的优越感而苦苦挣扎时，医生可以帮助患者真正意识到自己态度的偏执和刻板。

治疗中最大的难点是，尽管患者已经了解了自身神经症机制的本质，但是他的症状仍然没有完全消失，要等到另一种神经症的症状暴露出来之后，这种症状才能完全消失。这往往是因为患者的潜意识中还存在其他未解决的问题，例如潜意识还在追求优越感目标，完成原先的准备并表现出疾病的症状。在发现这一事实后，我们陷入了神经症生命计划的问题之中，这是我在《神经症的性格》一书中讨论过的问题。为了能够实现自己高不可及的人生目标，神经症患者必须借助一些巧妙的手段和计谋，其中一种手段就是将这些目标或目标的替代物转入潜意识层面。如果某些有"道德问题"的目标隐藏在某些体验或幻觉之中，那么在某种程度上患者可能会失去这部分记忆或完全失忆。从表面上看，他们虚构的目标消失得无影无踪。只要想不起来，患者和批评他的人就可以忽视那些症状或幻觉，这样他们的潜意识就可以没有任何阻碍地达到这个目的。

换句话说，从上文中的逻辑上来看，潜意识中的目的，以及与这个目的相关的体验和幻想，如果我们容许人们感知它们，容许意识感知它们，这个目的反而不会成为理想人格的障碍。意识的生物学意义，以及上文描述的意识参与的意义在于，它能够为实现统一的生命计划给予可能的行动。这一观点与费英格和柏格森（Bergson）[1]的重要学说相吻合，他们都指出，意识的性质是由本能发展而来的，并适应了攻击性的目的。

　　因此，就意识的性质而言，对于神经症心理机制中那些不切实际的追求和理想，意识的反应都不过是一些掩人耳目的技巧。我们能看到的那些表象，不管是急功近利的追求目标，还是狂躁症和幻觉[2]，都是精神病患者表现出来的症状，但他们的行动计划并没有被意识所察觉。如果我们能够正确理解这个问题，就会发现，像潜意识的冲动一样，意识中的每一种心理表征都以同样的方式指向一个虚构的终极目标。关于"大脑皮层意识"的粗浅理论只能欺骗那些不了解意识与潜意识冲动之间的内在关联的人。有意识冲动和潜意识冲动之间频繁的对立，实质上只是手段上的对立。为了提高患者的人格感，或者实现他们像神一样的目的，这种对立都无关紧要。

　　由于终极目的与现实形成明显的对比，一旦个体不能朝着神经症既定的指导方向前进，个体的终极目标和移情行为都只能停留在潜意识的层面。作为一种生命的方式，健康的意识可以保证人格的统一性，保护理想人格，也会以最完美的形式出现。如果这一过程的目的是为了产生人格的升华，即使是虚构的目标，甚至是神经症患者的生命计划，也都可以部分地进入意识的层面。

---

　　[1]　参见P.施莱克的《柏格森的人格哲学》。最近，福特米勒和W.斯特恩也特别强调了这些事实。

　　[2]　参见本书第22章。

这对精神病患者来说尤其如此。然而，当神经症患者的目标与社会的群体感产生直接对立时，他就会放弃自己的目标，他的生命计划只能在潜意识中继续进行。

这些基于神经质的表现所得出的结论，在理论上得到了费英格关于虚构本质的基本学说的证实，虽然他从未用语言表达过这一观点，但在一篇优秀的综述文章中，这位杰出的思想家把思维的本质视为征服人生的手段。思维试图通过虚构的技巧来达到它的目的，这种虚构的目的在理论上毫无价值，但在实践中却是一个至关重要的手段。我们有必要深入了解虚构的本质，并加以说明，这样我们才能完整地了解这种虚构思维的规律，这种认识一定会彻底改变我们的整个人生观。在这个"发现"的进程中，我们还会得出进一步的推论，即在精神世界中具有指导性的虚构同样属于潜意识的层面，而就虚构的目的来说，它进入意识的层面不一定是必要的，甚至在某种程度上可能会对心理造成伤害。

从这里开始，心理治疗可以帮助患者意识到自己对成就的过分追求，从而削弱执念对其生活态度的影响。牢记这一点，我们将在下文中阐述，正是人格中潜意识的指导思想，保证了神经系统的完整性。[1]下面是几个相关的病例：

病例一：患者的侄女向雇主（也就是这位患者）提出辞呈。患者忧心忡忡，觉得无人比得上侄女，尽管在此之前患者并没有给予她这么高的评价。患者抱怨自己无法独立经营公司，还怀疑自己是否能雇到其他人。而丈夫不可能来替代侄女，因为他只会鹦鹉学舌，缺乏主见。我们似乎能听到患者的心声："只有我！我自己！我本人！如果公司没有我就会乱成一锅粥！"

---

[1] 这里可以清楚地看到，弗洛伊德和其他专家的观点之间存在着巨大的差异。

这位患者患有广场恐惧症。换句话说，她不能到外面去，的确，她总是站在柜台的后面，她怎么能出得去呢？为了待在家里，并且证明自己的不可替代性，她就通过广场恐惧症这种疾病来保护自己。她的腿很疼，每次都要服三至五粒止痛药。她经常在半夜疼得醒过来，却只能吃止痛药，然后用考虑公司的生意来转移注意力。这种情况每天晚上都会发生好几次。她所忍受的疼痛似乎就是为了晚上也能考虑生意上的事情。患者追求的理想是想要成为一个男人、女王、永远的第一，这种理想只在潜意识的层面里才会有效。在她的童年回忆中，男孩总是占据更幸运的地位，这与她目前贬低女性的态度完全一致。

病例二：一个二十六岁的女孩子，她因为愤怒、自杀和在工作中偷懒而接受了我的治疗。

她做了一个梦，"我好像结婚了。我丈夫是个中等身材、皮肤黝黑的男人。我告诉他：'如果你不帮我实现目标，我将不择手段，甚至违背你的意愿。'"

患者童年的潜意识目标是把自己变成了一个男人[1]。她童年时并没有意识到这个目标，尽管现在这个目标对她来说毫无意

---

[1] 参见奥维德的《变形记》中的凯纽斯。《变形记》（*Metamorphoses*）是古罗马诗人奥维德（Ovid，前43—17）的代表作，共15卷，取材于古希腊、罗马的神话故事、英雄传说和部分历史事实。诗人根据鲁克莱提乌斯"一切在变易"的唯物观和毕达哥拉斯"灵魂转移"的唯心学说，用变形，即神或人由于某种原因被变成鸟兽木石这一线索贯穿全书。故事人物可依次分为各类神灵、男女英雄和历史人物三类。无论是普通人无法抗拒的变形还是神灵主动的变化，在作者笔下都是现实人性的折射，在外形的变化中，隐含着作者对社会人生的深刻认识。

根据《变形记》第十二卷记载，凯纽斯（Caeneus）原为女性，名叫凯妮斯，以美貌出名。求婚的人不计其数，但是她并不想结婚。直到有一天，凯妮斯在海边漫步，却被海神波塞冬强行占有。心满意足的海神许诺可以实现她的一个愿望。凯妮斯为了不再受此等屈辱，许愿变成男子，不想再做女人。海神立刻答应了她的请求。从此凯妮斯变成了凯纽斯，开始学习男人的本领。——译者注

义，但对我们来说有非常重要的研究价值。更贴切地说，这个目标背后的心理意义和社会意义对她来说是很难理解的。然而，这个目标却通过夸张甚至疯狂的方式表现出来，具体表现为一种近乎强迫性的渴望：穿上男孩的衣服、爬树、在儿童游戏中扮演男性角色，却把女性角色分配给男孩——这都是为了保持变形的原则。

　　这位患者很聪明，她很快就意识到自己的目标不堪一击。接下来发生了两件事。首先，她改变了虚构目标，现在变成了"所有人都必须宠爱我"！以她对权力的渴望来理解，这句话就意味着"我要支配每个人，我要把每个人的注意力都吸引到我的身上来"。其次，只要她忘掉自己最初的目标，就可以继续保持原状了。这种心理计谋非常重要，我不用强调大家也能明白，它与潜意识中的性冲动或某些"情结"的压抑无关。这是一个简单的问题，就是让理想人格中有问题的权力意志迁移到潜意识的层面里，它所涉及的虚构在某种程度上一定要符合个体的利益，否则这些虚构就无法被个体使用，甚至被弱化。理想人格就是通过这种方式来保护自身而不被瓦解的，从而保证人格的绝对统一性。这是患者不惜一切代价也要实现的目标，患者就是通过将自己的虚构想法隐藏起来，远离意识的层面来实现这一目标的。

　　病例三：一位患者的梦境。该患者之所以接受我的治疗，是因为他有自杀的想法，他觉得自己一无所长、愚钝不堪，而且还有施虐幻想、性变态、强迫性手淫和迫害性意念。

　　"我告诉姑姑，我现在已经跟P夫人断绝来往。我给姑姑列举出P夫人的所有优缺点。我姑姑回答道：'你忘了一个，她对权力的支配欲。'"

　　患者的姑姑是个能干的女人，但总是得理不饶人。P夫人一直都在玩弄患者的感情。P夫人在患者面前表现得高傲自大，目空一切，而且她还拒绝患者和其他人的追求，但过了一段时间后，她又向患者示爱。显然，蒙受这样的羞辱会对患者产生极大的影响。就像失败对大多数神经症患者产生的影响一样，P夫人的这些羞辱只不过是让他更加执着于这段关系的借口；患者的真实目的是想修复两人的关系，或者是想控制局面支配这段关系，或者不会对自己产生不必要的束缚。这种既令人恼怒又让人紧张的自卑感会让患者寻求某种过度的补偿，这是一种典型的神经症特质。例如，这种类型的患者会对打败自己的人耿耿于怀。一旦我们了解了这种特质，神经症的全部奥秘就一览无余地呈现在我们面前。

我们阅读相关文献时发现，人们会通过类似这种特质的表现来达到受虐的目的。我在本书第7章澄清了这个容易让人混淆的错误。我们只能说它是伪受虐狂的特质。因为就像施虐一样，受虐也有助于个体对优越感的渴望；它们偶尔还表现出对立性和矛盾性，但只有当我们不知道这两种形式都趋向于同一个目标时，情况才会如此。只有观察者会认为它们本质上是对立的，但从患者的角度来看，或者从正确理解神经质的生命计划的角度来看，它们根本不存在对立性。

这位患者一向都有非常强烈的倾向，会对世界和人性进行分析性检验。这种特质明显是从贬低倾向发展而来。分析型神经症患者几乎都是按照"分而治之"、各个击破的准则来行事！他们会打破人们通常乐意接受的事物之间的相互联系，进而将各种毫无意义的事物混合在一起。你们所看到的这个人真的代表了这个人吗？这代表了真实而活着的灵魂吗？

虽然患者希望自己能像姑姑那样挖苦别人，但他不是能言善辩之人，所以他只能背地里自嘲一下。由于这种"犹豫不决"的态度，他的生命计划总是迫使他以这样一种态度回应，即他的"对手"（包括所有人）都被击败了；这种生命计划也可能根本不让他做出回应，或者让他简单回应，以至于患者自己和家人都形成了要温柔地对待患者，并以各种方式来帮助他的印象。

在做梦的前一天，患者跟哥哥进行了一场对话，这个梦正是受到这场对话的影响而出现的。患者一直认为自己没有能力应付哥哥，但哥哥承诺会再帮他找份工作。患者一直以来都很擅长拒绝哥哥的承诺。因为他在感谢哥哥为他找到工作后，没过多久就企图自杀，所以家人认为他有必要接受治疗。有一天，哥哥训斥他衣冠不整，当晚患者就梦到自己穿着一套被自己撒上墨水的西装。当我们了解到患者的心理状况后，他的梦就非常容易理解了，我们没有必要再做进一步的分析。由此可以看出，患者的思想和预期行为的目的是要暗中取代哥哥的重要地位，悄悄地减弱哥哥的影响，并将哥哥所有的成就化为乌有。尽管如此，患者还是认为自己像是一个道德的审判者和理想主义者。

患者对哥哥的贬低倾向是在潜意识里进行的。如果我们能意识到这一点，就会发现这种倾向还有更多的目的，因为它还阻止了社群感发挥作用。

我们很容易解释这种贬低倾向从何而来。它是患者对"伟大"这一概念过度追求的产物，但这种倾向为什么会在潜意识层面起作用呢？当然是为了能发挥作用！因为患者的理想人格是希望自己能言善辩，这种愿望会在意识中受到贬低和指责，即患者会产生自卑感。所以他总是选择绕道而行。他总是表现得愚钝不堪和一无所长，这些特质在职场上和生活中巧妙而精确地代表了他那久经考验的自卑感。同样，患者最近的自杀威胁也是给哥哥施加更大压力的方法。

　　我们从上述几个病例中可以得出一个非常实用的结论，即神经症患者的行为是在服从一个有意识的目的。[1]

　　我们暂时认为，潜意识是虚构出来的东西，它是一种道德说教的经验，或者是一段回忆。只要人格感和人格的统一性在进入意识层面时受到威胁，潜意识就会作为一种手段从心理发展出来。

　　"不要忘记你对权力的渴望！"这是我对患者的警告。在患者的梦里，我变成了他的姑姑，他的哥哥变成了P夫人，我们两人都比患者的地位更优越。我和患者的哥哥两个男人之所以在患者的梦中变成了女性，是我上面谈到的患者内心深处仍有贬低我们的冲动，但是，患者在梦里已经得到了警告，在梦中警告他的人是姑姑，而在现实中却是我对他做出了警告。到那时为止，警告患者一直是我的任务，这也是一名心理治疗师的本职工作。因此，这位神经症患者的当前症状是这样的：面对哥哥的羞辱，做出的反应就是对哥哥进行贬低，然后突然宣称自己康复了。这种情况我在其他病例中也遇到过。

　　在他做梦的第二天，患者给妹妹写了一封信。这封信是他犹豫了很久之后才写的，他第一次公开抱怨哥哥的傲慢。在信的末尾，他又加了一句话，要求妹妹对信中的内容保密。如此一来，公开斗争对患者来说仍然是困难的，因为这会暴露出他内心深处对权力的渴望。

---

[1] 这一观点主要基于一种领悟，患者必须按照目的论这一路线前进。

第20章　神经症和精神病患者的生活谎言和责任

——对治疗忧郁症的贡献

（1914年）

　　本文想表达这样一种观点，即所有的心因性疾病都是更高类型的疾病表现出来的症状，我们通常将这些心因性疾病称为神经症和精神病，因此，有关这些疾病的治疗技术、相关描述和个体生命线上的产物也是在此基础上构成的。我在另一篇文章里详细介绍过这些论证。然而，即使在此没有给出详细的证据，我们也将考虑这种假设。在论证过程中，我由衷地感谢一些著名学者，他们的研究结果有力地支持了我的观点。在此我仅以精神病医生雷曼（Raimamn）为例，他明确提出了个体特征和精神病之间的联系。精神病学的发展界限变得模糊不清。理想的人格类型正渐渐地从学术和实践中消失殆尽。在这里，我想再强调一下"神经症的统一性"这个观点，即个体会以自身的经历为基础，逐渐发展为神经症或者精神病，进而使他们的生活方式充斥着一种不可改变的规律，个体这样做的目的是借助神经症或精神病的手段取得成功。总的来说，我们认为个体心理学对这种观点做出了重大的贡献。

　　个体心理学的研究结果很好地证实了这个观点的正确性。心理学研究的最终结果显示，患者正基于有缺陷的个人视角来构建自己的内心世界，这种个人视角与现实形成了鲜明的对比。然而，这种观点决定了患者对社会的态度，但从人性的角度很容易理解这一点，而在其他方面这个观点也相当普遍。我们经常能想起生活中或诗歌中的一些人，他们都能够绕过这种神经症的深渊。到目前为止，我们没有丝毫的证据表明家庭遗传、人生经历或所处环境必然会导致一般神经症或特定神经症的产生。这种病原学的必要性离不开个人的倾向性或个人的默许，它仅存在于患者过于故步自封的假设中。患者可以借着维护自己的神经症或精神病的言论，来保证自己疾病的完整性。如果患者能够不被自己的目标和想象中起决定作用的场景所驱使，他也许能够以一种不同于病原学的方式去思考、感受和行动。然而，他的生命计划对他下了绝对的命令，他要么让别人感到内疚来逃避自己的责任，要么因为一些致命的琐事阻碍了成功，否则他就不会失败。[1]这种渴望中展现出的人性在本质上是显而易见的。个体会用自己所能支配的一切力量来完成这件事。因此，这种既让人心平气和又让人精神恍惚的谎言所带来的自我保护倾向会渗透到个人生活的方方面面。当然，在每一种治疗中，不合时宜地告诉患者真相，并试图揭穿患者逃避责任的借口，都会遇到患者最强烈的心理抵触。

我们描述的这种态度源自患者的"保护倾向"。一旦出现问题，患者必须做出决定时，他一定会倾向于选择使用诡计和策略来达到迂回、休战和撤退的目的。精神分析师很熟悉患者所有的借口和托词，知道患者会用什么样的借口或托词来逃避任务，或减少他人对自己的期望。个体心理学不仅清楚地阐明了这些问

---

[1] 参见本书第8章《距离产生的问题》相关的内容。

题，而且公开了这些问题。大部分患者会把过错归咎于他人，即自己是无辜的。在这些例子中，疑病症和忧郁症患者的症状吸引了我们的注意。

在对心因性疾病的性质进行更加透彻的探究中，我们可以把有关"对手"的问题作为一个非常有用的指标。在解决这个问题时，我们不再将患有心因性疾病的个体人为地隔离，使他们处于孤立的状态，而是将他们放在社会生活所决定的系统中来研究其行为表现。从这一事实来看，我们就可以理解神经症患者和精神病患者为什么会有好斗的倾向。另外，特定的疾病变成了一种手段、生活方式、症状，这些都是患者为实现自己的优越感目标而采取的措施，或者为了感觉自己有权拥有优越感而采取的措施。

许多精神病患者和神经症患者的攻击和职责不仅针对个人，有时还针对一群人，甚至是针对全人类、异性恋群体或整个世界的秩序。这一反常行为在偏执狂群体中表现得尤为明显。个体对这个世界的彻底回避，同时意味着对世界的指责，早发性痴呆症患者也有这一表现。疑病症患者和忧郁症患者用一种更加隐蔽的方式，而且仅仅与少数几个人保持联系，我们从中可以看到他们内心的挣扎。个体心理学的观点使我们具有了更加广阔的视野，甚至可以去理解以上病例中个体所使用的各种诡计。举例来说：一位年迈的疑病症患者终于从一份害怕的工作中解脱出来，这份工作让他对自己失望，同时他也强迫自己某个亲戚来帮他照看房子，并且无怨无悔地伺候他。我们不能忽视他的智慧与做出这一决定之间的巨大"距离"。他通过一种异常有效的广场恐惧症来强调这种"距离"的重要性。这是谁的过错呢？他出生于1848

年，那一年爆发了欧洲大革命[1]，因此他坚持认为这是一个世代相传的耻辱。他表现出的消化系统紊乱是他从众多的保护手段中挑选出来的一种，是由吸入空气和故意便秘所引起的消化系统紊乱。这种手段有助于他满足自己支配环境的欲望。但是，这种支配的欲望激发他不停地去工作，所以这也给他身边的人带来了许多麻烦。

第二个病例：患者是一位五十二岁的工艺师，一天晚上，他的忧郁症突然发作。因为女儿外出看朋友前，没有向他告别就离开了家。这个患者一直要求家人尊敬他，视他为一家之主，同时还以自己患有疑病症为借口，强迫家人伺候他，并且绝对地服从他。他那敏感的胃实在受不了外面餐馆的食物，所以当他出去度假时，妻子会担心"他的健康状况"，于是她不得不同行，在乡下租住的房子里为他准备可口的饭菜。虽然他认为自己身体的衰弱迹象是因为年纪老迈，但他还是把这种虚弱归咎于女儿的"不孝"，即她外出都不跟他说一声。当威望受到威胁时，他的忧郁症就会发作，会让回到家的女儿感到非常内疚，并让她深刻地认识到自己的过错。他还可以让家人充分认识到他工作能力的重要性。现在，他发现了获得威望和巩固自己威望的方法。尽管他在工作上取得了许多成就，但这种威望似乎是他用其他方式得不到的。因此，不管出于何种原因，如果无法获得这种威望，他就会走上不负责任的道路。

第三个病例：患者是一个二十岁的制造商，随着年龄的增

---

[1] 1848年的欧洲大革命是一次几乎波及欧洲各国、影响深远的资产阶级民主革命，是欧洲历史上最大规模的革命运动，在世界近代史上占有重要的地位。1848年在欧洲各国爆发了一系列的武装革命，主要是欧洲平民与自由主义学者对抗君权独裁的武装革命。总的来说，是消灭封建制度，铲除封建残余，推翻异族压迫，建立独立统一的民族国家，为资本主义的进一步发展扫清道路。——译者注

长，每两年他就会突然发作忧郁症，并持续几周。正如我们在上
一个病例中描述的那样，这个制造商也是在经历了一件不幸的事
情之后发病的，他的威望因为这件事情受到了威胁。他还因为疾
病而疏忽了自己的工作。他不断地抱怨自己即将面临的贫困生
活，这一点吓坏了家人，因为家里就靠他的工作来维持生计。他
创造的这种情境与工作环境非常相似，实在有点让人喘不过气。
然而，在他面前，所有的抱怨和批评都消失殆尽了。他通过忧郁
症发作这种不计后果的冒险行为让自己摆脱了责任，让家里的其
他成员都清楚地看到自己工作来养家糊口的重要性。他的忧郁症
越严重，抱怨得就越厉害，家庭地位也就提升得越高。当那些反
对他冒险的怨恨之气消失后，又会恢复健康。在随后的日子里，
每当他发现自己的经济状况没有保障时，忧郁症就会复发。有一
次，因为税务员要对他进行调查，他的忧郁症就发作了。一旦面
临的困境得到解决，忧郁症就会好转。我们很容易发现，他在
家庭中实施了一种获得威望的策略，每当面临重大问题的时候，
他就在自己的忧郁症发作中寻求安全感。这样，如果出了什么差
错，他也可以借疾病发作为自己开脱，同时让自己免除责任；如
果一切顺利，他就可以通过这种方式得到更多的认可。因此，这
样一个例子就能清楚地表明我们所描述的"犹豫不决的态度"的
症状，以及无论在何处做出决定，个体都会故意制造"距离"。

　　在叙述最后一个忧郁症的例子之前，我尝试着从个体心理学
的角度更准确地定义忧郁症的机制，并进一步阐明忧郁症与偏执
狂之间形成的鲜明对比。一旦我们认可忧郁症产生的社会条件和
忧郁症患者容易表现出好斗态度，就很容易发现优越感这个目标
中的某一部分内容催眠了忧郁症患者。一开始患者选择的方法无
疑是相当奇怪的。例如，他会极度贬低自己，预测自己即将面临

痛苦的情境，与这样的情境达成认同，并且表现出悲伤和彻底的崩溃。[1]这似乎与他主张的伟大目标相矛盾。事实上，忧郁症患者表现出的生理性虚弱会让他们感觉筋疲力尽，但是这种虚弱却成了他们手中一件相当令人恐惧的武器，是他们用来获得他人认可，而且还能逃避责任的武器。在我看来，对那些真正患有忧郁症的个体来说，忧郁症本质上就是一件艺术品，只不过患者缺乏创造性的意识。患者的态度代表了一种状态，他们从小就熟悉这种状态。在追溯患者童年的早期经历时，我们发现这种状态实际上是一种诡计，一种可以自动调节的生活方式，体现了患者在懵懂时期固定的生命线。实际上，这种生活方式包含了患者把自己的意志强加于他人的欲望，以及患者为了维护自己的威望而将疾病作为威胁他人的手段。[2]为了实现这个目标，患者竭尽所能，会让自己的睡眠、营养和排便功能变得紊乱，这样身体就变得虚弱无力，他就可以证明自己生病了。患者很愿意沿着这种思路继续走下去，直到最终做出自杀的举动。还有另一个证据可以证明忧郁症患者具有好斗的本性，他们会偶尔萌生出杀人的冲动，并经常表现出偏执狂的行为特质。在这些病例中，患者存在把过错归咎于他人的明显倾向，曾经有位女性患者坚信自己得了癌症，她认为自己之所以得癌症，是因为丈夫强迫她去探望一位患有癌症的亲戚。总结之后，我们发现忧郁症和偏执狂之间的区别，

---

[1] 例如，就像《哈姆雷特》中的某个演员所说的那样："他在为赫卡柏而哭泣！赫卡柏与他有何干系，或者说他与赫卡柏有何干系，他竟然会为她流泪哭泣？"在他的这段抱怨中，正在哭泣流泪的精神病患者流露出的特质与神经症患者大体上相似，神经症就是他"安排"的特质。（译者注：Hecuba，赫卡柏是特洛伊国王普里阿摩斯之妻。）

[2] 忧郁症类型的形成过程通常表现为，个体要么是偶然地，要么是经常地因为无力的愤怒而产生的一种明显的报复冲动。

似乎在于忧郁症患者觉得自己有罪，而偏执狂患者却认为别人有罪。为了进一步探究，请允许我补充一点，只要个体找不到其他方法来获得自己的优越感时，才会使用这种方式。忧郁症特质和偏执狂特质代表了人类的普遍特质，只要我们尝试着寻找这些特质，就会发现它们分布得非常广泛。

由于优越感的目标具有更大的力量，所以个体对精神病的心理易感程度常常会被这个事实削弱。患者自称无法纠正自己"疯狂的"想法，这一说法只有部分是正确的，但是，如果从目标的强迫性本质来看，这种想法又符合逻辑。我们从上面的论述得知，患有精神病的个体是如何通过制造"距离"来保护人格感，而这种"距离"是他利用生活中的谎言编造出来的。为了治愈患者的神经症，我们有必要让患者"暂时"弱化自己的指导思想。只有当患者愿意让自己痊愈，或者只有当患者能够悄然无声地将自己的目标逐渐变得不那么固化时，根据患者的症状，我们所采取的对症治疗的方法才会收效。就我们所知，"疯狂的"想法本身并没有错，它受到患者指导思想的影响，这种想法的最终目标就是为了让患者免责，并通过制造"距离"保护患者的自我意识。逻辑性的检验无法触及他的躁狂症，因为这种躁狂只是一种经过反复验证的有效方法，能够让患者实现自己的目标，而且因为患者难以和大家拥有的现实感达成共识，所以患者就利用这种躁狂对自己进行保护。

我们在前文描述的那个忧郁症患者在治疗前期做了一个梦，他在梦里暴露了自己整个疾病的发病过程。当他从一个担任要职的地方调离到一个需要证明自己价值的地方时，他就生病了。十二年前，患者才二十六岁，就患上了忧郁症。当时的情形与现在类似。他的梦境如下：

"我在一家廉价的小旅店里吃午饭。我对那里的女服务生有好感，这种情况已经持续了一段时间。我突然意识到世界末日即将来临，我就对她心生歹意，也许，我现在可以强奸那个女孩，因为我现在不用为自己的犯罪行为负责任。然而，在我强奸她之后，世界末日竟然没有到来。"他的这个梦境解释起来很简单，患者希望逃避自己所做的与爱情有关的所有决定，因为他不愿意承担责任。他脑子里经常有世界大灾难的想法（这是人类的头号公敌）。这个披着性的伪装的梦境，旨在向我们表明，为了征服他人，患者相信将会有一场世界性的灾难，这样他就能以这种方式逃避责任。他的最终行为（强奸）表明通过一场虚构的安排、一种"假设"的方式，以及一种对攻击方法进行的临时检测来实现自己的目标，这种攻击方法包括对他人施暴。[1]

我们现在可以检查一下患者的指导思想：在我们的印象中，他是一个不自信的人，他不相信自己能够用直接进取的方式获得成功。因此，我们从他早年生活的经历以及目前忧郁症状况的研究中发现，他正试图沿着某种迂回的路线来实现自己的目标。我们也可以假设，他要在自己和实现目标的直接方法之间制造出"距离"。我们更加有理由假设，如果他必须做出决定，那他一定倾向于选择"理想化的情境"，因为在这种情境下，他可以信心十足地预测一场可怕的灾难，而且自己还可以免除一切责任。我们还可以假定，只有当他有把握获胜时，才会重拾自信心。这种从梦的动力学得到的观点与我上述的关于忧郁症的观点相吻合。在一定程度上，这种态度非常典型，经常在神经症患者中出现。当不负责任及相关思想被引入精神病领域时，这种特定能力

---

[1] 参见本书第18章《梦与梦的解析》以及阿德勒著《神经症的性格》一书中关于梦的理论。

的部分本质是个体身上起指导作用的专一性的优越感信念，并且个体与生活上合乎常理的需求之间的连接存在缺陷。为了解释这一点，我们可以暂时假定，患者具有某种特殊程度的固执和非社会化（倾向）[1]的支配欲望，尽管被问及这些特质时，患者会矢口否认。

　　我再分析一下这位患者其他的回忆：少年时代有一次他和舞伴一起跳舞时，摔倒了，还拉着舞伴一起摔倒的，同时摔掉了自己的眼镜。他倒在地上，一只手寻找着眼镜，另一只手小心翼翼地拉着舞伴。在这种情况下，我们可能已经察觉到他的非社会化态度，即他的暴力倾向。从患者的其他童年回忆中，我们也可以清楚地感知到他按照自己意志行事的惯用手法。例如，他记得自己躺在沙发上肆无忌惮地哭了很长时间。[2]他不知道如何解释这段记忆。我向患者的哥哥询问时，哥哥证实了患者的固执和对他人的支配欲。哥哥很自然地告诉我，弟弟（患者）在那个时候不停地哭泣，他迫于无奈只好把整个沙发都让给了弟弟。

　　我在这儿不再详细地讨论患者使自己的睡眠、营养，以及吸收和排泄功能发生紊乱的方式，也不讨论他是如何让自己变得虚弱无力，进而证明自己生病了。我也不能详述他通过何种方式设定无法实现的目标，以便向他人展示自己处于绝望的状态，他也不能解释如何将家人对待自己的方式和医生对自己所进行的干

[1] 非社会化倾向，是相对于社会化倾向的概念。每个人都既有社会化倾向，又有非社会化倾向，它不是一项病理特征。社会化倾向是个体在社会环境影响下，认识和掌握社会事物、社会标准的过程，通过这个过程，个体得以独立地参加社会生活。非社会化倾向是指人的正常社会交往功能受损、退缩。比如因为忧郁症引起患者只想一个人待着，不愿意和他人交往的情形就是如此。通俗讲就是性格孤僻，不合群，不能和其他人和谐相处。——译者注

[2] 我在1913年维也纳举行的心理治疗大会上发表的一篇论文中和在《神经症的性格》一书中都讨论了童年回忆的目的性塑造和生存模式。

涉治疗看作另外一种侮辱。患者甚至认为自己一无所长，而且没有任何谋生的能力，他以这种方式迫使家人和朋友来侍候他，听从他的支配；他还利用他们去说服上司，让上司更加顺从他的愿望，将他调到另一个可以手握权力、支配他人的部门。因此，他的敌意是针对所有下属，他采取的形式就是去干涉下属的所有请求。他的计划是从不负责任的状态转入一种具有巨大破坏力的状态之中。在他最终达到自己的目标后，他才能说服自己相信世界末日并没有到来。

在《神经症的性格》一书中，为了从选定的一些病例中做出判断，我找到了能够使个体发展成躁狂症的必要条件，包括以下几个方面：

第一，具有强烈的不确定感，无法面对即将做出的决定。

第二，心理机制中包括与现实明显的偏离和对现实的贬低。（此外，这还意味着个体拒不承认理性对社会功能的价值。）

第三，指导思想的强化导致了个体身上存在虚构的优越感目标。

第四，无比地期待指导思想。

以上几点都是躁狂症与忧郁症的关系，我想再补充最后一个特质：患者试图让自己成为一个近乎虚弱无助的儿童的形象，因为他从个人的经历中发现，这种形象具有强大的、令人无法抗拒的力量。患者表现出来的态度、症状和不负责任的行为都源自自己脑海中的这种形象。

精神病学家们认为，精神病的本质特征是患者的行为缺乏动机，或者至少缺乏足够的动机。但是精神病患者提出问题的方式让人无法理解。个体心理学家都非常清楚"动机"这个问题，而且一直都在讨论这个问题。现代精神病学家认为，个性和性格在患者的生命中都扮演着至关重要的角色，这是一个进步的标志，这一点直接与我们所研究的问题相关。

我们必须记住，正常人或者患者需要回答的最重要的问题不是"从哪里来"，而是"到哪里去"。只有在熟知这个强有力的目标，并了解它的方向之后，我们才能尝试着理解与之有关的各种行为。我们认为这些行为都是个体进行的特殊准备。

根据维也纳精神病学派的观点，忧郁症的定义如下："忧郁症的本质是一种原发性的（即不是由外部环境诱发的）抑郁发作，表现为悲伤、焦虑，并伴随有思维干涉。"从我们的观点来看，我们会自然而然地把重点放在那些动机上，这些动机要么是由目标的性质造成的，要么是由指导路线造成的，我们从个人主义观点来解释这个指导路线。这些动机是忧郁症患者的伪装行为的代名词。在忧郁症患者的身上，我们发现"犹豫不决"的态度和"渐近性后退"都受到个体"害怕做决定"的制约。因此，忧郁症是一种尝试，一种计谋，它让患者以一种迂回的方式前进，我们称其为个体与真正的优越感目标之间的"残留"和"距离"。就像所有的神经症和精神病的病例所展示的那样，这一点都是通过个体主动估算"代价"来实现的。如此一来，忧郁症这种疾病就类似于一种自杀未遂的行为，而患者最后都会终止这一行为。思维干扰、语言障碍、精神恍惚和身体僵硬等描述都能让我们将"犹豫不决的态度"以形象化的具体形式呈现出来，这种态度是对社会功能的有意干扰，它表明个体社群情感的逐渐下降。个体之所以存在恐惧，都是因为它一直能给个体带来安全感，恐惧既是一种防御武器，也是一种表明个体生病了的证据。突发的狂怒和强烈的忧郁有时会以一种不同寻常的方式发作，即个体热衷于表现出自己的虚弱，而这是一种经过伪装的情绪表现。躁狂的想法指向有目的的幻想来源，正是这些有目的的幻想"安排"了患者的情感，并让患者从疾病中获益。对于一个即将死亡的人来说，预期和专注的机制非常明显。疾病似乎总是在清晨最为严重，那也是患者即将开始新的一天正常生活的时候。

　　毫无疑问，经验丰富的观察者不会忽视忧郁症个体患者的"好斗态度"。例如，皮尔茨的研究表明，在许多事情中，患者会因为收到毫无意义的礼物或遗产而良心不安。我们反对的仅仅是"毫无意义"这个词。患有明显的、消极的精神病的个体，总是憎恶一切和具有贬低的倾向。出于这个原因，忧郁症患者在满足了自己想要惩罚家人的愿望后，会利用合适的机会对自己的行为感到良心不安，这样他就可以免于承担责任。

　　我们从患者的既往病史中可以非常清楚地看到，所有遭受忧郁症困扰的人属于同一类型，具有类似的特质：他们对任何事情都不太感兴趣，很容易搬迁到其他地方居住，也很容易对自己和他人失去信心。即使在患者精神状态良好的情况下，他们仍会表现出野心勃勃、犹豫不决的态度。他们通常选择逃避责任或者编造一个生活的谎言，表露出自己身体的虚弱，这个谎言会导致他们与其他人之间进行争斗。

第21章　忧郁症和偏执狂

（1914年）

序言

我们根据从精神病研究中获得的个体心理学的研究结果，发现了一些能够影响神经症和精神病的因素：童年时期形成的自卑感；自我防护倾向；自动检测的方法；面对社会需求个体所表现出的性格特征、情感、症状和参与态度；在对抗环境时运用这些方法是为了虚构地增加个体的人格感；选择一种迂回的方法；为了逃避对生活的真实评价和个人的责任，个体在自己和社会的期望之间建立起"距离"；最后是神经症的观点和目的，以及偶尔会出现的对现实的疯狂贬低。根据所有这些事实，我和其他研究者假定了一些解释原则，在非常广泛的意义上证明了这些原则对我们理解神经症和精神病来说不仅有价值，而且十分有必要。[1]上述机制可详见《神经症的性格》和《器官缺陷及其心理补偿的研究》中，本书也详细介绍了上述相关的机制内容。

我后来得出的有关精神病的机制的结论可以用以下方式来阐述。首先，我们已经强调过有关躁狂症的三个基本含义；其次，

---

[1] 奇怪的是，布洛伊勒极不赞成"人们尝试着以此来解释一切"这一事实，对我和其他人来说，它的价值就在于此。

产生希望或恐惧的预期性和幻觉性是为了确保个体的安全感；最后，个体对现实刻意地贬低，并由此促成自我意识的增强。除此之外，我还想再加上两个非常重要的因素，一是个体与自身所处的环境或更大的环境进行的抗争，二是将活动场所从主要活动领域转移到次要活动领域。

以上所述的有关躁狂症的情况，无论是在逻辑上还是在心理上，它们彼此之间都是有关系的。

下文的内容是我为心理学和精神病学大会准备的发言稿，这次大会于1914年在瑞士伯尔尼召开。现将这篇发言稿原原本本地发表出来，同时，我还尝试着根据上述结论来介绍忧郁症和偏执狂的心理结构。

一、忧郁症

以下内容涉及有忧郁症倾向的个体的态度和生活计划、疾病的发作和个体与环境之间的抗争、个体害怕做出某些可能会给自己带来羞辱的决定而转移到次一级活动领域的行为等方面的内容。

第一，我们可以从那些可能患上忧郁症的个体身上看到，从幼年起，他们的生活方式就是依赖他人的行为和帮助。这种生活方式最主要的特征就是不良的行为和缺乏男子气概。我们通常发现，这类人会把自己局限于他们的家人或长期交往的朋友这样的小圈子里；他们总是试图依赖他人，甚至不惜夸大自己的无能，来强迫他人服从和适应自己。在如同现在这个崇尚威望的时代里，他们表现出强烈的利己主义，这偶尔会给他们带来表面上的成功，这一点与我们陈述的观点并不矛盾。当面对生活中的基本问题，特别是遇到困难时，对于进步、发展，甚至行动范围，他们都会选择要么回避这些问题，要么犹豫不决地接近这些问题。

与此相反，我们可以将典型的躁狂忧郁症的症状特征描述为：一开始个体对每项活动都有很高的热情，但是很快就会对这些活动失去兴趣。在他们的精神状况良好的情况下，这种倾向适合个体原有的行为和态度，但在个体发病期间，这种倾向就会强化，通常是让个体产生疯狂的想法，以及让个体故意卖弄自己的本事。

在这两种形式之间，产生了一种间歇性的忧郁症。为了避开来自生活的种种需求，比如婚姻、职业和参与社会活动等，个体在怀疑自己是否能够成功时，就会患上忧郁症。

第二，纵观忧郁型患者的整个生活之路，我们可以看到他们的预设前提和出发点，尽管这种预设是虚构的，但它贯穿在个体生活的方方面面。这种预设是一种根植于个体幼年时期的忧郁症视角。从这种视角来看，个体生活就像一场非常刺激的赌博游戏，让人感到恐惧可怕。个体还会认为自己生活的这个世界充满了困难和障碍，大多数人对他都怀有敌意。在忧郁症患者与社会情感的对抗态度中，我们发现患者身上存在着强烈的自卑感，而这种对抗态度是我提出来的，我将它描述为在神经症性格的基础上发展出来的诡计之一。当个体拥有的特殊攻击性倾向受到保护时，个体的这些对抗倾向可以转化为性格特征、情感、准备和行为（比如哭泣）。个体觉得自己有能力应对生活中的这些事实，并且个体在理智和健康的情况下，他们可以从少数的几个朋友中获得威望。从童年时代开始，通过让自己的主观自卑感具体化，个体可以公开或秘密地要求增加残疾补偿金。

第三，从童年开始，个体为了获得威望而不懈地努力着。我们可以推断出个体对自己的评价很低，然而个体的所有行为似乎都在暗示缺乏展示自己非凡能力的机会，偏执狂也有类似的想法。他们将自己的失败归因于环境的不适宜，或者还会暴露出一些疯狂的忧郁想法，比如他们会坚定地假设有超人存在，甚至有某种超能力存在。正是基于这样一种假设，患者才在抱怨中悲叹。这种悲叹实际上代表着一种伪装出来的夸大想法：患病会认为如果自己离开了家人，家人就会被厄运压垮；或者患者会以一种自责的方式认为，自己要为世界的毁灭、大战的爆发，或者某些人的死亡和毁灭等负有一定的责任。我们常常会在患者身上发现这种抱怨自己一无是处的强迫性行为，这种行为其实是患者对其家人和朋友的警告，一种精神和道德上的双重警告，同时也强调了患者的个人重要性。以上就是忧郁症患者的目标。为了达到这个目标，忧郁症患者会公开地指责自己的自卑感，并且堂而皇之地把所有的失败和错误都归咎于自己。忧郁症患者行为的成功之处在于，一方面，他们至少可以成为自己所处的小圈子里的焦点，并能够引导那些觉得自己有义务帮助忧郁症患者的人行动，为患者做出有价值的贡献，而且总是友好地去对待这些患者；另一方面，他们因此摆脱了责任感或束缚感，而这种情况完全符合他们以自我为中心的指导理念，因为这种理念使忧郁症患者把自己与他人的每一次联系、对他人的每一次让步，以及他人对自己权利的干涉，都看作一种无法忍受的强迫行为，也是个人威望的严重损失。

除了这些自我指责和良心责备，我们还发现忧郁症患者会变相地将自己的失败归咎于遗传、父母在抚养孩子过程中犯下的错误，以及亲属或上级领导对自己的故意忽视。这种对他人的指责是另一种与偏执狂有关的行为，我们可以从患者第一次忧郁症发病的情境中推断出这种倾向。我再举几个例子：一位母亲决定带大女儿一起去长途旅行，不能同行的小女儿可能会突然患上忧郁症。再比如，一个商人违背自己的意愿，被迫接受合伙人做出的关键性决策，他突然患上了忧郁症。

对于忧郁症患者来说，上面提到的这些因素，如身体异常等，也证实了这样一个事实，即这种疾病和身体异常无法改变，也无法痊愈，这在很大程度上又加强了这些因素的重要性。

由此一来，就像所有的神经症和精神病一样，忧郁症有助于患者实现目标，即提高个人的意志力和人格的社会价值，至少患者是这样认为的。对于那些幼稚的个体来说，他们承受着不满和自卑感所带来的压力，而从客观上来看，他们认为这种压力是不合理的，他们根本没有必要产生这些感受。他们认为生活不仅仅是艰难的，而且充满了危机，他们会为自己的行为付出令人难以理解的巨大代价。尽管内心深处有些战战兢兢，但是敏感的野心会驱使他们坚持不懈地寻求优越感。一旦他们面对更为重要的社会任务时，就会退缩或犹豫不决。因此，通过系统性的自我限制，他们最终会走上一条辅助的路线：那里的朋友不多，他们的行为始终循规蹈矩，直到认为那种困难重重的变化威胁到他们为止。这时，在童年时期形成的、从未复兴起来的、一直未经检验的诡计会介入进来，开始发挥作用。患者会把自己的重要性降到最低限度，以便从身体异常和疾病中获益。

第四，为了提高自己的地位，忧郁症患者最突出的攻击性武器是抱怨、眼泪和沮丧，他们从童年起就一直使用这些武器。他们以最令人痛苦的方式表现出自己的虚弱，并且认为自己需要他人的帮助，这样就可以强迫他人或误导他人来帮助自己。

第五，这些患者在生活中总是失败的，他们会以独特的方式让自己确信不用为失败负责，这样就可以逃避责任。他们坚持认为无法改善自己的虚弱，而且缺少外界的帮助。因此，我们可以明确地看到恐惧症患者和疑病症患者在心理上的相似性，他们的亲和力是显而易见的。然而，忧郁症患者还有另外一种特征，因为患者的自卑感存在于多个领域，所以他们的目标更具有攻击力。只有通过预期一场不可避免的悲剧，并且坚定地专注于迫在眉睫的危险上，患者把自卑感排除到意识之外，并且屏蔽了所有对自己疯狂想法的批评。忧郁症的绝对命令[1]就是"按照自己想象出来的可怕命运已经发生的方式去行动、思考和感受"。忧郁症躁狂患者预设自己具有像神一样的预言能力。

悲观主义是神经症和精神病之间的共同纽带。当我们从这方面考量时，只有遵循上面的认识来思考，我们才能清晰地了解神经症和精神病之间的相互关系。举个简单的例子来说明这一点：夜尿症就是"表现得好像你真的在用马桶"；夜惊就是"表现得仿佛你真的身处险境"。神经衰弱和癔症的感受，包括身体虚弱、瘫痪、头晕、恶心等，就是"想象你的头上有一个圆箍，还有什么东西卡在你的喉咙里；你即将失去知觉，晕了过去，不能行走；你周围的一切都在旋转；你吃了一些变质的食物"等等。

以上问题常常会涉及环境因素产生的影响。在"真性癫痫"的病例中，这一点确实是这样的，我也这样认为。患者就像在表演哑剧一样，死亡、无力的愤怒、中毒的临床表现，以及个体对危险和失败的逃避，都在这个病例中一个一个地表现出来。在此我们所呈现材料的性质取决于生物体的可能性，而我们通常是从遗传缺陷的表现形式中推断出这些可能性的，一旦它们能够带来好处，并且能够为神经症患者的更高的理想服务，它们就开始发

---

[1] 绝对命令是指德国哲学家康德用以表达普遍道德规律和最高行为原则的术语，又译作"定言命令"。康德的绝对命令以道德自律表现人的道德生活，不为物质利益和社会条件所决定。"命令"即支配行为的理性观念，其经典表述为，除非愿意自己的准则变为普遍规律，否则你不应该行动。——译者注

挥作用。然而，在每一个病例中，疾病发作都表明，患者要么（通过预设的方式）回避了当下，要么（通过专注于自己的角色）逃避了现实。最明显地表现出这种成功回避倾向的是真性癫痫患者。这种类型的患者共有的特征是：患者是家中最小的孩子（在有些情况下，即使患者不是家里最小的孩子，但他和弟弟或妹妹的年龄相差很大）；患者左右脸不对称，右脸低于左脸；患者的头顶骨过度突起；患者多是左撇子。

精神病患者表现出的态度更加坚定，他们几乎放弃了所有现实生活中的目标，因此，他们更加明显地逃避这个世界，他们在越来越多的方面失去自己的价值，更无法承受现实世界的一切。

第六，就像神经症患者认为的那样，精神病患者也认为身体虚弱是不可改变的事实，等待他们的是悲惨的命运。这种看法在某些情况下是必要的，包括困难重重的新处境、需要做出专业决定的情境，以及个体需要进行的各种各样的测试的时候，比如"怯场"这种相当复杂的情况。调查人员必须非常仔细谨慎，不能过分强调自己对情境中的困难的印象。他们之所以会患上忧郁症，之所以会产生"忧郁症无法治愈"这种疯狂的想法，并不是因为他们在智力或逻辑上出现了问题，而是因为他们缺乏欲望，他们不愿意使用逻辑。患者只能以这种不合逻辑的方式进行感知和行动，因为他们只能通过躁狂这种方式来接近目标，并且提高自己的人格意识。因此，在他们看来，任何想要改变他们的人都是自己的敌人，他们会将所有的医疗措施和他人的劝说都当作针对自己地位的直接挑战。

第七，忧郁症的独有特征之一是，通过延续经过精心构造的老旧模式，患者成功地建立起了自己的疾病图景。他们通过自由的表达、过分强调自身的虚弱，强迫别人给自己更多的帮助，并且从环境中获得更多的关怀。在忧郁症发作之后，任何外部的安抚都不再有效，因为忧郁症患者没有逻辑的推理，并且他们的目的是坚定不移的，那就是最大限度地让自己周围的人感到震惊。他们想要限制所有相关人员的行动，让这些人放弃自己的大好前途。一旦忧郁症患者对自己表现出的优越感感到满意，他们的忧郁症就可能被治愈，其康复速度取决于患者身上残存的对生活还抱有多大的信心。通过巧妙地建立真实的关系，他们的康复之旅会取得满意的结果，这些关系既不会揭穿他们假装的优越感，也不会打破他们希望自己永远正确的幻想。预言一个人的忧郁症什么时候会被治愈，当然比预言一个儿童什么时候会停止哭泣更难。在绝望的处境中，忧郁症患者从童年开始就异乎寻常地对生活缺乏兴趣，喜欢挑衅他人，并且极度缺乏对环境的尊重。这些问题累积到一定程度之后可能会导致忧郁症患者产生报复自己的念头，甚至会出现自杀这种极端的形式。

对失败的恐惧、焦虑，与失败竞争或预期自己不再具有应付社会或家庭的能力……这些都会使忧郁症患者认为自己遇到了麻烦，只能凭借能预测到会毁灭自己的麻烦来安慰自己。忧郁症的视角源于自我专注的行为，无论患者是在清醒状态还是在梦境中，这种有目的的行为都取得了效果，因此它总是变得越来越根深蒂固，对患者造成了持续的影响，导致患者的身体器官功能不能正常地运转。如果我们可以仔细研究忧郁症患者的器官功能，就可以对患者的行为举止、睡眠姿势、肌肉力量、心脏活动以及肠道的临床表现等进行预后评估。这种心理方面的联系有悖于阿布德尔哈尔登（Abderhalden）发现的有关精神病方面的病因学解释。但从我们的角度来看，它们只能对精神病中出现的明确的、条件化的表现，或者仅仅是强化的症状进行病理学方面的解释，同时，遗传性器官缺陷也出现在精神病中。此外，我们必须强调器官缺陷可能是个体在童年时期形成的自卑感的重要病因基础。

第八，忧郁症患者的器官会受到忧郁目标的影响，从而调整它们的功能，以适应整个身体的需要，于是它们有助于建立忧郁症个体的临床表现，包括患者的心脏活动、体态、食欲、排便和排尿的情况、思维的倾向等。在强制性刺激的作用下，忧郁症患者的器官就会被迫产生忧郁的情绪。还有一种可能，忧郁症患者的器官功能仍然保持正常，但患者自己认为疾病发作了，并抱怨器官功能出了问题。有时，患者会通过一些明显没有意义的行为来引起某种器官功能的紊乱，以及某种令人烦躁的状态（例如，通过睡眠障碍、频繁地大小便等）。

第九，在一些与营养吸收有关的病例中，患者经常会表现出一系列自发的身体机能紊乱。这些紊乱会在患者没有进行充分的自我考证的前提下，按部就班、有条不紊地继续呈现出来。另外，患者对自己的器官功能提出了详尽的要求，幻想自己对缺乏的规范行为做出了错误的评价，这些都表明患者想要获得一种能够证明自己生病了的真实的、看得见的证据。

第十，患者吸收营养受到一些想法的限制。这些想法会使患者联想到恶心呕吐行为，或者让他们做出令人焦虑的猜测，比如吃的食物中会不会有人下毒。此外，像其他功能一样，患者吸收营养受自我专注的压力所迫，并且有目的的忧郁症患者会表现出这种自我专注（好像什么都没有用，好像一切事情都是以惨败告终）。如果个体感到一种强制性忧虑干扰了自己，他一定会辗转反侧，无法入眠。为了入睡，他会寻求一些明显毫无意义的手段，这些都说明个体出现了睡眠紊乱。如果排泄器官的功能受到对抗性的影响，或者不断地接收到个体的器官提出的过分要求，排便和排尿功能就会出现问题。在某些情况下，个体可能会让相应的器官发炎而达到器官功能紊乱的目的。心脏活动、呼吸、患者的人格态度，以及泪腺偶尔也会受到忧郁症患者虚构出来的压力，进而使个体倾向于在绝望的情况下无休止地专注自我。

第十一，经过仔细的观察，只有通过个体心理学的综合方法，我们才可能获得一种更深入的视角。从这个视角来看，对前文描述的个体而言，这种忧郁的态度就是对忧郁症条件的写照，这种态度又像一件有杀伤力的武器。如果有这种态度的个体没有表现出忧郁症，则可能会表现出生气，甚至勃然大怒，或报复性的狂怒的样子。个体在社会活动方面的缺陷决定了这种类似于自杀的特殊态度。个体可能在很小的时候就已经出现了缺陷，这种特殊态度会逐渐发展，从伤害个体本人到威胁所处的环境，或者让个体产生实施报复行为的想法。

严重的忧郁症发作或自杀通常代表了个体的报复行为。而在这些病例中，这种特殊态度的预期影响是清晰可见的。

第十二，忧郁症患者经常要求他人服从自己，并且照顾自己，这既体现了他们对所有活动的预设，又暗示了他们认为自己很重要。同样，他们也总是坚持认为错在他人。因此，这种忧郁症的态度让患者形成了一种虚构的优越感，并且认为自己不用对任何事情负责任。通过强化坚持认为错在他人的特性，偏执狂和忧郁症之间的细微差别就变得模糊不清了。

第十三，由于忧郁症患者把照顾自己的人仅仅看作提高自己人格意识的一种手段（就像自行支配忧郁症一样，患者也要掌控友谊发展的态势），所以忧郁的个体会对他人蛮横无理，为所欲为，甚至剥夺他人的所有希望。患者的主要目标是摆脱他人对自己的要求，如果强迫他们放弃这个目标，他们就会产生自杀的想法，或者走向自杀的境地。而当患者遇到不能逾越的障碍时，真的会自杀。

第十四，换句话说，当患病个体的地位受到威胁时，对于患者来说，忧郁症的发作其实就代表了他们的一种理想状态。至于患者为什么不享受这种状态，这个问题很容易回答。事实上，忧郁症患者不允许自己出现任何其他的情绪。因为患者的目标是成功，所以，如果愉悦的感受会干扰忧郁中包含的（追求成功的）强迫性态度，那么他们就会排斥这种感受。

第十五，一旦患者以某种方式重新获得了虚构中的优越感，并避免疾病可能带给自己的不幸，那么他们的忧郁症症状就会消失。

第十六，容易患上忧郁症的人是那些从童年起就不信任他人，并且对社会不满的个体。同样地，我们也可以用这种状态鉴别出忧郁症患者的主要假设之一，即带有补偿功能的自卑感，以及尽管其中存在着各种相悖的说法，但个体仍然会不顾所有对立的说法而谨慎追求优越感的行为。

二、偏执狂

第一，偏执狂的活动或生命线经历了一个相当平稳的上升趋势后，在离目标还有一段距离的时候，他们就会停下脚步。这个目标要么来自患者自己，要么来自患者所处的环境。然后，他们通常会通过广泛的知识或者与人为制造出来的困难进行臆想的对抗。这样一来，他们就在潜意识中获得了一种借口。他们预想自己可能会在生活中遇到失败，这种借口就可以起到掩盖、辩护或者无限期地推迟失败到来的作用。

第二，个体在面对所有的问题时表现出的这种态度在童年早期就开始萌芽了。这种态度经过了多次的考验和磨砺，它可以避免个体受到现实生活中最无情的拒绝的影响。这就是偏执狂比其他精神病在更大程度上拥有明确的、有条理的特质的原因，也是偏执狂患者只能在早期和状态极佳的环境下才能受到影响的原因。偏执狂患者的社会情感和其他的功能都没有被彻底摧毁，而社会情感的功能就是普遍有效的现实逻辑。

第三，这种态度的预设之一表现在个体深刻地感受到自己对生活有一种强烈的不满，而且还感觉到自己的这种态度是无法改变的，这种感受迫使个体在自己和他人面前隐瞒自己不成功的事实，以免伤害自己的自尊心或自我意识。

第四，就像偏执狂患者的行为活动表现出来的那样，他们属于好战的类型。偏执狂的本质旨在个体对优越感目标的追求，而且精神崩溃通常发生在比较年长的个体身上。因此，从外部看来偏执狂更成熟。

第五，偏执狂患者的目标是追求优越感，因此他们会对自己的同胞自动形成一种批评和敌对的态度。就如我们前面所分析的，这种态度归根结底是针对其他人的，针对的可能是那些受到潜在的人性影响和具有特定情感的人。通过这样的方式，当患者过分强调自己的计划失败时，他们就会找他人替自己承担那部分责任。偏执狂患者对优越感目标（如妄自尊大）的预期也起到了一定的作用，将患者的优越感建立在坚实的基础之上，并允许患者利用次级行动领域的活动来逃避本该为自己在社会上的失败所负的责任。

第六，我们发现偏执狂患者对同胞的敌意可以追溯到他们的童年时期。被害妄想症患者和夸大妄想狂患者都会积极主动地追求普遍的优越感，而这种优越感体现出他们认为自己必须得到他人的关心。在这些情况下，患者都把自己想象成所处环境的中心人物。

第七，我们把偏执狂的纯粹形式看作躁狂症的一种临界病例，这种情况通常存在着继续上升的趋势。直到个体创造出了躁狂症的机制，这种趋势才会停止上升。这一点也适用于早发性痴呆患者，他们对生活的恐惧和需求似乎更大，似乎也更难满足生活对他们所提出的要求，因此他们会更早地发病。在偏执狂向躁狂症过渡的临界线上，我们可以注意到那些循环性精神病、癔病性意志缺失症、神经衰弱型忧郁症和冲突型神经症的临床表现。我们看到冲突性神经症患者在最初发病时表现出的暂时性压抑更为明显。精神性癫痫、慢性酒精中毒、吗啡和可卡因成瘾等行为在动态上的表现与上面提及的行为表现有很大程度的相似性。不同之处在于，后者在经历大量的动态表现后，或者在与外界的联系减少之后，更加顽强和更加频繁地遭受到抑制。

第八，在精神病患者的所有行为中，我们都可以清楚地识别出以自杀为终点的敌对特质。的确，我们可以把精神病看作个体进行的智力自杀，这个人要么认为自己不能满足社会对自己的要求，要么认为自己不能实现最终目标。我们会发现这种人的后退运动中有一种隐秘的行动，即一种对现实的敌意，而他们的前进运动则在兴高采烈的时候暴露出其内在的虚弱。

第九，偏执狂患者有时会将自己的地位提高到与神的地位相似的地步。这种倾向建立在患者的一种补偿性的自卑感之上。以下情况能够显示患者本身的虚弱：患者在面对来自社会的各种需求时，立马宣布自己无法满足社会的需求，并且放弃自己的计划；将自己的行动领域转移到非真实的领域；表现的倾向是以自己构建的偏执狂症状为借口；坚持认为错在他人等。患者显然对自己缺乏信心，对人类知识和人类能力的不信任使他们倾向于构建自己的宇宙观和宗教政体观，并且将这些观点与大众的普遍观点进行对比。对于维持患者心理平衡和态度坚定来说，这些行为都是非常有必要的。

第十，我们很难纠正偏执狂患者的想法，如果患者要形成自己的观点就必须保持这种特定的状态，以便为自己的失败寻找借口，避免让自己承担任何负责，并在社会活动中变得引人注目。同时，这些想法也符合他们坚持自己虚构的，但没有接受任何检验的优越感，因为患者总是将过错归咎于他人的敌意。

第十一，如果忧郁症患者表现出的被动性是一种强迫他人服从自己的行为，那么偏执狂患者的主动幻想的目的就是耗时费力地寻找一种借口，从而让自己可以逃避因失败而需要承担的责任。

第十二，相比之下，至少从外表看来，忧郁症患者更倾向于将过错归咎于他人，而不是归咎于外部环境。

第十三，当发现自己处于一种危险的境地时，个体会觉得自己对社会地位的渴求肯定会落空，比如当个体即将承担某项任务，正在进行某项任务，或者预期自己会被降职或即将步入晚年时，他们就可能变得偏执起来。

第十四，在预备性躁狂症机制的影响下，患者的责任感被摧毁了。然而，由于对被迫害妄想狂、尊重要求狂、自大狂进行了自我认同，患者的自我价值就得到了增强。正如我们在神经症的心理学病例中所展示的那样，这种机制代表了一种补偿活动，而这种补偿活动源自患者对贬值的预期，并会朝着男性反抗的方向发展。

第十五，患者形成的疯狂想法可以追溯到童年时代。他们像婴儿一样与白日梦和幻想联系在一起，其幻想的内容包括让其感受羞辱的情境。

第十六，偏执狂的态度在躁狂系统中给心理和身体都预留了足够的位置。刻板的表情、态度和行为都与起主导作用的思想观点密切相关，并且这些表现在偏执狂患者和早发性痴呆患者群体中有大量的发现。

第十七，忧郁症的特质经常与偏执狂的特质交织在一起。我们发现，个体对睡眠不佳、营养不良倾向的抱怨，随后会被放大，往往会朝着（被）迫害、中毒和妄自尊大的方向发展。患者不时地会采取这种方式强调自己疾病的特殊性。

第十八，幻觉通常与患者对自己扮演的角色的自我专注有关，幻觉既代表令人鼓舞的劝诫内容，也有引以为戒的警告作用。无论何时只要人们认为患者的意愿是最终的决定，而且患者也不必为此决定承担任何责任时，就会出现幻觉。我们可以认为劝诫类似于梦境，患者不需要明白劝诫中的深层含义，但是，劝诫的内容却代表了患者希望在某些明确的问题上采取的策略。因此，幻觉和梦境都是患者将主观冲动进行具体化的手段，患者会无条件地屈服于主观冲动的目标。因为患者不用对自己做的任何决定负责，所以患者的意愿不再听从自己的指挥，取而代之的是由陌生人的劝戒内容来支配患者。

第十九，在上述内容的基础上，我们必须再补充一点，躁狂系统的固着方法是有目的地选择记忆，比如个体选择自己喜欢的记忆，并且根据最终目标对经验进行评估，以确定躁狂症的体系。我们认为由于设定目标的性质，这种构建系统的趋势显得非常明确，而且十分重要。（这个目标包括后退的命令、责任的推卸，并将过错归咎于他人，以及隐藏个人明显可见的精神崩溃。）

第二十，我们认为正常人失去勇气的时候，他们的态度就会变得偏执。那些脆弱的人会选择自杀或满腹牢骚地抱怨他人；而在这时，那些看似攻击性很强的人却像个懦夫逃避来自生活的各种要求，比如他们可能会违法犯罪，或者借酒浇愁。只有那些为适应社会做好充分准备的人才能保持心理平衡，我们偶尔也会遇到上述几种类型的混合病例。

第二十一，偏执狂患者进行的孤军奋斗导致他们把每个人都当作敌人或棋子。像其他神经症患者和精神病患者一样，偏执狂患者也缺乏对自己同胞的善意。这样的人在社会生活中从来都不是可靠的参与者，他们会把一种不正确的态度带入正常的人际关系，比如谈情说爱、建立友谊、奋战职场、参与社会活动等。患者产生这种反常的态度，源于他们过低的自我评价，以及对生活中的困难过高的评价。这也正是患者做出一系列类似于神经症和精神病行为的原因。患者对社会的敌视态度不是与生俱来的，也不是不可更改的，这仅仅只是一种博人眼球的发泄方法的极端途径。

第二十二，偏执狂很难被治愈，因为这种疾病在患者生命线上所处的位置正好是其怀疑自己的身体必然会崩溃的那个地方。然而，如果我们能在患病初期就纠正患者身上毫无意义的主观夸大形式的话，那么患者是有可能痊愈的。

第二十三，偏执狂易感人群的态度在童年时期就已经有所表现，这种态度使得他们很容易在困难面前停下脚步。我们经常在患者的生活中发现干扰他们前进的东西——这些东西令人费解，并且直接影响着个体的发展。所有阻碍进步且有风险的行为，包括频繁的职业变动和不工作，过着流浪的生活，实际上都是个体指导思想的胁迫手段，它们要求个体为了赢得时间而去浪费时间。

喜欢支配他人、让人难以忍受、缺乏同情心、没有同伴，只选择几个温顺的人与之交往……这些症状都在偏执狂患者身上频繁地出现。我们可以从这类人的共有性格来辨认：他们喜欢对他人和事物进行抱怨，并给出不公正的批评。

附录：一位忧郁症患者的梦境

一位四十岁的官员被调到另一个部门。十三年前，他在类似的调动场景中出现过忧郁症的迹象。像上次调动一样，他发现自己不能像平时那样履行必要的工作职责。他偶尔也会在某些想法中暗示自己的这种状况是他人造成的。他认为自己不受重视，工作中又困难重重。总之，和其他忧郁症患者一样，我们似乎看到了他走在通向偏执狂的路上。为了逃避内心的痛苦折磨，他曾向我索要毒药自杀。不管发生什么事，他总是看到事情最坏的一面。失眠、消化方面的问题、不间断的忧郁，以及对未来生活的极度恐惧日益增加，这些症状都能让我们诊断出这个人患有忧郁症。

如前所述，我解释了忧郁症被看作"残留的问题"的原因。为了证明自己有病，患者会利用自责和贬低自己的手段，以逃避做出明确的决定。例如，患者要么设法规避对自己的生命计划不利的成功，要么通过证明自己生病来削弱成功，要么通过把自己的成功归结为是对一种虚构缺陷的部分补偿，虽然这种虚构的缺陷迄今为止根本就不存在。他总是强迫他人来帮助自己，还利用他人的善意。而这些人也会因为患者生病了，就劝诫自己为患者做出更大的让步。如果将这种情景的意义放在童年时期来解释，我们会看到一幅孩子哭泣的画面。下面的叙述是患者最早的童年回忆：他把自己描绘成一个躺在沙发上哭泣的小男孩。那年他才八岁，一位阿姨打了他，他就跑进厨房里大声喊着："你让我太丢脸了！"通过这种特殊的手段，即用哭泣和抱怨控制一切，让旁观者无法忍受搅扰，这样他就可以直面应对每一种新情况。我们不要忽视一个事实，只有当我们假设自己面对的是一个野心勃勃的人时，我们才能理解他的手段。尽管有野心，但他不相信自己，甚至认为自己不能用直接的手段来实现优越感目标。显而易见，他私下里认为自己是像神一样的存在。在这种观念的压迫下，他之所以不想对自己在现实生活中所取得的成就负责任，是因为不想让他的神去接受考验。这就解释了他的"犹豫不决的态度"，他对这种"残留"的潜意识的安排，以及他与优越感这个目标之间存在的"距离"。每出现一种新的情况，他就害怕失去自己的优越感目标。

在治疗的第一周，患者就做了一个有关世界大灾难的梦，我们在本书的第19章讲述过这个梦。如果你还记得的话，我们也在那一章里发现了忧郁症的机制。他假设了一种自己完全不用负责的情境，把自己展现得像一个强大的人一样。他在幻想中像神一样掌控着整个世界的命运。当一切即将毁灭时，他就可以随心所欲、恣意妄为。[1]他在梦中的情绪与他说"你让我太丢脸了"这句话时的情绪是一样的吗？当他低估自己的时候，我们可以继续将其解读为"我现在要用最有力的行动去接近目标"吗？难道这里的空气中没有弥漫着自杀的气味吗？难道忧郁症不是被患者用作敲诈勒索吗？

一切都必须服从他的意志！这就是他患上忧郁症的目的。下面是患者的第二个梦："我看到街上的一个女孩来到我的房间，

---

[1] 这同时也让他从社会情感的束缚中解脱出来。

她自愿委身于我。"这个梦的背后有什么样的深层含义呢？这其
实很容易解释。女孩自愿委身于他，这样患者就不用公开地表现
出自己的攻击性。有一种神奇的力量迫使每个人都向他臣服！通
过利用世界毁灭带来的威胁和忧郁症造成的影响，他就像一位魔
术师，使得世界上的一切事物都步入他所虚构的那条正常运行的
路线。

　　第三个梦则展示了患者对自己的忧郁症的安排："我发现
我曾拒绝过的一份简单轻松的工作。那里的工作氛围令人愉快，
并且一切都井然有序。"换句话说，"幸福就在那个没有我的地
方！"[1]这其实是他的态度所暗示的一种假设，他的目的就是让
自己当前的处境显得悲惨，令人痛苦万分。要想反驳这一点是不
可能的，因为如果他想象自己处在另一个地方，那么我们就会遇
到一种无法实现的情境。毫无疑问，如果我们把他放到另一个地
方去，他还会想出其他的伎俩来抱怨自己的处境。

---

　　[1] 这是舒伯特的著名歌曲《流浪者幻想曲》（*Der Wanderer*）中的一句歌词：
"我叹息自问/往何方 往何方/听微风向我低声说/流浪者的幸福 就在故乡。"——译
者注

第22章 关于阿尔弗雷德·伯杰《宫廷枢密官艾森哈特》的个体心理学评论

（1912年的发言稿）

故事简介

弗朗西斯·冯·艾森哈特博士（Francis von Eysenhardt）出生于维也纳革命爆发的前几年（维也纳革命于1848年爆发），恰逢十九世纪五十年代初的保守党统治时期。正当奥地利从古老的君主专制国家转变为现代资本主义国家时，他进入皇家最高法院的刑事部门工作。

艾森哈特的成功主要在于他优秀的才干。在他身上，我们看到了旧官场上官僚的各种特点与现代政府要求官员具备的新精神完美地融合为一体。他审时度势，展示了自己的政治立场，人们必须无条件地效忠皇帝，他认为这一点高于一切。

作为一名出色的刑事律师，艾森哈特的专业声名远扬，加上出众的演讲才能，因此大受欢迎。当他被任命为首席检察官时，罪犯和辩护律师们都惶恐不安。几年后，他又当上了法官，并被任命为陪审团法庭的首席法官。他的聪明才智和惊人的记忆力，让每个人都十分惊讶。但他偶尔也会因为表现出偏袒而受到他人的指责。不知不觉中，他似乎只对判罪感兴趣。而当艾森哈特出任审判长时，他对罪犯量刑的严厉程度令人咋舌。此外，在他处理的案件中，每个人都知道不可能用任何方式去影响最后的判决，这是因为他的判决表现出严格的正义感，他不仅严格要求自己，对他人也是一样的标准。作为对他满腔热忱的服务的公正褒奖，国家授予他最高司法的职位，并任命他为枢密官。据说，艾森哈特还将成为下一届内阁中的司法部长。

艾森哈特的社交生活和私人生活都是不同寻常的。他没有朋友，甚至连熟人也没有。除了上班时要求必须说话之外，他就一个人静静地待着，一言不发，整整一天就这样过去了。他是一个天生内向、不善交际而且害羞的人。他身上之所以具有这些特点，在很大程度上是由于小时候父母对他过于苛刻的要求，以及他所接受的近乎残忍的教育所致。哪怕只犯了一点儿小错，他父亲都会拿起鞭子抽打他。这样的做法无形中助长了艾森哈特的复仇心理。当小艾森哈特用节衣缩食省下来的钱买了一把左轮手枪，用枪指着父亲并威胁他时，父亲再也不敢虐待他了，父亲终于停止了对他的暴行。在青少年时期，他表现出稍微有点儿不正常的性取向。他从来不跟名门贵族的女孩交往，却经常造访那些非法活动场所，如妓院。当艾森哈特还是个孩子的时候，有一次他给自己买了一副女式手套，父亲因此狠狠地鞭打了他一顿；但是当他独自一人的时候，艾森哈特会温柔地亲吻这副手套。

艾森哈特的一生既遭人鄙视，同时又受人仰慕。在精神和思想都处于孤立的状态下，他仍然尽职地履行自己的工作职责。突然，他的人生发生了一次巨变。整个维也纳尽人皆知他那老派的形象，突然出现了改变。有一天，他把自己的胡须修剪成非常优雅的样式，而不是不修边幅地留着短硬的大胡子，他还穿上时髦的新衣服。他不仅仅是外表发生了变化，那冷酷而忧郁的性格似乎也受到内心深处一道光明的照耀，这道光明也反映在他的外表和性格上。我们猜测艾森哈特之所以发生这种变化，是因为他很快就会在司法部获得更高的职位。当然，这个假设并不完全是错误的，因为艾森哈特本人也很期待着职位的晋升。他这种近乎兴奋的状态大约持续了三个星期，直到一个重大事件的发生，使这段可能是他一生中唯一快乐的时光戛然而止。他掉了一颗牙！他完全没有心理准备，这预示着他即将迈入老年人的行列，因此，这个衰老的迹象对他产生了可怕的影响。他原本就有点儿精神紧张，掉牙让他变得更加紧张，他无法排解心中的焦虑。同时，他开始不断地怀疑自己是否出现记忆衰退的迹象。他那平时坚定的秉性，现在却对即将来临的危险充满了莫名的恐惧。

当艾森哈特因为内阁危机并未在司法部谋到预期可以更上一层楼的职位时，他就如同遭到了电击一样，不断地思考政府拒绝晋升的原因。与此同时，他开始全神贯注地研究起自己来，这对他来说真是一件相当新鲜的事情。他并不擅长分析和研究人类的动机和情感，他只具有一种非凡的天赋，那就是能够从收集到的各种证据中推断出一个人一步步走上犯罪道路的所有犯罪过程；然后，他知道如何以令人惊叹而又富有戏剧性的方式呈现这一过程。他从不认为案件中的罪犯是自己的同胞，也从不承认案件中的人是自己的同类。然而，自从精神上出现了问题之后，他就对被告的态度就发生了转变。对被告的判决结果开始让他的良心不安起来，他在夜间出现了幻觉。有一次，在他的幻觉中出现了一个人，名叫马库斯·弗洛因德（Marcus Freund），因强奸幼童罪而被艾森哈特判处了极刑。凡是艾森哈特起诉过的人都出现在了幻觉中，他现在反而成了被告，而那些人却成了原告。自从马库斯·弗洛因德出现在了幻觉中以后，即使是在白天，他也无法从大脑中抹去对这个人的想法，所以他最终决定重新翻阅一下整个案件的卷宗，以便让自己确信马库斯·弗洛因德确实罪有应得。然而，他将重审此案的事情一拖再拖，直到有一天，他听到弗洛因德已经死了，而且就在弗洛因德死的那个晚上，他第一次出现在艾森哈特的幻觉里。从那以后，他的精神一下子崩溃了；他认为世界上所有人都在关注弗洛因德的案子。随着钢铁般性格的崩溃，他本性中最基本的性本能似乎也一同发生了明显的改变。家人几乎都没有注意到他内心的崩溃。性本能这种新的、折磨人的强迫性思维的出现，让他把自己因为年迈而智力衰退的想法搁置在一旁，因此，他的思想变得更加活跃，工作能力也变得更加强大。当他被任命负责审理一个非常重要的间谍案件时，他让自己重新振作起来。接到任命的通知令他心情愉悦，因为这份通知似乎暗示了他，之所以没有任命他为司法部部长是因为需要把他留下来，去负责审理这个极其复杂的间谍案。艾森哈特似乎又完全恢复到本我，把马库斯·弗洛伊德的案件忘得一干二净。

然而，间谍案最后庭审的前一天晚上发生了一件事，刺激了艾森哈特，他于是自杀了。虽然我们至今都没有完全弄清楚他自杀的原因，但是，它一定与艾森哈特正在审理的间谍案有关。在这场审判中，被告的妻子和未成年女儿也参与间谍案中。还有一件关于艾森哈特的风流韵事：一名警方密探发现艾森哈特当晚现身于一个声名狼藉的风月场。当时这种情况对艾森哈特来说，是一件非常令人尴尬的事情。于是，艾森哈特留下了这样一张便条：

以皇帝陛下的名义：

我犯下了一项不可饶恕的罪行，我觉得自己不再适合继续担任司法部部长，事实上我也不应该继续苟活在这个世上。我给自己判处了最严厉的惩罚，并将在几分钟内由我自己亲自来执行。

艾森哈特

在开始讨论之前，我们向伟大的心理学家和思想家伯杰先生表示敬意。

很久以前，我们就以肯定的态度回答过这样一个问题：为了发现人类行为的主要动机，我们对一件艺术作品进行了分析，这个做法是无可非议的。需要讨论的唯一问题仅仅是我们所采用的分析策略具有什么样的普遍性。当然，我们对此也没有完全达成共识。

这本关于枢密官艾森哈特的传记之所以引起心理学家们的注意，还有另外一个重要的原因，那就是这本传记非常真实地描写了艾森哈特的全部生活。它不仅仅是一位历史名人的生平故事，同样也是基于书的作者伯杰那富有创造性的想象力。伯杰既是一位艺术家，又是一位心理学家，他认为人类灵魂具有一种直觉，他还不止一次地为我们提供证据来证明自己的看法。

如果每一位心理学家都将伯杰的创造性认知当作是对自己观点的佐证，或者看作是事后的经验的话，对此我一点也不会感到惊讶。正如在伯杰的书中所描述的有关施泰因赫尔（Steinherr）的精彩言论那样，每个人都只看到自己能理解的那部分内容，并试图把自己所掌握的知识内容运用到对人类的灵魂和艺术进行的调查研究之中。

　　我们无意篡改诗人和思想家们的非凡创作，我们仅仅是尝试着通过他们的创作来确定我们在多大程度上是走在正确的路线上，以及有多少作品可以通过参照个体心理学的工作方法来进行分析和理解。

　　我们的研究领域与伯杰的艺术开启的方向是一致的。我们总是关注那些引人注目的人物，并试图追溯到他们的童年，甚至更进一步追溯到每一个行为的开始。我们对人格的惊人转变感兴趣，并从整体上努力把握人类多方面的思维联系和表现形式。

　　全面深入细致地调查儿童对未来职业的幻想后，我们发现，尽管个体对职业的选择受到许多先天因素的限制，但是这种选择仍能体现一个人虚构的生命计划的本质。这种职业的选择受到儿童对自己人格的掌控，并且这种人格受到一种神化的、教条的人格概念的支配。[1]

　　我们接下来将会把所有的注意力集中在人格和神经症之间的相互关系上。

　　从这个关系出发，如果我们正确地解释了神经症的病因，就会得到有关人类精神世界的那些基本的却又抽象的指导路线，这些指导路线会体现在一个与众不同的人格特征上。从文化价值来看，艾森哈特不仅是一位创造者，还是一个破坏者；从身体状况来看，他是一个神经症和精神病的患者。

　　迄今为止，在对艾森哈特的描述中，我们找到了极好的佐证，证明人们可以做出对那些与众不同的人的心理结构的科学判

---

　　[1] 从某种意义来说，这种职业选择代表了对个体身上蕴藏着的更深"规范"行为冲动（或本能）的基本满足，参见克莱默（Kramer）在《自卑与超越》（*Heilen und Bilden*）一书中关于《职业选择的幻想》的内容。

断，以及一些偏见。

作家小心翼翼地塑造出小说中完美的主人公，我们只要轻松地跟随他的笔端，开心地往下读。甚至无须多言，我们也可以指出一件艺术作品的魅力源自它的综合性整体印象，而科学的分析却是对这种综合性的亵渎和破坏。

既然已经简单介绍了伯杰这本书的故事情节，人们也开始关注这本书，那么我们现在的任务就是划分内容，从而使我们更清楚地了解主人公艾森哈特所呈现出来的生命活力。这样我们就可以在某种程度上获得一种支持，获得一些关于人性知识方面的有用范式，并从教育、自我控制和治疗的角度来塑造自己的实践活动。

我们就从艾森哈特的身体特征开始分析研究。我们得知他有瘦弱的肩膀、凸起的前额、浓密的眉毛。我们还得知他开始长胡子的时间比正常人都晚，肤色暗黄，如同患了黄疸病，眼睛周围总是有深青色的黑眼圈，另外还患有胃病和胆道疾病。从临床上来看，这些表现似乎是一个佝偻病患者的身体特征。他在消化道方面的疾病是器官缺陷的外部表现，这个人可能像大多数神经症患者一样，身上也表现出了第二性特征的退化症状。

人们经常指出，上面提到的这组身体特征，以及这组身体特征给人带来的后果是疼痛和器官缺陷等相对负面的精神体验和心理状态，它们会导致患者从幼年时期就做出错误的自我评价，最终会让人产生自卑感和不确定性。

年轻的艾森哈特是家里的独生子，父亲残暴专横。艾森哈特所处的家庭环境很明显地加剧了他的"情感的不满足感"，这是珍妮特[1]提出来的一个概念。

为了坦然地面对生活，并获得安全感，儿童通常以补偿的方式（这是正常的方式）来夸大自身具有的正常功能，即设定更高的人格目标，更加果断地肯定人格目标。这些儿童走在自己的人生路上，信仰着自己创造出的神灵，之后这些神灵会作为上帝或魔鬼指引着他们前行的脚步。

他们的意志和欲望变得更有表现力、更具攻击性，行动变得更加隐秘、更加狡猾；支配欲、嫉妒、残忍、贪婪、暴怒以及对生活所做的各种准备都更加仔细、更加精确。

我更喜欢伯杰对艾森哈特的描述：

艾森哈特是一个野心勃勃、对上级卑躬屈膝的人，还是一个好管闲事的爱国主义者。他既坚强又勇敢，在社会上扮演着救世主的角色。他的专业能力很强，还具有能言善辩的天赋、极好的记忆力和非凡的聪明才智。他的好奇心、求知欲和敏锐的洞察力使其成为一位天才侦探。他孤单寂寞、唯我独尊，坚持遵循所有的老旧形式，并在举止、态度、习惯和思想上更喜爱简洁明了的方式。人人都对他有成见，他不是招人嫉恨，就是受人爱戴。

施泰因赫尔是一位令人失望、想方设法进入上流社会的人，但他的创造性并不逊于艾森哈特。施泰因赫尔通过艾森哈特的远大抱负了解了艾森哈特关于旧时代的人格理想。他推断，艾森哈特代表了一种典型的案例，即他把自己的犯罪本能和反社会的本能转变成为一种合法的行为。施泰因赫尔认为艾森哈特的生命指

---

[1] 皮埃尔·珍妮特（Pierre Janet，1859—1947），19世纪后期颇有影响力的法国心理学家、精神病学家和催眠师。珍妮特的主要贡献之一是把神经症划分为癔症和精神衰弱；前者主要为心理张力的减弱，后者则是人格自我的分离。珍妮特的观点特别强调了"一种情感的不满足感"，即一种意识残缺的体验，许多研究者认为他的观点精确地表达了"人格解体"这个词的意义。——译者注

导路线充满了残暴的性本能和不受限制的自满。艾森哈特希望能
支配男人，甚至奴役他们，并想占有女人。

我们梳理一下一些已知的事实：为了防止父亲给自己带来毁
灭性的危险，艾森哈特形成了野心勃勃的、虚构的人格理想。他
学会适应所处的环境，并认为有必要对权力表现出明显的顺服，
然而，有一天，他却用左轮手枪威胁父亲。毫无疑问，他的人格
观念受到暴虐成性的父亲的影响，但比父亲的更完善。他学会了
如何去避开一个强大的敌人，同时也学会了如何去欺压一个弱小
的对手。他的性行为仅仅是一个类比，不能解释一切行为的原
因。他的攻击性态度会变得迟疑不定，他在性方面的表现也不过
是亲吻一下那副女式手套，因为强壮的女人、专横跋扈的女人以
及易怒的女人，如普鲁塔克[1]笔下的人物狄翁（Dion），都会让
他感到恐惧。他将妓女的地位抬高到像受人尊敬的淑女一般，并
且梦想着去征服所有的儿童。他可能很容易成为一名同性恋者，
但他对男人的蔑视又让他抵挡住了这种同性恋的倾向。否则，他
可能会对那些软弱无力的女人，甚至一具尸体产生某种欲望。

艾森哈特的这种心理状态似乎表明，他正在为自己的行为
准则寻找一条发展路线。他走在路的边缘，沿着资产阶级的道德
底线往前走。他去世后，人们发现他使用过的钢笔和铅笔都有固
定的位置。他恰如其分地限制了过于紧张的攻击性，名声和司空
见惯的性方面的行为规范足以证明他是一个真正的男人。他的名

---

[1] 普鲁塔克（Plutarch，约46—120），罗马帝国时代的希腊作家。青年时期游
学雅典，受过数学、哲学、修辞学、历史学以及医学等方面的训练。他曾遍游希腊各
地，到过爱琴海诸岛，访问过埃及、小亚细亚、意大利等地。他以《比较列传》（又
称《希腊罗马名人传》）一书留名后世。普鲁塔克的作品在文艺复兴时期大受欢迎，
蒙田对他推崇备至，莎士比亚的不少剧作都取材于他的记载。"普鲁塔克"这个名字
在西方几乎成为一个文化符号。——译者注

声使他有充分的机会享受一种优越感，尽管这种优越感只是一种错觉。他贬低他人的目的就是为了把自己塑造成可以操控一切的神。

艾森哈特的社会地位越高，精力就越衰弱。当生命线趋于上升阶段时，他的精力就消耗得越多，这位辩护律师也不像以前那么热衷于对被告穷追不舍了。当他有望在司法部里得到一个梦寐以求的职位时，他就完全变了个人。他的社会情感突然丰富起来，并且冲破了保护他不受到同胞伤害的厚重铠甲。当艾森哈特感觉到自己与神极其相似时，他经历了一次巨大的改变。

艾森哈特是如何改变的

在一个人身上，或者说在一个神经症患者身上，有可能发生这样的变化吗？因为我们在所有神经症患者的临床表现上发现了一种规律，他们都普遍存在着一种非常明显的恒久性，以至于我们认为其中存在一整套综合的机制。然而，我们更深入地了解之后，发现即使是在这种状态下，每个患者的心理发展都有不同的进程。患者可能时而感到愉快和兴奋，时而感到忧郁沮丧，时而又充满活力；时而垂头丧气，时而又绝望无助或满怀喜悦；时而积极主动，时而懦弱胆怯。总之，隆布罗索将这些对立特征共存的现象称为"双相障碍"，我称之为"两极与雌雄同体"，布洛伊勒称之为"矛盾心态"，其他的研究者称为"双重竞争"或"人格分裂"。在健康的人身上，矛盾的特质在发展成为神经症之前，我们也能观察到这种对立的行为，其表现形式包括犹豫、怀疑、焦虑、害羞、害怕做决定，只要面对任何新事物就会胆战心惊等。我们感知到的所有的特质与冲动，无论积极的还是消极的，要么接近于现实，要么接近于自我理想。已经形成的神经症具有强大的力量和能力，可以保障患者最基本的性格特征。事实证明，"矛盾心态"是实现这一目标的综合方法。

枢密官艾森哈特期待着远大抱负最终能实现。然而，我们知道，这种情况永远不会以令人满意的方式到来，因为他的指导目标是虚构出来的，而且目标的定位太高，所以他最终无法实现这个目标。我们知道，许多神经症患者都会忐忑不安地期待着幸福时刻的降临，尽管他们会表现出犹豫，但同时我们又能观察到他们异常地兴奋：他们身上表现出一种非常明显的强化的人格意识，以至于他们变成了"另外一个人"。作者用幽默的语言详细地描述了这一转变过程，他在描述中特别强调艾森哈特变成了一个非常时尚的人，他的整个外在形象都得到了提升。他把胡须修剪成时尚、优雅的样式，取代了原来短而浓密的络腮胡。作者在这里也提到了艾森哈特的一种神经症的特质，那就是他会为自己掉了一颗牙而悲伤不已。我们怀疑，艾森哈特认为自己的男子气概会因为掉了一颗牙而被减弱，他是在为自己失去男子气概而哀悼痛苦。他现在变得平易近人、和蔼可亲，因为他的自我意识的自动提升使他放弃了一部分与自己的目标之间的"距离"。尽管他还在扮演着以前的角色，还是原来那个棱角分明的人，但是，他开始表现出更加自由开明的态度，慷慨地给予他人一些建议和鼓励性的表扬。同时，他摒弃了一些自己总想证明别人有错的强烈欲望。施泰因赫尔知道艾森哈特之所以变成这样是因为他处于一个更高、更好的位置。艾森哈特的改变也让被告从中获益颇多，因为他们不再是他残忍施虐欲望的必需牺牲品，甚至他的外貌也失去了想要支配他人的强烈欲望的特征。他那以安全防护为目的的节俭特质也没有以前明显了。从我们的角度来看，即使是他的情绪中那些难以改变的因素也发生了明显变化，至少在某种程度上，他认为以前从事的工作令人愉快，而现在这份工作却成了一种沉重的负担，他想从负担中彻底解脱出来。万事万物的变化都取决于看待事物的各种方式和观点。

艾森哈特的生活方式和个人风格表明了神经症患者为预期的失望所做的防护准备，而且他的记忆力也展现了那些支持这种防护准备的"回忆残片"。在这个过程中，他对原来所有不确定事物的恐惧，对自己做过的决定产生的恐惧，以及广场恐惧症等都再次出现在他身上。正如伯杰在另一个地方所说的那样，在意识到自己的男子气概不完整时，艾森哈特预感自己会再次屈服，因为父亲曾经击败过自己。

在艾森哈特吃饭的时候，一颗下门齿松动并脱落了。艾森哈特认为这件事象征了自己身体机能的不足。掉了一颗门齿意味着失去了一个器官，这就损害了男子气概，一种因迷信而产生的冲动打击了他，但无论这种冲动是什么，聪明的人都会把它好好地隐藏起来。而他却认为，自己的生命快要完结了！这一切都是虚空的！他热切盼望的胜利终于要来了，这是他毕生为之奋斗的胜利，他所有的生命计划也都是因这个胜利而制订出来的。然而，这颗掉落的门牙压垮了他！以前的不确定性又将他禁锢在困境之中。如果在智力方面的力量，即他的主要攻击武器消失了，那他将怎么办呢？于是，他再次求助于以前用过的方法，也是习惯使用的方法。他想要找到一些证据来证明自己的才干，想得到某些确定性来检验一下自己的能力。在权力范围内，他通过自我批评的方式随意降低或提高自己的威望。他最害怕的不是现实，而是现实的表象，即是否会被剥夺世俗的权力。在对一切质疑的情况下，他对恐惧的构建促使他采取更有力的预防措施。他开始感到心慌，轻微的焦虑也发作了，这些都是他强化幻觉的防护措施和预警。然而，这些都彻底动摇了他自己构建的自鸣得意的高大形象的根基。他的胜利就体现在当上司法部部长，但是失望接踵而至，他想当部长的希望也幻灭了。于是，他的神经症疾病再次发作，他原来已经从过去的防护措施中解脱出来，现在又重新开始被不确定的事物所困扰。

在这些例子中，如果个体通往胜利的道路已被切断，并且男子气概正在日渐衰落的悲惨感觉又会以某种方式重新出现，个体身上将会发生什么呢？尽管个体先前做过种种尝试和准备工作，这些都表明自己曾经拥有的人格并未真正受到影响，相反，这种人格现在更加牢固地被固定下来。艾森哈特的行为习惯使他比以前更加频繁地造访凯特纳大街和附近小巷里的妓院。我们可以断定，就像所有神经症患者达到转折点一样，他那堕落的性行为并不是来自身体的生理原因，而是由于对命运进行补偿的愿望，即赎回自己身体原有器官的愿望。换句话说，这其实是一种自欺欺人的行为，其基础是要获得强化的权力意志，即强化的神经质的指导路线。施泰因赫尔为艾森哈特表现出的淫荡行为开脱，伯杰似乎也倾向于支持观点，因为伯杰把艾森哈特的轻微的堕落行为解释为由于内心的绝望而表现出来的行为，我们将这种状态称为男性反抗，其中涉及羞辱、自卑感的再现，以及人格感的沉沦。

然而，在另一个方面，艾森哈特经历了一次转变，这一转变向我们表明，如果一个人在充满压力和泪水的环境中长大，如何形成个体的性格在很大程度上取决于自己的看法。换句话说，性格图像（character-picture）是可以改变的，它可以像其他任何图案一样相互转化，因为性格图像本身并不代表任何目的，而只是代表一种心理态度。通过这种态度，无论是否存在着不可逾越的障碍，个体能够以最快的方式实现人格理想，或者以某种迂回的方式实现人格理想。艾森哈特之所以变得更有人情味、更具人性化，是因为他想向人展示，只要他愿意，也可以变成这样的人。"他那曾经封闭的自我，现在变得更加自由，并且能够与其他陌生人交往了。"他的良心觉醒了。我们有理由认为，这种觉醒是个体心灵的一种计谋，它的目的是让个体在不安全的情况下提升自我感。这种觉醒，再加上对自己所犯错误的认识，都能使忏悔者更加接近上帝。这种觉醒预设了一个对手，在对手面前，艾森哈特的优越感能够得到证明。但是，艾森哈特的对手是谁呢？这次艾森哈特想让谁来承担错误呢？毕竟艾森哈特的整个生命计划都是追究他人的错误。艾森哈特始终控制着自己的表达方式和思想，那么现在艾森哈特又准备审判谁呢？他的思想现在已经在与本身的对抗中占了上风，而他被迫完全按照自己的指导路线行动，以便加强像神一样的虚构形象，并且坚持到最后。他现在的对手竟然是政府，也就是具有统治政权和生杀大权的父权制度。艾森哈特认为自己之所以蒙受屈辱，是因为政府有眼无珠，是因为这个政府中没有比他更好的公务员了。艾森哈特无法抑制住自己的野心，他想要成为政府的司法统治者，当他发现被自己的虚构内容和假想出来的权力欺骗时，他就开始实施那些在他看来是对政府最危险的行动措施。他历来示人的严苛态度转变成了为人随和与心地善良的态度。这是他为了反对政府而发起的最猛烈的攻击和最强大的反抗。他一直以来都在鼓吹"温和就是无政府状态"，因此他现在故意让自己变得温和起来。

　　我们在这里看到起指导作用的虚构内容有了一个变化。起初，艾森哈特想根据自己童年时为生活所做的准备来采取行动，就像对待父亲那样通过征服他人来实现统治他人的愿望。当即将实现目标时，他受到了阻碍，于是他创造了更加有力的保护措施来保障自己的利益，并且通过司法宽赦的形式发动了一场叛乱。

枢密官艾森哈特的神秘经历

艾森哈特在一封信里描述了自己遭受的痛苦经历。这封信并没有被烧掉。作者说艾森哈特忘了烧掉这封信。伯杰是一位非常优秀的心理学家，在这一点上他并没有停留在表面，因此，让我们沿着这条线索继续分析下去。艾森哈特选择了遗忘这种安排，其目的就是为了鼓励自己做出更进一步的反抗，并向公众展示一直对政府忠心耿耿的他却沦落到了什么样的境遇。

艾森哈特初入职场时的虚构行为就是为了控制男性反抗，通过让自己服从政府的权力来实现支配权。他的这个虚构行为可以追溯到很久以前，至少可以追溯到他直接对抗父亲失败的那个时候，于是他被迫采取迂回的策略。直率并不是他的个性。现在我们发现，当死神派来一位信使后，他在自己的生命主线上又一次被打败了。现在他唯一能做的就是放弃迂回的策略，转而对政府发起直接的攻击。尽管自己兢兢业业，但政府却对自己如此忘恩负义，于是他开始放弃那些迄今为止束缚着自己的准则和法律：一些利益是由他自己制定的，而另外一些利益则是由政府制定的。所有这些在他内心涌动的想法逐渐透露出来，他那无政府主义式的温和态度也变得更加强烈了。

研究神经领域的专家们遇到过无数次由老年人策划的反抗活动。为了让自己的指导路线发生改变，这些老年人会以各种各样的借口放弃自己的职位，离弃自己的家庭和井然有序的世界。

处在这个阶段的艾森哈特尝试去看专科医生，尽管他从前曾经鄙视过这些医生，认为他们不仅具有破坏性，而且还具有无政府主义的混乱性。他认为与医生面对面地交谈就是一件羞耻的事情，因此，他将自己的忧郁症和焦虑症的症状都写了下来，仿佛纸上描述的另有其人，这样一来，他便能够驱除认为自己是个病人的心魔，从而以这种方式让自己真正地感受到情感人格。

他在期待自己的晋升时发生了非常令人不安的掉牙事件。与此相关的是一连串的思绪和情感上的后果，这些后果使他感觉到自己的能力，特别是记忆力正在衰退。

这里我们看到的是神经症患者身上表现出来的典型的"犹豫态度"：每当发现自己处于一个新的情境中，或者即将面临一项新的任务时，他们就会表现出犹豫态度。在正常的环境中，艾森哈特试图牢牢把握住可能取得胜利的机会，但是他在此刻却呆若木鸡，不相信自己能够为新职位做出必要的改变。

在这里，伯杰帮我们解决了这个问题，艾森哈特所做的试探性准备是指外表的变化，比如他的五官相貌变得更加明显了。从这些基本事实，以及艾森哈特强制进行的这些转变，我们可以推断出，他的内心存在着一种不安全感，这种不安全感要求他做出相应的补偿。正是这种不安全感驱使他离开了社会，并且使他无法与出身于体面家庭的女性交往。只有在面对妓女和罪犯的时候，他才能获得支配感，这样才会有自信心。

在缺乏安全感的情境下，心理——尤其是神经症患者的心理——会产生出一种非常独特的应对方法。在这种心理的指导下，个体会低估自己的能力，并且坚持自己有一些自卑，这样他才能获得更多的发展空间。这是神经症患者唯一了解的状态，他们会从这个角度对生命进行预估。我们能更加明显地觉察到每次嫉妒造成的痛点，每次嫉妒在他们身上被刺激起来的支配欲和攻击欲都会变得更加明显。他们会小心谨慎地采取每一步的行动，这样他们就能够获得胜利。正是这种谨慎的"犹豫态度"使神经症患者对自己的能力产生了疑虑。如果艾森哈特怀疑自己的记忆力受到了损害，那记忆力的问题就不仅仅是托词了。因为这代表了他最强有力的保护手段，是一种警戒自己的最好办法，能使自己加倍警惕，并且调动所有力量，实现指导目标和人格理想，或者这至少可以达到一种目的，如果不能用装病来获得成功的话，那么他至少也不会因为失败而让自己感到难受。

　　掉落的牙在这种关系中起到什么作用呢？我们怎么高估它的影响都不为过，因为艾森哈特对自己身体上哪怕最微小的部位都十分看重。因为神经症患者总是不满足自己的能力，所以他不能承受任何形式的"丢失"。我们也不能忽略普通人所认为的掉一颗牙齿的象征意义对他产生的影响。提及掉牙，我们一般会将它与死亡、衰老和怀孕联系到一起。在梦境、幻想和诗歌中，我们发现，牙齿通常代表着一些正在生长的事物，一些后来长大的事物，还代表一种男性力量的展现。因此，掉牙就象征着男性力量的削弱。小说家们想要传达的情感思想很可能是相同的。艾森哈特认为，掉牙标志着他在创作方面的能力正在下降。他非得这样解释自己的掉牙吗？你记不记得恺撒大帝在刚登上埃及的陆地摔了一跤时，大喊着说了一句"非洲，你现在已是我掌中之物"？为什么艾森哈特认为掉牙这件事具有重大的意义呢？为什么他不用另一种方式来解释它呢？答案其实很简单，因为这样的解释对他有利。在我们看来，他发现自己身上有一种犹豫不决的态度，于是他要求自己处理事情时必须小心谨慎。他要做出与自己处境有关的决定，而且自己的境况会因此发生变化，这颗牙齿正是在这个关键时刻掉了，或者我们也可以换一种说法，他在利用掉牙这件事来加强自身的防护力量。

　　然后，他那富有逻辑的身体机能开始受到人生最终目的的支配。

　　随之而来的是他蒙受的屈辱感。他想在司法部里谋个高位的期望落空了。这一挫折使他每天晚上都会出现一连串的幻觉，而且幻觉中常常出现男人，偶尔也会有女人。他能从某些细节中辨认出这些人都是被他判过刑的人。这些幻觉干扰了他，使他无法入眠，而且也让他充满了恐惧。我在这里就不谈论伯杰是如何精彩地描写出这些细节的。这些幻觉的目的似乎是艾森哈特要证明自己确实是某种疾病的患者，以及他忏悔时存在的危险。

　　我仔细观察精神病患者和神经症患者后，得出这样一个结论：当神经症患者的幻觉意象即将形成一种特别具体且有一定深度的保障措施时，他们会将这些心理反应在幻觉中显现出来。

　　事实上，艾森哈特的幻觉总是让他想起自己的自卑感。例如，在幻觉中，他允许其他人表现出优越感，通过控告艾森哈特判决时过于严苛暗示了他本人就是一个罪犯，正如在审判马库斯·弗洛因德时，弗洛因德对他大喊大叫的那样。弗洛因德这个人的形象在他的一系列幻觉中都具有同样重要的意义，这个形象更明确地显示出艾森哈特心理的脆弱部分，这一部分内容已经引起了人们的关注。像马库斯·弗因因德一样，艾森哈特也害怕女人，所以他只能选择在妓女身上找到乐趣，就像弗洛因德只能在儿童身上找到乐趣一样。分析神经症患者身上表现出来的变态行为后，我们发现这些连续不断的事件按照如下的顺序发生：首先，个体对女人产生恐惧感（充其量只有妓女除外）；其次，个体只能从儿童那里获得性满足（或者说他有恋童癖）。这样的人可能会沿着这条路走下去，也许会变为恋尸癖，或者同性恋者。大多数神经症患者心目中的理想女人是个一文不值且薄情寡义的女人，他们的原则始终是贬低女人，直到把她贬低得一文不值。

艾森哈特正是沿着这条路线才对自己的性格有了最清晰的洞察，因为最近发生的几个事件加剧了他的不满足感，我们也发现他渴望得到更多的恣纵，这样他就可能开始形成自己的男性反抗。他是否已经预感到这条路会让他对儿童的欲望越来越强烈呢？无论如何，他只想通过警告性的幻觉和可怕的意象保护自己。正如其他人对社会或宗教会产生一定的依赖性一样，他对自己的幻觉也产生了依赖，他通过失败来唤醒自身的攻击性，最后达到保护自己的目的。

我们也发现了另外两个条件会导致幻觉的产生，而且这两个条件还会相互配合。他的疾病、幻觉、随之而来的焦虑，以及自己能力的怀疑都表明他是病态的，这一切会毁掉他这个为政府效力而铸造出的利器。他在责难自己的同时，也在指控政府、司法监管和公共安全，而自己曾经是它们的捍卫者之一。由于悔悟，他正在动摇着自己所坚信的正义感的根基。他现在正用自己的身体去攻击对手，而真正的对手是政府和统治阶级，他把自己的失败原因全部归咎于它们。

他的幻觉所描绘的心理状况如此简明扼要，这有助于我们了解下文的内容。在他身陷幻觉的某一时刻，他通过创造出那些恐怖的幽灵来战胜自己的复仇欲望。这些幽灵会向他展示，如果他继续按照自己的正常路线前进会有什么后果。他表现出的攻击性含义在于，那是他针对熟睡者和毫无戒备心的支配者而做的神经质的、充满敌意的预备。他现在威胁自己（这位支配者）的方式跟他曾经威胁父亲的方式大致相似。在寻找安全感的过程中，艾森哈特通过自身的神经质视角在马库斯·弗洛因德身上寻找并发现了一段充满威胁的回忆。于是，艾森哈特再次成为胜利者。

当他接受任命，负责审理间谍案时，他觉得自己以征服者的身份重新归来了，如果能正确审理这个间谍案，他会对维护政府的利益产生巨大的影响。他像以前审案那样做好了一切准备。"他再也不用去想马库斯·弗洛因德了"，因为他再也不需要弗洛因德了。他那因为男性抗议而产生的性紧张已经得到了缓解。

面对女性时，他也能保护好自己，因为在她们面前，他原来构建的羞怯感仍然行之有效。但他却屈服于恋童癖。"魔鬼般的"女性气质打败了他，就像他从小就有一种不祥的预感那样，那就是恋童癖这件事迟早会发生。但这一开始就是他自己创建出来的预感。现在，如果他想逃避强制性的女性力量，他只有一个选择，那就是死亡。他坚定地沿着这条道路走了下去，这样他就满足了我上面提到的两个条件：他让政府失去了一位忠心耿耿的公务员，而政府却几乎无法承受他的离去。他还削弱了大众对司法过程具有的信任感，甚至对司法产生怀疑。他产生幻觉的第一种解释，就是他在想要去侵犯儿童之前表现出退缩的行为，现在已经变得毫无意义了。因此，如果他再一次用枪瞄准父亲的头，父亲会因为他对爱情的渴求而惩罚他。但这一次，如果他想要击中真正的敌人的话，他只能将枪口对准自己。

第23章 陀思妥耶夫斯基

（1918年在苏黎世音乐厅发表的演讲）

在西伯利亚地下的矿井里，迪米特吉·卡拉马佐夫[1]希望唱出那首永恒和谐的歌，这位有罪却又无辜的弑父者背负着十字架，在这个宽容一切的和谐旋律中找到了救赎。

"十五年来，我一直就是个白痴。"梅诗金公爵[2]微笑着说。他能把笔迹中的每一笔笔画都诠释得清清楚楚，可以毫不尴尬地说出自己内心深处隐秘的想法，还能立即意识到别人身上那些不可告人的想法，这种对比要比我们想象中更加强烈。

"我是拿破仑，还是虱子？"拉斯科尔尼科夫[3]躺在床上深

---

[1]《卡拉马佐夫兄弟》是俄国作家陀思妥耶夫斯基的长篇小说。这部小说由父亲老卡拉马佐夫被谋杀，他的儿子迪米特吉·卡拉马佐夫（Dimitrji Karamasov）成为嫌疑犯遭受审判开始，编织了一个被三维立体人物包围的叙述，故事一波三折，展示了一个错综复杂的社会、家庭、道德和人性的悲剧主题。这部小说既是一个犯罪故事，也是一场哲学辩论。——译者注

[2]《白痴》是陀思妥耶夫斯基的长篇小说。小说的主人公梅诗金（Prince Mischkin）被人唤作"白痴"，本身就充满了反讽意味。"白痴"思维奇怪而单纯，不能被世人理解；"白痴"的行为不合常规，不能为世人赞同，也就注定了悲剧结局。小说的善恶矛盾性格组合、深层心理活动描写对后世产生了深刻影响。——译者注

[3] 作为俄国文学史上第一部成熟的社会心理小说，陀思妥耶夫斯基在《罪与罚》中探讨了一个就读法律专业的大学生拉斯科尔尼科夫（Roskolnikov）杀死放高利贷的老太婆和她的妹妹，犯罪后受到良心和道德的惩罚，最后在善良的妓女索尼娜的规劝和自己内心的挣扎下去自首、"服苦役"的故事。借助对主人公心理的追踪、解剖和分析，作者极大地丰富和深化了小说人物的塑造手段。他始终让人物处在无法解脱的矛盾之中，通过人物悲剧性的内心冲突揭示人物的性格。——译者注

思了一个多月，他的目的是要跨过以前的生活、社会情感和生活经历所设定的界线。这里我们又一次看到了巨大的对比，也就是我们参与的事情和自己感受到的事情之间的对比。

陀思妥耶夫斯基笔下的其他人物，和他自己也存在这种明显的对比。年轻的陀思妥耶夫斯基"像个愣头青一样"在父母的屋里转来转去，如果我们读他写给父亲和朋友的信，就会发现他信中充满了谦逊、顺服，以及对自己悲惨命运的逆来顺受。他的生活中常常饱含着饥饿、痛苦和穷困等滋味，他像个朝圣者一样走过自己的一生。这位年轻的"愣头青"，像聪明的索西娜（Sossina）一样，像《青春》（Youth）中的那个全知全能的朝圣者一样，为了获取知识、直面人生、寻求真理和探索新的教义，背起自己的十字架，一步一步地往前走，汇集所有的人生经验，用自己宽广的胸怀来拥抱整个人类。

对于任何一个心中充满这样的对比，又被迫去弥合这两者之间差距的人来说，如果想要休息片刻，就只能让自己喝得酩酊大醉，短暂地逃避现实。他无法避免生活中的各种麻烦和困苦，也不能放过哪怕最微不足道的小事，因为他必须学会如何融入自己的人生范式，他的天性促使他对生活有了一个综合的诠释，这样，他就能够在永恒的震荡所带来的躁动不安中，找到自己的安全感与内心的平静感。

为了获得内心的宁静，他必须找到真理，但是，在通往真理的道路上，布满了荆棘，需要个体付出巨大的努力、坚强的毅力，以及对心理和灵魂进行大量的训练。因此，这个孜孜不倦的追寻者，比起那些对生活更容易采取一种态度的人来说，更接近于真实的生活、更靠近合作的逻辑。这难道不是一件奇怪的事情吗？

陀思妥耶夫斯基在贫困的环境中长大。他去世时，所有的俄罗斯人都缅怀他，送他最后一程。他热爱工作，充满活力，鼓励同伴，但是跟别人相比，他的工作能力受到了限制，因为他患有一种可怕的疾病——癫痫。一旦这种疾病发作，他在几天甚至几周之内都无法进行工作。这名"罪犯"（陀思妥耶夫斯基本人）两腿戴着镣铐，在托博尔斯克（Tobolsk）被囚禁了四年。在这四年之中，他被迫在西伯利亚步兵团服苦役，这位高尚而无辜的受难者在离开监狱时留下了这样一段充满真情实意的话："因为反对沙皇政府，我遭到四年的监禁。虽然我曾经为了坚持理想信念而受到痛苦的折磨，但是现在，这已经不再是我所追求的理想事业了，可是我却还要为它而受苦。这真是我的不幸！"

当然，在他的国家，人们的生活天差地别。陀思妥耶夫斯基出现在公众面前时，俄国正处于动荡时期，解放农奴是每个人最关心的问题。陀思妥耶夫斯基更关心穷人和社会底层的人、儿童以及受难者。他的朋友讲述了许多故事，说他很容易跟那些来看病的乞丐交朋友。他的朋友还描述了他如何把这些乞丐领到自己的房间，如何招待这些人，并如何尝试着理解这些人。陀思妥耶夫斯基在监狱服刑期间，最大的痛苦就是其他犯人把他当作贵族，并且离他远远的，不跟他交往。他一直渴望了解监狱生活的意义并分析监狱内在的规律，以便了解自己能在哪些界限之内理解他人，并培养出友谊。像许多伟人一样，他利用流放的机会，使自己在狭小而残酷的环境中培养出一种敏感性。经过锻炼，他的洞察力变得非常敏锐，从而使他能够了解生活，平衡所有既可能动摇他的思想根基，又会使他感到困惑不解的对立事物，并且让这些对立的事物都能统一成一个综合体。

在陀思妥耶夫斯基的心理矛盾的不确定性中蕴含着奋斗目标，即他要找到一些符合逻辑的事实。他是个时而反叛、时而顺从他人的奴隶，时而被深渊所吸引，时而又会因为害怕而在这个深渊面前往后退缩。为了获得真理，他不断地试错以便找到正确的方向。因为不能肯定自己是否理解了真理，我们有时必须撒一些小谎，所以在很长的一段时间内，陀思妥耶夫斯基的原则都是用谬误来试探真理。因此，他长大后就逐渐成为西方文化的敌人，因为在他看来，西方文化的本质特征似乎就是去真理而存谬误。他只有把内心相互斗争的对立事物统一起来，才能找到真理。这些对立的事物总是出现在他的作品中，它们"威胁"他说，它们要毁灭他和他的作品中的主人公。为了不被这些威胁左右，他成了诗人和预言家，并且继续为他的自爱设立界限。他发现，对权力沉醉（power intoxication）的深度是由爱人如己的程度所决定的。最初激励他前进的动力是对权力和支配权的明确追求，甚至试图一生都严格执行一个行为准则，这种追求优越感的冲动也表现得非常明显。在他创作出的所有主人公的行为中，我们发现这种向前的冲力驱使主人公超越了他人，冒着坠入深渊并被摔得粉碎的危险，完成了拿破仑式的任务。他这样评述自己："我是一个野心勃勃的人，应该为此受到谴责。"然而，陀思妥耶夫斯基成功地通过某些对社会有益的活动展现了自己的雄心壮志。就像他创作出来的主人公们一样，他允许所有的人超越某些局限，他从实现社会合作的逻辑性要求中发现了这些局限。通过激发野心、虚荣心和自爱之心，他首先把这些人推向了生活中最远的境界，然后把所有的愤怒同时倾注在道路上，最后再把他们重新赶回到强加给人性的界限上，允许他们在这个边界上和谐地吟唱赞美诗。在他的作品中，最常出现的画面莫过于"边界"，偶尔也会出现一堵墙的意象。他对自己评价道："我有一种疯狂的嗜好，要穿透那些现实的边界，因为那里就是奇思妙想开始的地方。"据他描述，癫痫发作让他仿佛感受到一种令人陶醉的喜悦，这种感受仿佛把他引向生物感官的最深极限，在那里他感到自己离上帝只有一步之遥，只要他再往前迈出一步，就能脱离尘世，切断自己与现实之间的一切联系。这幅画面反复出现在他创作出的主人公身上，具有更加深远的意义。我们来听一下他所说的新的弥赛亚（救世主）式的教义：他融合了主人公的生活与爱人如己。他笔下的主人公似乎正是在这条边界线上，他们的命运似乎才得以完美无瑕。他自己也被诱惑着走向那条边界线。在那里，他有一种预感，人类的价值终将在边界线实现——爱人如己，因此他以最精确的方式画出了边界线。在他之前，很少有人能做到如此精确。从他的创作才能和道德立场来说，这个目标具有特别重要的意义。

他和创作出的主人公们一次又一次地受到引诱，去探索经验的终极边界：他以最谦卑的姿态来到上帝、沙皇和俄国的面前，他犹豫不决，最后给主人公们真正地融入了人性。这种感觉使他陷入一种罪恶之中，可以把这种遏制住他的感觉称作"极限感"，这种感觉让他停止不前。这种感觉已经转换成具有防护作用的内疚感，就像他朋友经常说的那样，他不知道其中的缘由。奇怪的是，他把这种感觉与癫痫发作联系起来了。每当一个自负的人想要超越社群感的极限时，上帝之手就会出现，并且向他发出警告，劝诫他进行自我反省。

拉斯科尔尼科夫已经在思考要使用什么样的武器，他正在大胆地实施着自己的谋杀计划，冲动地认为一切都有被选择的本性。在行凶前，他已经躺在床上好几个月了。最后，他把棍子藏在大衣里，跑上台阶准备去杀人，他发现自己的心怦怦直跳。在心脏的狂跳中，我们听出了那是生命之声，从中表达出陀思妥耶夫斯基对生命极限的敏感。

他所创作的许多作品描绘的并不是孤独的主人公跨越爱他人的局限，而是主人公从无足轻重中崛起，高尚而英勇地死去。我已经提到过陀思妥耶夫斯基特别钟爱小人物、无足轻重的人物，在这种情况下，出身卑微的人、普通人、妓女、儿童都成为他作品中的主人公。他们的形象都会突然开始变得高大起来，他们会来到包罗万象的人类英雄主义的边界线上，这正是陀思妥耶夫斯基所希望引导他们到达的地方。

在整个青年时代，他已经很清楚地认识到边界线上什么是可以做的，什么是不可以做的。在他刚成年时，情况依然如此。他因为疾病而落下了残疾，差点儿被处决和被流放的痛苦经历使他的精神状态受到了影响。他的父亲是个相当严厉而学究式的人物，在他孩提时代，父亲一直都想要纠正他那固执的、未被驯服的、充满激情的灵魂。显然父亲的做法把他逼得太紧了，强行将他推到了边界线上。

我们可以从陀思妥耶夫斯基的一篇题为《圣彼得堡的梦想》（*St. Petersburg Dreams*）的短篇小说中窥探到他的童年生活，我们从中发现他的一个明确的行动路线。如果我们可以从艺术家灵魂的发展过程中有逻辑地推断出一些有用线索的话，那么这些线索一定是他早期的作品、草图和工作计划，一直与其后来的创作形式之间存在着一系列的联系。但我们必须首先记住，艺术创作的轨迹是超越了人生的奋斗历程的，因此，我们可以假设，每一位艺术家一旦面对社会对他们的正常期望时，都可能会表现出毫无兴趣、停止不前或者退避三舍。艺术家不依赖任何事物，或者也可以说由于对现实生活的焦虑，他们才创作出了另一个世界，而不是从现实生活中寻找问题的答案。艺术家们逃避生活和生活对他们的要求，呈现给我们令人费解的艺术作品。陀思妥耶夫斯基告诉我们说，"好啦，这就是我想创作的，但实际上我是一位神秘主义者和梦想家！"

我们一旦精确地发现陀思妥耶夫斯基在某一点上对人类活动的看法时，就能在文学作品中解决一些问题。他在上面提到的短篇小说中，已经很清楚地表明了这一点。"当我来到涅瓦河畔，我停留了片刻，朝着河的上游寒冷的迷雾和模糊的远方望去时，紫色黄昏的最后一抹薄暮也消失了。"然后，他匆匆忙忙地赶回家，就像一个正常人一样梦到了席勒笔下的女主人公。"我从来没有注意到，现实中的爱米丽亚[1]竟然就住在我家附近……"他被爱情冲昏了头脑，心甘情愿地遭受痛苦的折磨，他还发现这种痛苦比生活中所有的快乐都要甜蜜。"如果我迎娶了爱米丽亚，我一定不会幸福的。"难道这不是世界上最容易做到的事情吗？这位诗人沉迷梦境，远离生活的喧嚣，结果发现想象中的爱情具有无法超越的甜蜜，并且他还意识到"残酷的现实会摧毁掉我能想象出来的理想化的爱情，因此我宁愿逃到月球上去！"然而，这也就意味着他想要孑身一人，不再恋慕尘世的一切！

因此，这位诗人将四面建造起的壁垒变成了他对抗现实，以及现实对他提出要求的武器。这与我们在陀思妥耶夫斯基的小说《白痴》或"既无抗议也不发声"的患者身上所看到的情况不同。陀思妥耶夫斯基不知道，他忍受苦难的能力有朝一日却成了他的优秀品质。当他因为烦恼和愧疚而被迫离开自己的人

---

[1] 爱米丽亚（Amalia）是席勒在1780年创作的戏剧《强盗》中的女主人公，它奠定了席勒在德国戏剧史上的重要地位。1780年的德国正在进行"狂飙突进运动"，《强盗》中的主人公卡尔就是一个非常典型的"狂飙突进青年"，由于不满当时德国社会的专制，所以他非常努力地追求自由，对社会提出了挑战，但可惜最终以悲剧收场。《强盗》是一曲显示着狂飙突进式的浪漫主义精神的慷慨悲歌，也是一部反封建反专制的杰作。——译者注

生轨道时，他发现自己内心的那个普通人竟然是一个毁灭者和革命者——加里波第[1]。在发现这一点的过程中，他还发现了在此之前没有人明白的道理，那就是谦卑和顺从并不意味着最后的行为，而是一种反抗，这种反抗表明了需要克服的"距离"。托尔斯泰（Tolstoi）也懂得这个秘密，虽然他经常向人们讲述这一点，但是人们对此充耳不闻。

　　秘密可能已经在报纸上公开发表了，但没有人真正了解它，例如，没有人知道阿巴贡·索洛维耶夫[2]竟然想用绝食让自己在痛苦中死去来报复自己，与此同时，他却在破旧的报纸里藏匿了价值十七万卢布[3]的财产。当他悲伤而无助地把自己与猫、厨师和管家隔绝开来，并且欠着所有人的债务时，他的内心一定别提有多么快乐了！他手中掌握着那些只认金钱，并且个个都是拜金主义的人的命运，强迫他们向自己摇尾乞怜。的确，这一点也让他具有了一种奇怪的责任感，他可以对生活按部就班地施加暴力。为了实施攻击方法，他必须饿死自己。"他已经超越了一切的欲望。"一个人有必要疯狂到如此地步吗？如果有必要的话，索洛维耶夫愿意做出牺牲。因为这样他就可以不负任何责任地去

---

　　[1] 加里波第（Garibaldi），意大利将军和政治家，他与卡米洛·加富尔以及朱塞佩·马志尼三人被认为是意大利的"建国三杰"。加里波第是意大利复兴运动的中心人物，指挥和参加了许多军事战役，最终促成了意大利的统一。——译者注

　　[2] 阿巴贡·索洛维耶夫（Harpagon Solowjow）是法国喜剧作家莫里哀的喜剧《吝啬鬼》（又名《悭吝人》）中的主人公。阿巴贡的形象是欧洲文学史上著名的吝啬鬼典型之一。他生性多疑，是以儿女婚嫁为致富手段的守财奴的丑恶形象。戏剧矛盾尖锐突出，讽刺了高利贷者嗜财如命的贪婪本性。它通过栩栩如生的人物、戏剧性的情节和幽默讽刺的语言，深刻地揭露了资产阶级积累财富的狂热和金钱的罪恶，以及建立在金钱基础上的人与人之间的冷酷关系。——译者注

　　[3] 卢布最早为俄罗斯帝国的货币单位。十月革命后，苏联政府继续使用沙俄卢布。1921年发行新卢布。在苏联时，卢布的币值曾高达2美元，但苏联解体后，通货膨胀非常迅速，卢布的币值急剧下降。1994年俄罗斯开始发行新卢布。——译者注

藐视人类，以及那些自以为是的逐利者，他还可以去欺负那些靠近自己的人。他拥有一切能使自己跻身上流社会的条件，然而，他犹豫了片刻，把自己拥有的一切扔进了垃圾桶，他感觉自己无比伟大，并且可以高高在上，凌驾于人类之上。

陀思妥耶夫斯基一生中最伟大之处在于，他创作的主人公的行为会被认为无用的、有害的和犯罪的，并且只要个体的顺从本身包含着他比其他人更加优越，可以享受到由此产生的一种隐秘的愉悦感，那么个体的救赎就存在于顺从之中。

所有陀思妥耶夫斯基的传记作家都在解释他童年的一段回忆，那是他在《死屋手记》（*The House of the Dead*）中提到的。为了更好地理解这段回忆，我来介绍一下相关背景。

有一段时间，就在陀思妥耶夫斯基几乎对自己是否与狱友们能够建立起联系感到绝望的时候，他无可奈何地一头扎在床上，开始回忆自己的童年、整个成长过程以及人生经历，突然，他想起了一段往事。有一天，他从父亲的庄园里走出来，到了很远的地方，穿过田野时，听到一个人在喊："狼来了！"他被吓了一跳，赶紧跑回父亲的房子里，路上他看到一个农夫正在田间劳作，于是跑去向农夫寻求保护。这个被吓哭的男孩，紧紧抓住农夫的胳膊，告诉他自己是多么害怕。农夫用手指在男孩身上画了个十字架，并安慰了他，而且向他保证他不会被狼吃掉。人们通常会把这段回忆诠释为：这就是陀思妥耶夫斯基与农民以及农民的宗教信仰形成联系的原因。然而，这里的重点是狼，是那匹狼驱使他回归人类，重新与人类开始接触。这种经历作为他一生奋斗的象征性表现，一直在他的脑海里根深蒂固，因为它存在于他生命活动的方向线上。一想到小说中的主人公孤立无援，与世隔绝，他就不寒而栗。对他而言，当下的情景就像那次经历中的狼。这匹狼把他赶回到穷人和社会底层人的地方，在那里，通过十字架的标志，他尝试着与这些人建立了联系。他希望能从他们那里得到帮助，使他成为有用的人。这就是他所说的"我的整个生命属于我的人民，我的所有思想都属于全人类"这句话的含义。

尽管我们强调陀思妥耶夫斯基是俄国人，是现代文化的反对者，但是泛斯拉夫人的理想（Pan Slavic ideal）已在他的内心扎下了牢固的根基，这与他希望从错误中寻求真理的精神并不矛盾。

然而，他在普希金纪念碑揭幕式上发表了一次演说，他的演讲传递出最伟大的思想之一，因为他仍然试图在西欧派与亲俄派之间建立联系，那天晚上他的演讲非常精彩，产生了巨大的影响。两派的追随者都奔向他，拥抱了他，并且表达了与他一致的立场，但是这种一致性并没有持续很久，毕竟人类尚未完全从沉睡之中彻底觉醒。

当陀思妥耶夫斯基竭尽全力想把内心一直渴望实现的目标传播给大众，创造一个包罗万象的人性（这是他命中注定的任务）时，他也为自己塑造了同胞之爱的具体象征。对于一个尝试拯救自己和他人的人来说，自然而然地就会有一个想法：他是一位救世主，一位俄国的基督。陀思妥耶夫斯基已经超越了人类，脱离了世俗的力量，他的信仰非常简单："我相信基督是人类历史上最完美、最高尚的人。"在这段话中，陀思妥耶夫斯基直截了当地揭露了自己指导性的目标。他是这样描述的：癫痫发作时，他感到自己的身体不断上升，实现了永恒的和谐，并感觉自己跟上帝更加接近。他的目标是永远与基督同在，和基督一起承受伤痛，一起去履行使命。他反对个人英雄主义，因为他本人亲身经历过个人英雄主义，也许比任何人都能更深切地感受到个人英雄主义是一种病态的自负，一种与普遍的连接情感形成对比的自爱方式。这种普遍的连接情感存在于个体对同胞的爱以及对社会的合理要求之中。"跪下吧，骄傲的人类！"面对那些已经放弃自己奋斗目标的人，陀思妥耶夫斯基之所以要伤害他们的自尊心是为了让他们去争取和平，他朝他们大声喊道："工作吧，懒惰的人们！"为了反驳他，有的人会向他提到人的本性以及关于人性的明显的外在法则。他会对此回答道："蜜蜂和蚂蚁都知道自己的行为法则，但是，只有人类不知道自己的行为法则！"我们可以从陀思妥耶夫斯基的奋斗追求中得出以下推论：人类必须寻找自己的行为法则，人类既可以在乐于助人的意愿中找到这个法则，也可以在自己愿意为了人民而牺牲自己时找到这个法则。

于是，陀思妥耶夫斯基变成了一位解谜者，一位寻求上帝的人，他比大多数半梦半醒的人和沉醉的人更强烈地感受到像神一样的存在。"我不是心理学家，"他曾经说过，"我是一位现实主义者。"这一点让他与所有的现代艺术家和心理学家之间区分得最为明显。他与社会情感之间有着密切的联系。社会情感是社会的基础，这是一个我们想要去了解，却还没有完全了解的现实，这就是他把自己称为现实主义者的原因。

现在来分析一下陀思妥耶夫斯基创作的人物对我们产生巨大影响的原因。要在综合的统一体（integrated unity）中寻求这些影响的主要原因，无论何时审视他笔下的主人公，你都能在他们身上找到完整的生活和理想所需的要素。就好比我们必须进入音乐的王国里，一段旋律在音乐的和声演奏过程中，能够一次又一次地展现出整个乐章的所有的跌宕起伏。陀思妥耶夫斯基笔下塑造的人物形象也是如此。比如，躺在床上筹划着谋杀的，是拉斯科尔尼科夫；走上台阶，心脏怦怦直跳的，是拉斯科尔尼科夫；将一个醉汉从马车轮子底下拖出来，并把身上最后一分钱给醉汉，以便醉汉能够养活快要饿死的家人的，也是拉斯科尔尼科夫。陀思妥耶夫斯基就是通过这种方式塑造了人物的内心情感和目标的一致性，这种一致性对我们产生的影响最为深远。在不知不觉中，我们会将陀思妥耶夫斯基笔下的每一个主人公都看成是一个牢固的、融为一体的塑像，仿佛他们是在某种不朽的文学媒介中铸成的一样，他们与《圣经》、《荷马史诗》和希腊悲剧中的人物形象相似，我们只要提及这些人物的名字，就能将他们对我们灵魂的影响全部展现出来。

在理解陀思妥耶夫斯基所产生的巨大影响时，我们还要解决另外一个困难。幸运的是，解决这个困难所需的必要条件就近在咫尺。这个困难就是，陀思妥耶夫斯基笔下的每一个人物都绕着意识的双轴线旋转，每一个轴都巧妙地固定在一个确定的点上。每个人物都在一个空间里安全地活动着，这个空间的一边是个人英雄主义，在那里，主人公变成了一匹孤狼；另一边则是个体对同胞的爱，两边的界限清晰明了。因为这个双轴线使他笔下的每个人物都能牢牢地占据一个安全的支点，形成自己固定的立场观点，所以这些人物能够牢牢地印刻在我们的记忆和感受中。

我们还要再多说一句，陀思妥耶夫斯基也是一位道德主义者。他被环境所迫，必须否定自己天性对立的环境因素，必须在对立感极其强烈的事物之间架起桥梁，弥合这些事物之间的"距离"。因此，正是环境因素驱动他去寻找一些行为准则，能帮助他来表达人类对爱的渴望。这些行为准则不仅包含他的追求，而且能帮助他实现这种追求。他找到了一个行为准则。这个行为准则远远高于康德提出的（伦理学原则的）"绝对命令"："每个人都参与了他人的罪恶。"我们今天比以往任何时候都更加深刻地体会到这个行为准则，以及它与现实之间有着多么密切的联系。虽然我们可以否认这个行为准则，但它总是能突显自己的权威，并令我们看到，我们这样做其实是在骗自己。这个行为准则的意义不仅仅意味着对同胞的爱，也不仅仅是"绝对命令"的一种形式。这个"绝对命令"的形式即使在隔绝了个人野心的情况下，仍然能够保持自己的价值。如果我参与了所有人所犯的罪恶，那么我就有一个永恒的义务：它不仅要求我为这个罪恶负责，还命令我要为之付出代价。

陀思妥耶夫斯基本人既是艺术家，又是道德主义者。

陀思妥耶夫斯基作为一名心理学家，我们尚未谈及他在这个领域的巨大成就，我们就冒昧地说一句，他对心理学方面的预见力比心理学的研究更加深刻，因为他更熟悉人性，而心理学则是在此概念的基础上得到了发展。像陀思妥耶夫斯基一样的人曾尝试着去研究笑声的意义，他们认为，一个人的笑声体现出来的可能性比他的生活态度体现出来的可能性更多。任何一个远离家庭的人都会有"偶合家庭"[1]的想法，在这样的家庭中，每个成员都是为自己而活，与他人互不来往，彼此隔绝；年长者会将这种孤立的思想倾向灌输给孩子们，让他们实现更大程度的隔离和更大程度的自爱。陀思妥耶夫斯基所看到的东西比我们所预期的和要求心理学家所看到的东西更多。在长篇小说《少年》（*A Raw Youth*）中，陀思妥耶夫斯基让一个钻在被窝里的男孩用幻觉来表达自己对权力的理解。任何记得这个情景的人都会意识到其中蕴含的真理，以及他在描述精神疾病起源中体现出来的敏感性，他认为个体形成精神病的目的是为了进行反抗。如果一个人在某种

---

[1] "偶合家庭"是陀思妥耶夫斯基提出的一个概念，从字面上可以理解为"偶然凑合的家庭"，或者说，这样的家庭除了血缘关系之外，缺乏必然的联系。卡拉马佐夫一家正是这样一个"偶合家庭"，既没有道德方面的规条，也没有家庭历史的传承，这样的家庭状况恰恰是十九世纪变革中俄罗斯社会的缩影，同时也呈现出断裂、无序的特点。——译者注

程度上能够感受到这一点，他都会承认，即便是在今天，我们也必须把陀思妥耶夫斯基当作老师，就像尼采敬称他为老师一样，因为陀思妥耶夫斯基已经意识到专制统治的倾向植入人的灵魂，对人类心灵的影响有多么深刻。他对梦的理解和对梦的讨论至今未有人超越，而他认为，所有人都是根据自己的人生目标，或者说根据最终的高潮时刻来采取行动或进行思考的，他的这个观点与现代心理学的最新研究成果相吻合。

因此，陀思妥耶夫斯基在许多不同的领域都是一位伟大而受人尊敬的大师。陀思妥耶夫斯基的作品就像一道闪光一样惊醒了沉睡者，他逼真地描绘出对现实生活的理解，并向我们解释了其中的原因。沉睡者揉了揉眼睛，转过身去，四处张望，对刚刚发生的一切一无所知。陀思妥耶夫斯基的睡眠很轻，即使夜里睡着了，也会醒来好多次。他的作品、道德准则和艺术性让我们对人类之间的合作有了更深入的了解。

第24章　战争神经症的新观点

（1908年1月）

有关战争神经症的新文献一再坚持认为，目前神经学的研究态度与战前流行的态度只有细微的差异。神经学专家告诉我们，虽然我们拥有同样的素材、病因、病程和难题，但是只在治疗方面发生了根本性的变化，而这些变化是由战争和军事形势强加的条件造成的。

但是，我们要强调一个新的、重要的变化，而这个变化可能会增加当前神经学调查研究的难度。在和平年代，我们对平民神经症的治疗有不言而喻的目标，那就是治愈或至少使患者从神经症的症状中解脱出来，重新找回自我，去选择自己掌控的人生道路。军事神经学的目标自然不是为了个人的利益，而是为了军队和国家的利益，去治愈军人患者。因此，以服务为目的的医学理念和纯粹的医学考虑，便与本应该是客观的科学和治疗的方法混在了一起。尽管这种纯粹的医学考虑既是必要的，又是人们需要的，但它们显然增加了我们正确理解问题的难度，因为有待我们去调查研究的疾病图景届时可能会过分强调一个方面或另外一个方面，这样，我们研究的问题就缩小到只研究神经症患者在外界强加给其压力情况下所采取的行为方式。

我们手头有足够的战前素材，让我们对这个问题所处的特殊地位能够有一些深刻的理解。实际上，每位医生都会对患者每一个令人不安的和持续的症状采用不同等级的建议疗法，因而我们所得到的治疗效果也是不一样的。不幸的是，患者深信自己已经痊愈。当时无论是旧疾发作，还是新出现的症状而重新接受治疗，这一点从他们说的话和写的信中都能看出医生已经有了根治其疾病的方法。

让我提醒你们一下，在治疗症状的初期我们所取得的成果，与其说我们的目的是治愈患者，不如说我们治疗的目的是使患者能够完成某些既定的任务。例如，一名学法律的学生考试前抱怨自己失眠、疲劳、健忘和头痛，而他的考试八天之后才举行。让我来告诉你治愈他的病症的所有步骤，这绝不是什么罕见的治愈方法。毫无疑问，我们确实遇到过这样的病例，通过医生的建议或使用其他的治疗方法使一个学生顺利地通过了考试。例如医生提议患者保持头脑清醒、对他进行催眠术、冷水刺激、电疗法、服用药物等。在一个神经症患者的例子中，医生的话或任何人的话都能改善患者的病情。[1]考虑到这类患者的病症，不管他们的症状如何，一般都比较轻微，与正常人没有什么不同，大家都会同意我的治疗方法。当然，上述治疗方法并不总是行之有效。有些学生参加考试时会发现自己完全无法集中注意力。在很多病例中，患者的症状被过分地夸大，然后他们就会用自己遭受的痛苦作为更换工作的借口，偶尔也会出现严重的神经症或自杀的现象。相当多病情恶化的患者将其归咎于所接受的治疗，通常他们会去找另外的医生看病，而先前医生都会强化他的治疗诊断。我记得有一个案例，一个人的妻子不敢坐马车，于是他就鞭打马

---

[1] 去医院看病意味着神经症患者中有一半人决定放弃自己不必要的症状。现代神经病学中发现的所有趋势都只建立在这百分之五十的基础之上。

匹，让马跑得更快，结果治愈了妻子的恐惧症。

没有人会说上述病例中的患者已经被治好了。连战争神经病学家们都认为，他们所做的不仅仅是消除患者的疾病症状，他们总是希望这些康复的患者不要再上前线，远离战争。与和平时期的治疗方法不同，医生在患者的配合下总是带有某种目的去尝试着进行治疗，而战争治疗的直接目的就是让一个人康复后回去继续服兵役，这样可以减轻患者的心理压力。因此，即使神经症患者留在前线战场或前线的后方，也会因治疗成功而不断面临新的关乎命运的决定。各种权威总是强调医院氛围的重要性，这一点是非常正确的，然而，这种氛围绝不仅仅产生于个体对那些从治疗中得到的推论所采取的态度，它还由治疗过程中数以百计的细节组成。这些细节在某种程度上包含某些假设，而本质上这些假设与后续的实用性问题和未来难题的合理性都有关联。

尽管我们不愿意暗示每年发放抚恤金是神经症患者认为值得追求的目标，但是在这里必须谈谈抚恤金的发放问题，对于因为害怕自己可能遭遇不测而变得歇斯底里的患者来说，他们并不是为了领取抚恤金。然而，对于战争神经症患者来说，这笔抚恤金的价值就等同一枚战争勋章，这份正式的官方文件足以让战争神经症患者向家属证明自己曾参加过战斗，并且自己因战争而患有疾病。这也可以用来保护患者，避免他们再次被召去服兵役。在复查身体时，那些领抚恤金的退役军人在交谈时总是带着挑剔的语气，还坚持要求医生仔细阅读他的疾病证明，这些行为都令神经病学家感到非常震惊。最能打动神经症患者的是那份"想象出来的抚恤金"，患者会下意识地用合乎逻辑的理由来解释自己为何需要这笔钱，例如他们会说自己患有恐惧症、害怕危险、思乡之情，或者为了个人的得失等。

正如在和平时期一样，在战时患者会根据医生的一举一动做出相反的反应。我总是避开患者的家属和亲戚来检查他的神经症症状。只要患者对我的检测做出相应的反应，他的这种反应就可以被认为是一种纯粹的神经质反应。只要这种反应一直继续存在，其影响方式都是一样的，即对抚恤金的需要。但是，如果患者的亲属不在场或偶尔在场，他们之间的距离或他们的亲密接触都会以同样的方式影响到患者的检测结果。在这个问题上，每一种不合理的测试结果都会使患者的简化问题变得更难，同时也会使患者的病情改善变得更加艰辛。为了应对这一问题，我提供了一些建议，例如，在私人疗养院里，治疗师会根据患者病情的改进情况来确定治疗的手段。

我们总能证明神经症患者症状的"不稳定性"是由环境引起的，我们也可以称它为一种"位置疾病"（position illness）。正因为如此，神经病学家对患者的每一个特性和语言的每一个方面都要有全面的了解，这一点非常重要，但是有时我们很难获得这方面的资料。

医生所采用治疗方法的性质会让神经症患者定位自己的病情。如果患者由多名医生联合治疗，那么患者对病情定位的问题就变得无法解决了。因此，我推荐患者去小型的神经专科疗养院接受治疗，因为在那里可以获得有效的治疗记录，然后我们可以根据他们的病情改进程度来评估治疗方法。只有患者治疗过程的信息来自那些真正参与过治疗患者疾病的医生，我们才能认为这些信息是可信的、可采纳的。

只有当医生的药物治疗成功地揭示出患者真正的心理状况时，我们才能将这种治疗方法当作心理治疗的一部分，因此，目前在神经症患者的治疗中，医生使用的所有心理治疗措施都必须排除药物治疗，医生只把那些有价值的心理治疗措施当作可应用的普遍准则。在战争时期，这些心理治疗方法所获得的任何结果都来自那些权威医生，他们对患者使用了这种心理疗法，并且给予患者"最起码的安抚"。在有意识使用的治疗方法中，如催眠术、唤醒建议法、假性神经症，以及实际治疗中的"心理治疗"药剂都不属于心理治疗的范畴。医生使用的"英雄疗法"，通常采取诸如水床等痛苦的疗程，医生会吓唬患者、没收患者的个人物品，甚至还会故意加重患者的病情。绍尔医生（Sauer）推荐的弗兰克尔[1]的意义疗法充其量不过是一种权宜之计，因为这种治疗方法给我们提供有关患者的精神构成方面的信息太少，而且在治疗中把患者过多地置于医生的权力之下，它似乎是在用一种"反休克"的方式进行治疗。这些方法在战争时期和和平时期偶尔能取得疗效，但通常都是医生在神经症患者不愿接受治疗的情况下才使用的，况且我还认为这种治疗方法本身就是一种神经质的做法。弗洛伊德的追随者们将这种意义疗法应用于军官们身上，而将考夫曼方法[2]应用于士兵身上，其结果大致相同。

---

[1] 弗兰克尔（Viktor E. Frankl），奥地利著名精神医学家和心理学家。他提出所谓的意义治疗（logotherapy）是以存在主义哲学为思想基础，用来解决患者一生中存在的挫折问题。意义治疗可以帮助患者寻找、发现生命的意义，其中至关重要的是使患者改变对生活的态度和方式，借以改变患者的人生观，进而使他们敢于面对现实，积极乐观地活下去，努力追求生命的意义。——译者注

[2] 考夫曼方法（Kaufmann method）是一种用于治疗儿童自闭症的方法。劳恩·考夫曼在孩提时被诊断为重度自闭症，而他的父母为他设立了Son-Rise项目（即自闭症干预项目）。这个项目是由家长直接参与，以家庭为基础的疗法，是为自闭症儿童和其他患有发育性残疾的儿童制订的计划。劳恩·考夫曼在父母的帮助下，从自闭症中走了出来，真正融入家庭、社会中，最后完全康复，没有留下任何后遗症。——译者注

目前心理学家所采取的一切治疗方法都特别强调患者的行为，这一点在所有的医务工作者身上表现得也很明显。他们把患者带入良好的环境，让患者安静下来，等待治疗，但是这些行为都不再被视为有意义的疗法。现今的战争神经学的基本观点认为医生通过唤起个体的对立性状，来试图摧毁神经症患者难以治疗的痼疾，我指的是通过检查来揭示出神经症患者的痼疾。这种疗法看上去较为温和，但实际上是更加猛烈、更为基本的治疗方法，而且在那些神经症患者把经历过战争当作借口的情况下，这种疗法显然有望更快、更持久地取得疗效。同样，这种方法也不能完全防止患者的心理"位置"的恶化，遗憾的是，这种方法仍有缺点，它毕竟只是一种虚构的过程。

神经症是后天习得的还是遗传的问题并没有完全被人忽视，但是儿童所受教育的因素、所处环境的影响以及对神经质父母的模仿等问题都逐渐得到研究。而对患者神经症发作的频率或规律性的研究一直持续到今天。正如个体心理学所理解的那样，我们从预测的角度来看，人们通常认为父母在家庭和社会中的地位都是起着决定性作用的。如果把个体心理学渗透到患者呈现的心理图景中，那么我们对患者的记忆就有了正确的理解，并对患者的人生观也有了比以往更好的了解，这些肯定都给了我们最稳妥的指导，让我们知道即使患者病情恶化到一定的程度，也没有出现神经症的症状，这一点将会帮助我们揭开所有的虚构面纱。

今天占主导地位的一种观点坚持认为，我们研究患者症状时，最好是选择患者以前曾得过的一种疾病，并将其定位在同一个位置上。这个观点认为，患者生病的症状形成是与一个器官的缺陷有关的，或者这种症状代表了一种情感正常表现的固着现象，如颤抖、恶心固着、失语等。很少有人尝试研究这种固着现象的原因，但其中有一种被普遍接受的假设是，固着现象的倾向是一种神经质的特性，就像患者疾病症状的不稳定性一样。我们可以从患者所处的"位置"来推测，真正的解释应该是，如果疾病症状符合患者的目的，神经症患者就会通过确认自己的疾病来固定其疾病的症状；如果不符合患者的目的，患者将拒绝固定其疾病的症状。在正常的情况下，正常人也会发现类似的特点。

　　我现在对过去两年发表在各类出版物中的一些实践报告、观察结果和提出的建议提出自己的看法。尚茨（Schanz）认为疟疾的发病在于患者椎节的缺陷，而布兰克（Blencke）坚持认为患者的椎节缺陷确实存在，但是即使患者有椎节缺陷，它也只是间接地表现在疟疾这种疾病里。神经衰弱者出现的疼痛可能常常被归因于这种椎节缺陷。我们确信患者可能在身体感觉疼痛的地方或其中某一部位长有痣。如果这一情况与轻微的脊柱侧突或脊柱后侧突同时出现的话，我们就能排除患者装病的可能性。安德纳赫（Andernach）在口头暗示疗法后对患者使用了法拉第（Faraday）电刷，并且很成功地治愈了患者。他同样坚持认为患者所处的环境更有利于医生的建议疗法。先是罗特曼（Rottmann），其后是约瑟夫（Josef）和曼恩（Mann），他们都试图通过麻醉期间给患者做一台假手术，就是只给患者缠上绷带以攻克患者的心理防线。卡尔姆斯（Kalmus）和E.迈耶（Meyer）比较喜欢使用考夫曼方法，这个方法的实施手段最近变得比较温和。现在，运用考夫曼方法治疗患者包括医生先对患者进行口头暗示，几天后再对患者进行感应电流疗法，其中使用的电流强度为中级，后又因为患者要参加军事操练，所以患者的治疗被打断了。这是一个神经衰弱型的精神病患者，他可能有严重的癔症发作或其他的心理表现，E.迈耶希望将这类精神病患者排除在考夫曼方法治疗之外。我顺便补充一句，医生要比治疗的本质更重要。我们不能草率地认为患者是故意装病，如果我们发现感应电流疗法对患者过度的刺激造成了患者体质性的心理变态，那么就不能再继续使用这种疗法。

利伯梅斯特（Liebermeister）似乎提出了一些重要的建议。由于他拒绝在德国以外的地方治疗患者，因此我只能查阅其他研究者对他工作的评论。我从这些意见推断，利伯梅斯特坚持认为医生应该承诺自己可以治愈病人，否则就不该接受诊疗费。我也这样认为。此外，他还强调了个体心理学方法和教育疗法的重要性，通过这种方法可以证明，自童年以来，患者一直存在着性格神经症的表现，仍然有器官缺陷或残疾。如果我们忽略所有的图景解释，会发现神经症患者本能地想通过一种主观上的软弱感，来保护自己免受一般生活要求的影响。患者想通过对危险因素的自我认同，试图保护自己避免遭受生活中真正的危险，于是，患上神经症疾病成为患者逃避生活的一种手段。如果患者曾经有过与人积极合作，学习上要求进步，与人友好相处，有风流韵事、但在适当的年龄时走入婚姻的殿堂，之后生儿育女，在职场上摸爬滚打等迹象，那么医生认为患者的预后效果会更佳。神经症患者总是倾向于保护自己的小家庭，所以总是背叛自己。这些疾病的症状和它们的固着都是由"捍卫未来的目标"所控制的。假装的神经症和真正的神经症是很容易区分开的。上述言论摘自一场反对医生对患者治疗时使用高压电流的讲座内容，讲座结束时作者说出了这样一句警言："所有的治疗方法都要避免伤害患者的尊严。"莱万多夫斯基（Lewandowsky）也说了同样的话："为了确保自身的安全，不受其他人的伤害，患者得了神经症。他们中有些人天生不能控制'自我'，同时他们也不愿意主动适应周围的环境，于是他们想要待在家里，这些特性在这些愿望中起到了重要的作用。然而，这种疾病的真正原因无法在他们既往病史中，或在任何形式的创伤性状况中找到，而是在患者的未来日子里，在他们不再愿意忍受的那些事情中找到。患上神经症疾病使患者实现了逃离生活中危险的愿望。"莱万多夫斯基还强调，由于患者之间有可能会相互影响，那么把许多神经症患者集中在一个地方进行治疗，医生将面临极大的风险。他认为，如果让患者待在自己家里，医生对他们进行治疗时会遇到更大的困难，因为家毕竟是患者最想待的地方。然而，作者并没有说明医生可以采取何种手段来反对患者想要留在家中的愿望。作者非常明确地指出一个痊愈的案例是如何影响到其他的患者，从而使他们也得到了治愈。我也记得有几种明确的疗法是由一位护士向病人讲述其他已经治愈的患者时完成治疗的。莱万多夫斯基可能夸大了军衔在成功治愈战争患者中的重要性。他先试着让患者的病情恶化，并用暗示疗法加以辅助、同时使用感应电流疗法（此处的感应电流疗法不同于考夫曼方法），还要对患者实施催眠术。他拒绝对患者使用假手术或假麻醉药。E.迈耶认为每一种治疗方法都是正确的，只要医生相信一种疗法适用于一位患者，就可以大胆地使用它。重要的是让神经症患者相信，他之前所做的工作都是对社会有益的。雷特尔（Raether）详细描述了考夫曼方法的具体应用，该方法包括一种心理疗法的导入治疗，随后在同一次诊疗期间，医生还使用了法拉第电流疗法。医生对患者的后续治疗也要跟上。结果显示，百分之九十七的患者痊愈了，并且有能力从事民事工作。曼恩指出，早在1911年，他就已经使用过口头暗示疗法，并且在后续的治疗过程中，他也使用了法拉第电流疗法。

从内格利（Naegeli）的著作《意外事故和欲望神经症》（*Unfalls und Begehrungsneurosen*）的内容来看，我想请大家注意这样一个事实，一旦我们发现了个体生命力的本质，患者就有可能得到完全的治愈，同时他的工作能力也将恢复如初。但是，像当时大多数人一样，内格利非常强烈地反对奥本海姆（Oppenheim）的观点，并且否认了"事故性神经症"（accident neurosis）的存在。

特朗纳（Troemner）的研究揭示了一种创伤性神经症（即奥本海姆型）的变体形式，他将其解释为由于患者戴了两个月的绷带，给他的手背造成了伤害，并伴有营养神经症出现的癔症性轻度瘫痪。特朗纳还描述了一种"双侧肌无力"的临床表现，在这个过程中，如果把圆规上的两个脚完全分开，同时扎到有这种症状的患者身上，那么即使圆规的两脚之间的距离很远，患者也只能感受到是圆规的一个脚在扎自己。他认为我们可以利用这种演示操作来证明一点，那就是癔症会限制患者的注意力。勒瑟（Leusser）对一个家族性病例进行了研究，这种病遗传了四代人，都是心动过速发作。海因茨（Heinze）描述了催眠术能够成功治疗与战争有关的癔症性表现，治愈率高达百分之八十六，甚至在刺激催眠的病例中也取得了成功，可是这些患者并没有完全恢复工作的能力，尽管他们的症状已经完全消失，但只有少数几个人可以回部队继续从事军事工作。海因茨认为神经性战争疾病是一种由心理变态自卑感而产生的短暂反应。闵可夫斯基（Minkowski）回忆起三十年前在以色列遇到的一个病例。当时他给一个患者进行了一次假手术，成功治愈了患者，而这种治疗效果一直持续到患者发现真相为止。布姆克（Bumke）强调说，患者的心理状况图景是十分复杂的，他声称催眠也是十分复杂的。有些患者的病症很难治愈，而对有些患者医生则用催眠疗法，即使不能治愈患者，催眠也成了患者保护自己的退路；还有一些患者对催眠疗法表现出极度的兴奋，让我们认为他们身上根本不存在"希望自己生病"的想法。布姆克的经历使他得出这样的结论：政府不应给这些患者发放抚恤金，因为这些拿到抚恤金的患者会认为自己不具备重返工作的能力。布姆克主张所有的医生都应该拒绝做任何形式的假手术，而应该使用其他治疗方法，因为所有的从业人员必须经过适当的培训，在治疗过程中他们绝不能对患者采取强迫、惩罚或欺骗的手段。克劳斯（Kraus）似乎忽略了神经症的整体特点，如果他认为神经衰弱不是神经学的唯一关注点，那么神经症的症状不过是一种表现的手段而已。他的论点显然是基于这样一个事实，即他认为患者的体质方面的因素和器官缺陷是导致患者患上神经症的必要条件，而不是导致神经症的充分条件。

莫尔（Mohr）在许多有责任心、做事一丝不苟的患者身上发现了忧郁症的特质，这些人在工作时尽职尽责，不与人争执，以免产生不愉快感。他们身上这两种特性之间产生了冲突，我们也可以认为这种冲突是一种与"非社会性的责任感"有关的表现。只有对他们施加心理方面的影响，才能找到治愈的方法。在小型疗养院里，每位医生负责二三十名患者，患者必须离开自己家来这里接受治疗。患者不接受其他的治疗方法，而是要在能够控制自己疾病症状的前提下，要求医生使用一些心理治疗法。韦克布罗特（Weichbrodt）指出这种战争神经症疾病往往在患者经历痛苦后很久才会出现。有时候，这种疾病也会由于痛苦经历的重现而发作，或者对于尚未上过战场的士兵而言，他们一想到战场上的真实情景，战争神经症也会在他们身上出现。于是摆在士兵面前一个问题，他是应该被送回家还是被派往后方？韦克布罗特拒绝给出直接回答。他认为罗斯曼方法（Rothmann method）只是将患者的思想集中在自己的疾病上，于是他建议医生可以放弃麻醉治疗，但他却保留了考夫曼方法。在对患者使用催眠疗法时，他认为诺恩（Nonne）的治疗方法极具权威性。诺恩疗法包括医生要求患者连续二十四小时不间断地泡澡，有时可能会延长到四十个小时。如果泡澡的环境封闭而嘈杂，这种泡澡疗法所取得的效果会增强。这次治愈并没有让患者出现癔症，只是引起了患者的神经性紊乱，所以后来患者提出申请外出或休假都被医生拒绝了。经历过泡澡疗法的患者很少能再上战场，实际上，他们都有能力从事自己的工作。韦克布罗特不赞成给这些士兵发放伤残抚恤金。这种治疗方法不适用于军官的病症。阿尔特（Alt）只相信患者会出现"内陆地区神经官能症"（hinterlands neurosis）。根据他的意见，他的患者中有百分之七十五的人可以上前线继续战斗。昆塞尔（Quensel）认为战争神经症是一种真正的疾病，是患者对环境做出反应的结合症。约利（Jolly）认为百分之一到百分之三的战争神经症患者能胜任战争中的外勤工作，他还特别强调这种外勤工作对患者的治疗价值。医生对患者实施的催眠术似乎没有显示出太大的价值，但他大肆夸赞电心理疗法（electro-psychic）。他建议医生治疗时可以使用弱电流，并让患者进行一些运动锻炼，以辅助治疗。"医生不应该考虑这些士兵是因为什么问题退伍的，而应该考虑他们退伍后会发生什么事情。"他的调查结果如下：四十一例癔症患者中，三十例患者不适合退伍，三例患者仍在服役，五例患者属于B1型，三例患者属于C3型。二十三例神经衰弱患者中，约利本人正在服役，另外还有十五例患者属于B1型，三例患者属于C3型，四例患者不适合退伍。在十四例遭到轻微干扰的病例中，有五例患者还在服现役，九例患者在政府军服役。在三分之一的癔症病例中，患者的智力从轻微的弱智到低能不等。这位作者发表了一篇极其重要的评论，但没有后续的补充内容。在他列举的病例中，发现了大量的非技术工人。克拉科夫·内文泽特勒（Cracow Nervenzentrale）收集的大量数据也得出了相同的结果。从克拉科夫的数据中，我们发现了一个相当重要的事实，例如，在军官中，清晰可辨的战争神经症的病例相对比较少见，这似乎说明，只有那些性格摇摆不定，在面对社会责任时表现出胆怯的人才会患上神经症。克雷尔（Kehrer）明确表示，那些战争神经症的患者没有办法完全治愈，因为我们根本不可能让这些患者的身体恢复后回部队继续服兵役，但他敦促医生要尽最大努力让患者接受治疗，治疗后有可能成为后方的工作人员。克雷尔使用各种手段来加重患者的病情，其中包括控制患者的营养摄入、牛奶饮食，还"逼迫或强迫患者进行锻炼"。他指责那些非医学从业者对患者滥用感应电流治疗疾病的行为，并表达了对某种心理疗法的失望，该疗法的使用者试图解释这些患者的症状，可惜他后来没有继续深入探讨这个问题。克雷尔也特别强调治病时需要为患者营造一个氛围，在这样的氛围中，每个患者都愿意这么说，自己在治愈之前不愿意离开这个地方。克雷尔非常想把这种治疗氛围交给军方来管控。

　　绍尔和弗兰克尔都认同布洛伊尔-弗洛伊德的早期观点，他们认为神经症只是一种受压抑的情感，但不赞同弗洛伊德的后期观点，弗洛伊德认为战争神经症的原因是与性有关。他们尝试着让患者在催眠状态下释放这种受压的情感，来减缓他们的"情绪紧张"。后来，在那些治愈患者从战场上给他们寄来的信件中，他们所提倡的这种治疗方法都被证实行之有效。多年前，韦克斯伯格（Wexberg）就有理有据地坚持认为如果一个人经历了战争或创伤后身体发生了变化，那么他之所以生病不是因为这种经历或创伤的重现，而是因为他早已经是病人了。我们必须想到在对患者进行这种治疗时，由于对患者的性格知之甚少，因此有人可能会反驳我们对患者实施的治疗方法。这种对患者知之甚少并不是因为我们对患者的病因了解太少，而是患者病情的任何恶化都是由于医生采取了不科学的治疗方法造成的。我们很自然地认为，患者在这些治疗过程中透露出自己的精神生活和人生目标，这些比医生所了解到的要多得多，在这种情况下，他已经想要摆脱自己生病的状态，但这并不意味着就要否定医生所用治疗方法的实际价值。在此我还应该提出，韦克斯伯格更喜欢把医院建在患者的故乡。约洛维茨（Jalowicz）强调了在战场上很少出现神经症发作的案例。在二十五个病例中，他发现只有两例患者之前从未接受过治疗。他提请人们注意，在前线，士兵们都存在着一种战斗紧张的情绪，它不利于神经症的发展。他还展示了医生误用这种"因葬埋战友而产生心理创伤性休克"的现象。他认为，在真正地"埋葬"战友之后，他从未发现有士兵患上神经症。奥本海姆认为，个体患者有可能从假装神经症转变成真的患上神经症；约洛维茨不同意这一观点，他还警告医生不要把患者过早地送回家。然而，约洛维茨对奥本海姆的反对也只是表现出明显的反对，因为像奥本海姆一样，约洛维茨也没有真正地思考过那些病例中的神经症的起源。这些案例中神经症病症的起源往往来自个体对神经症症状的模仿。"症状易感性"确实需要为其充分的发展做大量的准备工作和安排，正如和平时期的实践所显示的那样，其中一些准备工作和安排属于病情的假装和加剧的范畴。这些通常发生在疾病的"潜伏期"，我们可以通过患者的梦境对它们进行最好的研究和预测。

佐默（Sommer）通过一种实验心理学方法治愈了士兵中出现的功能性耳聋。当患者坐在分析手指运动的仪器前，他的身后突然响起了铃声，随之他的前臂相应地动了一下，证明他已经听到了这个声音。实际上，在佐默的所有病例中，患者都有物理性损伤，例如耳鼓膜破裂。佐默发现神经症的本质在于"神经症患者会病理性地强迫自己对反射进行抑制"。这并没有解释疾病的本质，只不过用一种更含蓄的方式来描述事实。尼斯尔·维·迈恩多夫（Nissl V. Meyendorf）在对上述说法进行讨论时指出，在这些失聪士兵的案例中，他们很可能真的能听到。我们可以认为，佐默方法的治疗效果类似于通过以下方式得到的结果：对新的病例进行详细检查之后，以"不存在此类疾病"这样的诊断驳回这些新病例，实际上根本就没有对患者进行治疗。伊姆霍弗（Imhofer）指出，在揭露那些装聋的个体时，我们会遇到非常多的困难：我们需要投入大量的时间，还需要进行持续的观察。在某些病例中，我们还需要一位特别有独创性的医生来帮忙。患者的器官整体构成和既往病史都是很重要的因素，但对耳鼓膜进行麻醉不是必须考虑的因素。然而，在静态条件下从患者器官中获得的信息才是很重要的因素，而且我们还需要运用真正的听障心理学参与治疗。此外，我们还要考虑患者的智力水平。

埃里希·斯特恩（Erich Stern）发现精神神经症的发病机理包括"精神神经症个体因素的不稳定性，以及由此发展出整个心理的不稳定平衡"。

斯特鲁姆佩尔（Struempel）对两组功能性神经疾病的患者进行了区分：第一组患者的疾病与意识状态毫无关系，第二组患者的疾病与意识状态的变化有关。第一组患者中患有癫痫症、舞蹈病、子痫[1]、肌无力、手足抽搐症、三叉神经痛和偏头痛，他称这些病症为躯体功能性神经症。他发现很难将蜱虫吸血时引起的身体震颤、肌阵挛和血管舒缩的分泌性创伤性神经症（vasomotor secretory traumatic neuroses）进行归类。与功能丧失有关的临床表现，例如退行性反应、瞳孔反射性僵硬、反射缺失以及疾病的病理性增强等，所有这些都向我们表明身体的震颤、肌阵挛和血管舒缩的分泌性创伤性神经症都是真正的器质性疾病。然而，它们也可能具有心因性起源的因素，这些因素包括易怒症状、特征性麻醉、半麻醉以及可能引起疾病发作的心理暗示。斯特鲁姆佩尔所做的这种划分可能在某些方面进行的解析过于详细，例如，对反射增强的重视以及对反射区的延伸，心因性战争神经症患者身上经常表现出反射区的延伸，特别是患者会表现出潜意识中习得的痉挛。几乎每个观察者都观察到了这个事实。

罗特（Rothe）建议以禁欲主义作为对抗口吃的一种办法。想到大多数治疗方法经常失败，所以我们认为禁欲主义疗法确实是一个有趣的观点。罗特正在试图探究患者的心理转变，他坚信"禁欲者的口吃是命运强加给患者的考验，而这个人必须通过培养冷静的性格来证明自己是有价值的"，否则这一疾病的根源仍然是未知的，如果口吃能消失的话，这种情况也只是在医生不知情的情况下发生的。

斯特茨（Stertz）强调正常的情感辐射及其癔症的表现。我们将情感辐射视为生理层面而非心理层面的反应。癔症的反应

---

[1] 子痫是在子痫前期（先兆子痫）的基础上，病情进一步发展而形成的疾病状态。子痫患者发病时会出现全身抽搐、牙关紧闭、短时间内意识丧失等表现，尤其会出现上肢肌肉的紧张。——译者注

类型与同步的器官变化无关，它是一种特定倾向的产物。像夏尔科（Charcot）和布罗伊尔一样，斯特茨在"催眠状态"中发现了引起疾病发作的另一个原因。固着的倾向是心理病理学的一个普遍原则，而癔症性情结可能在个体没有欲望、没有希望、没有期盼和没有恐惧的情况下存在。然而，就像抚恤金和战争癔症（pension and war-hysteria）的病例所显示的那样，如果这些癔症性情结确实存在，那么它们就形成了癔症疾病不断滋生的能量源，而且永不枯竭。如果明显地反对癔症的"不稳定性"及其症状的固着，那么它们是否代表了一种普遍的倾向，以及何时使用其中的一种或另一种疗法才行之有效，斯特茨根本没有对这些问题进行深入考虑，也没有提及自己是通过什么疗法成功地排除了癔症患者的"明确目标"；另一方面，他认为"抚恤金和战争癔症"的概念与"实际上的位置"（actual position）的概念很相近。赞格（Zangger）认为可以通过改善患者的性格以及磨炼患者的思维能力来治愈他们的神经症。尽管迪布瓦（Dubois）没有提供任何有分量的理由，但是他有力地抨击了弗洛伊德学派的"转换"概念。他认为"所有可观察到的神经紊乱都是一种情绪性的情境（emotional situation）在情绪和生理方面的一般表现，这种情绪性的情境只是在强度和固着程度上与正常的情境不同而已"。这在某种程度上是正确的，因为我们从未真正感知到生理方面以外的任何表现。即使在最微不足道的意义上，人们之所以使用"转换"这个概念，是因为他们假设存在着生理能量的转换，并且把这个转换的存在归功于医生把每一种偏离了自己标准的反应都当作一种转换。舒斯特（Schuster）通过忽略个体实用主义反应的存在，得出了一个结论：在那些功能出现永久性或暂时性病理变化的案例中，患者的解剖基础在某种程度上已经与正常人的解剖基础不一样了。

在诺恩提出的治疗方法中，他只关注了如何缓解患者的症状。他的方法也适用于军官，因为这种治疗方法具有巨大的修复患者病症的能力。但他很少能够使患者完全恢复到重新上战场的状态。患者接受治疗的主要价值在于证明其完全可以不用领取伤残抚恤金。在四十二个新病例中，二十六个患者已经能够从事全职的工作，十六个患者虽然受到病痛的困扰，但能够履行部分任务，其中有两个患者的病症得到控制后又复发。原来的考夫曼方法在这里已经转变为一种劝说方法（persuasion method），并且辅以感应电疗法。

施特拉塞尔（Strasser）认为："我们可以将一切从人类想象力中创造性地发展出来的东西，都用于治疗功能性的情绪性疾病或神经症性疾病的症候群之中。我们大体上可以将每一种心理活动都看作个体对未来所做的预期准备。我们的研究结果表明，心理事件的最终方向确实存在于每一种神经症中，但人们喜欢将这个最终走向归之于'抚恤金癔症'。与创造过程本身一样，关于某物已被创造出来的信念也能够以同样的方式在功能方面产生影响。'创伤'具有把个人的责任感推到一边的能力。人体可以通过许多途径从健康状态进入患有神经症疾病的状态，其实每个个体都会以某种形式在身体里保存着一些这样的途径，它要么是作为一段经历的回忆，要么是形成某种保护的机制。从个体心理学的角度来看，我们必须认识到，在每一种神经症的背后都隐藏着一位怯懦者，这种人由于无法适应大多数人的想法，于是表现出一种咄咄逼人的态度，他的疾病症状是以神经症疾病的方式表现出来的。我们需要找到正确的治疗方法来解决他的社会责任和个人责任之间的根本冲突。"

　　战争神经症加速了人们对神经症心理学中基本问题的讨论。我们对现有数据的进一步研究得到的结果与关于这一主题的大量文献相结合，很可能形成一种与个体心理学观点类似的综合观点。

第25章　脊髓发育不良或器官缺陷

　　在《器官缺陷及其心理补偿的研究》中，我已经证实与泌尿系统相关的所有病理变化（无论是功能性的，还是形态学的）都与器官和神经的上层结构的遗传缺陷有关。这种缺陷往往是潜在的，但器官产生的缺陷在某种程度上是可以得到补偿的。这些缺陷往往会影响疾病的整个过程。

　　我在文中指出，患者最明显的表现是疾病的遗传特征，以及在患者家庭中出现这样的现象：不孕不育、视力衰退、反应能力异常等，总之，从器官缺陷的症状之一遗尿开始，我能够证明患者的其他症状都与遗尿有关。据我统计，当时出现了五十个病例，但自那以后这种病例大大增加，因此我顺利地完成了研究，证明了器官缺陷的统一性和排他性。

　　在我的研究中，疾病的节段缺陷（segment inferiority）是一个重要的因素。在遗尿症的病例中，节段缺陷表现为下肢的遗传性异常，而且我们在下肢的患处发现那里长有痣、神经纤维瘤和血管瘤。

　　现在我最关心的是用上述患者的器官缺陷，以及神经上层结构的发育不全或发育不良的倾向（disposition）来代替患者"性格"的概念，以便通过上述节段缺陷症状的临床表现来进一步证明我们的病例研究。

我的研究工作涵盖了患者整个有机体的异常和疾病，并且我总结了在器官缺陷理论中所得出的结论，还证明了这种器官缺陷理论适用于整个有机系统，由于这个结论是研究的基础，所以我们都应重视它。它可以反复证明，器官缺陷是由遗传因素造成的，影响患者的整个器官及其神经的上层结构，但只在某些地方显现了出来。我在文中多处都有这样的描述："我们必须坚持认为，已经描述过的多器官缺陷同时发生的现象延伸到中枢神经系统的各个部位和神经束，一个器官的效率通常和大自然赋予那些与相关器官相连的特定神经束的效率成正比，这些神经束从器官中接收到刺激，并向器官传递脉冲。"该文的附录增加了泌尿系统的缺陷、遗尿症患者的病史、患者的家谱等内容。我在其中写道："在此，只粗略地说明一下我是如何以遗尿症为手段，将研究开始集中到器官缺陷的症状表现上，并通过具体的病例来证明中枢神经系统和性器官同时都有缺陷。"我在后面还写道："我们发现天生有缺陷的心理运动的上层结构与那个对周围环境反应不足的器官（膀胱）有关……"以上引用以及我这篇文章的全部目的都是为了证明，在患者的有机体及其神经上层结构的某些特定位置上，缺陷可能会在形态和功能上表现出来。

阿尔弗雷德·福克斯（Alfred Fuchs）在《骨髓增生异常》（*Myelodysplasie*）中提出了这样的观点："到目前为止，还有一种可能性，几种甚至多种疾病所显示的影像似乎暗示了功能性神经症是由神经症引起的，并可以追溯到脊髓下部器官的先天性发育不全或发育不良。"他的观点让人们开始关注我描述过的那种相互关系，从他的这些研究中得出的结论，与我在经过大量的实验研究之后得出的结论完全相同。福克斯由此提出了骨髓增生异常综合征的六组影响因素：

第一组：括约肌无力，特别是成人的夜尿症。

第二组：并趾畸形症状。在讨论过程中，福克斯又提到了一些其他的症状，如按照人体的结构顺序出现的先天性色素沉着，从第六脊椎骨一直延伸至骶骨中部；腰部多毛症和扁平足等。

第三组：感觉能力障碍。

第四组：脊柱和骶骨下部的缺陷；隐性脊柱裂的初期症状；福克斯推测患者存在着多余的骶骨，以及腰椎下部的变形等。

第五组：反应能力异常。

第六组：足部骨骼结构出现畸形，以及脚趾部的营养和血管运动紊乱。

在前文中，我已经讨论了第一组症状和其他的一些儿童缺陷，其中有一章专门讨论了这些缺陷。我认为这些缺陷明显属于缺陷器官系统的适应症，并得出这样的结论："如果儿童的遗传缺陷也出现在他们的父母、兄弟姐妹以及未来的子女身上，它可能与特定的器官缺陷有关。"福克斯已经证明了成人和儿童的遗尿症都有同等的研究价值，我就不必再费事去证明我们在这一点上拥有相似的观点。因此，我的结论也不需要进一步的证明。但是作为一个例子，我给出的建议是患者有机系统的其他部位，而不仅仅只是相关的神经束处，可能都有缺陷的迹象和病症。在一项肾结石病的研究中，我证明了肾结石与遗尿症有关，因此我在文章中的观点是正确的。我主张泌尿系统的大部分疾病都与器官遗传缺陷有关，而这种缺陷是以遗尿症的形式表现出来的。一些其他的缺陷迹象也出现了，例如后来经过耶勒（Jehle）等科学家证实腰椎的异常为"脊柱前凸引起的蛋白尿症"，其中遗忘性遗尿症是一种严重的疾病。我提出遗尿症和其他同类型的缺陷症状都与脊髓痨有联系，我在随后的一些病例中将证明这一点。我之前曾指出，H.施莱辛格（H.Schlesinger）和伊斯雷尔（Israel）也做过类似的调查研究，施莱辛格认为遗尿症是肾结石症与脊髓空洞症和脊髓痨的一种并发症，而伊斯雷尔则认为它是肾脏异位和脑积水的并发症。

现在的问题是，骨髓发育不良是否真的像福克斯认为的那样构成了"病原学的一个影响因素"，而遗尿症是否真的可以让我们追根溯源到"（患者）很可能是脊髓下部先天性发育不全或发育不良"；或者另一方面，正如我一开始提出的，患者的遗尿症不能证明患者在泌尿系统和神经上层结构整体的胚胎存在功能性障碍。由于这个问题与我的观点背道而驰，尽管主要观点可以在我早期的文献中找到，但我还是想简单地谈一谈。为了支持单独通过心理干预获得治疗效果，我首先要提到的是，[1]很多医生将心理干预应用于患者的治疗过程中，并取得了实际的成功，福克斯也提供了有效的案例。同样我们可以证明，尽管各种疾病症状存在着明显的一致性，但在遗尿症的病程中，往往发生多次转变，患者会出现尿频、排尿困难、过度补偿引起（尿）潴留，最后还会出现膀胱排尿异常。所有这些临床表现一个接着一个的出现，都是由心理原因造成的。为了使事实符合福克斯的理论，我们有必要将遗尿症这种常见疾病所呈现的清晰图景，看作是由于某些脊髓异常而导致的，这种异常总是会有同样的临床表现。这种假设被一个患者的症状所推翻，一位脊髓积水的患者从来没有出现过遗尿症。因此，我和福克斯后来假设的患者各种器官的发

---

[1] 保罗·费德恩（Paul Federn）在很多病例中观察到环境的变化是如何抑制遗尿症的。

育不全会引起遗尿症，实际上都是毫无根据的。

更加合理的观点来自器官缺陷学说，根据这个学说，遗尿症表明患者发育早期的功能障碍和有机系统的功能缺陷。在患者的器官本身、传入和传出的神经束，以及中枢神经的上层结构中，我们同样也可能发现其他的缺陷形态学迹象都与遗尿症有关。

正常身体每出现一次异常的现象都可能成为患者发病的原因，并呈现各种疾病症状，只不过没有形成遗尿综合征。"然而，根据我们的前提条件，器质性神经疾病只是局部器官缺陷导致炎症或退行性病变的特殊症状。"

至于第二点并趾畸形，像福克斯认为的那样，我只把它看作是许多周围神经末梢退化的明显体征之一，从这些体征可以推断出患者下肢的功能缺陷。它与泌尿系统（以及生殖系统和消化系统）的器官缺陷有关。我在《器官缺陷及其心理补偿的研究》中强调过，并趾畸形是由于泌尿器官相邻节段的退变所造成的。周围神经末梢退化性症状就像儿童的器官缺陷，表明了患者身上存在着器官的缺陷，以及与之相连的器官上层结构的缺陷。"如果（在患者的器官系统中）有任何胚胎发育停滞的体征延伸到肢体，而且科学家在患者的肢体上也检测到有胚胎发育停滞的症状，就表明并趾畸形是以周围神经末梢退化性症状的形式出现的。"福克斯的功劳在于他发现了一种最常见的退化体征。在这个病例里，虽然我们有理由谈论各器官的协调能力，正如我提到福克斯的第一组影响因素一样，然而，像福克斯在他的结论中所说的那样，我们没有权力谈论这种并发症状，也没有权力把并趾畸形视为骨髓发育不良的一种疾病症状。如果这真的是并发症的话，那么福克斯认为这些退行性指征和皮肤上的斑痕应该被解释为器官缺陷的周围神经末梢的体征，而且这些体征属于患者的器官缺陷。这跟我的观点一致，而我发现的并趾畸形现象确实也证实了这个观点。

我已经指出了下肢的退行性症状伴有遗尿症，现在再次回到这个主题，做一些简短的讨论。

在《器官缺陷及其心理补偿的研究》一书中，我特别强调了痣和其他血管异常的重要性，而且我还认为痣和其他血管异常都与它们节段相连的器官出现缺陷的体征有关。

根据上述理论，皮肤外部的一些疾病体症，如痣、血管瘤、毛细血管扩张和神经纤维瘤都与各自的内脏器官的节段相连，因此它们的存在表明了器官节段的缺陷（一种节段性缺陷）。按照福克斯的说法，这并不能说明痣是由于脊髓的异常而产生的，这只是表明它是一种皮肤外部协调性的器官缺陷。

我在相当多的病例中观察到，这些症状经常出现在缺陷器官或病变器官的区域内，偶尔会纵向移位。我也证实了这一点，这些联系适用于泌尿器官缺陷的病例里。在我之后，罗伯特·弗兰克[1]（Robert Frank）呼吁人们注意在这些泌尿器官缺陷的病例中找到了肺结核的迹象，但他做出了不同的解释。约瑟夫·乌尔巴赫[2]（Josef Uhrbach）在脊髓痨的骨骼和关节疾病的研究中提出了"痣理论"，他也接受了我的观点，并推断出由于存在器官缺陷的迹象（如背部和腹部的痣、膝内翻和静脉扩张等），患者也存在脊髓痨关节病的易感性。西格蒙德·施泰纳（Sigmund Steiner）用大量的病例重新验证了我的结论，最后证实了我的观点，对于大多数脊柱异常的患者来说，施泰纳都证明了有痣的存在，在脊柱弯曲的病例中，这一事实也有力地证实了脊柱的遗传

---

[1] 发表于1908年的《慕尼黑医学博士周刊》。

[2] 发表于《维纳临床评论》的1919年第31期和第32期。

缺陷。

在文中，我也承认并提到了遗尿综合征的其他器官缺陷迹象，如脊柱异常、扁平足、脊柱前凸多毛症、脊柱裂等。我认为骶管裂孔扩大的频率及其在伦琴射线（即X射线）照射下的图像表现，为我们了解器官缺陷的相关知识提供了有价值的贡献。在这个病例中，既不能否认存在并发症状，也不能否认其独立性，我们认为它是把骨髓增生异常称为痣的一种症状，反之亦然。

我刚刚谈到第三点，是器官缺陷中的感觉能力障碍。我们认为感觉能力障碍与头部有关，并试图将感觉异常性股痛与泌尿器官功能的缺陷联系起来。帕尔斯（Pals）早期研究泌尿器官缺陷时发现，患者同时伴有感觉异常性股痛。这一发现使我们有可能将这种疾病纳入研究范围，这就是我目前所能提供的关于这个观点的全部资料。根据福克斯的说法，患者下肢的"麻木感"是与其遗尿综合征密切相关的症状，这无疑扩展了我们在这个棘手领域里的知识建构。福克斯将其解释为"器质性脊柱症状"，这仅仅反映了作者的观点，这种"麻木感"既有可能是大脑器官缺陷的表现，也可能是大脑周围神经器官缺陷的表现，它代表了一种定性的异常，或者是在骨骼和皮肤异常的类比中出现的形态上的多样化。我们从这种敏感性的测试中得出的结论既依赖于患者的遗尿症，也依赖于患者的大脑训练和儿童器官缺陷的整个病程。我们认为最终的结论是，感觉能力障碍的解决方法总是取决于大脑的补偿，也有理由假设大脑缺陷是所有器官缺陷表现的基础，因此，它也是任何协调性遗尿症的基础。在关于感觉器官缺陷的讨论中，我曾指出，器官缺陷的症状是在缺少部分知觉的情况下，通过"中断游离性感觉"和增强的感知能力显露出来的。其中后者可以理解为一种补偿倾向，有时会产生过度的补偿，有时也会产生艺术性的能力。[1]这些解释令人质疑任何直接按照骨髓异常增生，甚至按照感觉能力障碍进行治疗的病例，但是这些解释却证明了我们将这种"症状"与其他的症状相协调的研究方法是合理的。这种感知的症状（如色盲）是基于周围神经系统的缺陷。类似的周围神经系统的斑痕症状也明显地存在于其他的感觉器官上，我们应该将感觉能力障碍与出现在道德性精神错乱的患者身上的这些不良的、神经质的和广泛的超感觉症状放在同一水平上进行研究讨论。

第四点是骶管开口的持续性——我在《器官缺陷及其心理补偿的研究》中称之为脊柱裂的迹象，这也是福克斯报告的基本观点。根据我的观点，骶管开口属于节段性缺陷的症状范畴，它们保留了个体存在的合理性，与脊椎性骨髓的缺陷无关。我经常会遇到患者腰椎异常和身体姿态怪异的病例，有时会发现与肾脏疾病（如肾结石）有关。如果我们想要公正地讨论脊柱的结构与骨髓效率的一致性这一概念的起源问题，就必须追溯到最早的治疗疾病疼痛的医学史。福克斯对骨裂缝异常频率的观察研究，增加了器官缺陷的数量，尽管有些表现在他看来并不是真正的器官缺陷迹象。

关于第五点，请参考《器官缺陷及其心理补偿的研究》中第4章《作为缺陷迹象的反射异常》，在一个器官系统缺陷的病例中，由于缺少某些临床表现，这就代表患者的"运动机能不全，相应的各腺体分泌物产生的不足，最重要的是各种器官的反射作用发育不全，甚至根本没有发育，然而，这些也可能意味着患者

---

[1] 以色盲人士为例，某些人虽然患有色盲症，但还是著名的画家。这种感知症状（色盲）是基于周围神经器官的缺陷，同样可以证明在其他感觉器官中也存在类似的周围神经系统的斑痕。

身上会出现相反的疾病症状，即运动机能亢奋、分泌过度和反射增强"。我想再次提醒大家注意患者的反射机制的缺陷问题，包括器官缺陷和童年缺陷的问题，如遗尿症、眨眼、口吃、呕吐等症状。我们发现患者出现与遗尿症相关的括约肌痉挛，"括约肌反射增加"（一种反射缺陷）和常见的弗洛伊德内收肌现象，这些都代表患者得了偏肌强直症。遗传反射机制的消失取决于周围神经系统的神经束延伸，即脊柱骨髓和大脑中的周围神经系统的神经束延伸。虽然（甲状腺和上皮细胞的）毒性影响是多种器官缺陷的附属品，但是我们不能像对脊髓和大脑的对称补偿或不对称的补偿那样，把它们简单地排除掉。因此，形态学的改变可能被我们视为患者最初身体协调的斑痕，在某些情况下能够引起疾病"症状"。除此之外，胚胎特征在反射异常中也占据主导的地位，正如我在与器官缺陷相关的腭部反射变化的病例中所展示的那样。

第六点是有关下肢的器官缺陷迹象。除了我已经说过的，还有患者的双腿不等长的疾病。与上述器官缺陷相比，福克斯所提到的畸形，如扁平足和足内外翻，不再与"脊髓症状"有关。

我在《器官缺陷及其心理补偿的研究》中对遗尿症的特点作了评论，我想简要地引用一下，不仅是为了表明它们与福克斯的结论存在着一致性，而且也表明它们之间的分歧：

"我必须强调遗尿症患者身体上发现的节段性器官缺陷。我虽然没有过分强调在患者的肾脏上方、膀胱或腹股沟处出现的痣或神经纤维瘤的皮肤异常现象，但是我会强调器官缺陷对整个臀部背侧的影响。患者在排尿、排便和排出精液时出现了困难，我们经常可以通过一些治疗方法让患者战胜困难，还可以使用过度补偿来解决这些问题。这些很明显是与腰椎部位的脊髓缺陷有关。下肢的疾病症状基本上都涉及器官缺陷的问题。这一问题对于治疗脊髓痨、坐骨神经痛、大便失禁，以及对有遗尿症家族病史的患者具有重要的意义。这些病症都与脊柱密切相关，患者可能患有脊柱裂或下肢发育畸形，如两腿不一样长，或膝关节有问题。"

我再提一句，福克斯提出了神经症的神经质理论，因为我自己也曾经亲身经历过同样的阶段，所以我坚信遗尿症是其他童年器官缺陷的基础，然而，我的研究发现促使我开始考虑大脑的同步缺陷，因此，我还证明了患者童年时期的器官缺陷是他们"尚未成功地克服周围末梢神经和中枢神经系统存在缺陷的标志"。按照这一思想，随后我跟踪考察了神经症患者的表现，得出了这样的结论："患者的神经症和精神神经症的所有临床表现都可以追溯到其身体的器官缺陷、尚未取得成功的集中补偿的程度和性质，以及补偿障碍的出现。"因此，我得出的结论是，在每一个病例中，患者的遗尿症都是由器官缺陷以及神经上层结构的缺陷造成的，而补偿会诱导大脑缺陷中出现一种"精神高度紧张的状态，因此患者容易患上神经症"。[1]这些结论得到了一些人的认可，我们可以在奥托·格罗斯[2]（Otto Gross）的作品中看到相关内容。他从一个较为局限的角度出发，对安东（Anton）的研究工作进行了追踪，并得出结论："在患者的体质性变态中，补偿性规则受到了直接的干扰，事实上，在患者整个大脑的代偿性占有，以及它执行代偿性超活动的能力之间，甚至可能缺乏任何的联系。"

---

[1] 参见《自卑与超越》中的《神经症的倾向》。

[2] 维也纳的布劳穆勒著的《关于精神病患者的自卑感》（*Ueber Psychopathische Minderwertigkeiten*）。

　　我再次强调，患者的神经症症状会优先攻击身上的缺陷器官及其心理的上层结构，[1]据我所知，这些症状能够恢复童年的缺陷，或涉及精神分析学派所共有的假设。我坚决反对将遗尿症完全纳入神经症范畴的主张，这是布雷斯劳学派（the Breslau school）的一项主要成就。当然，我们不能断言这个布雷斯劳学派"具有某种思辨的倾向"。[2]

---

[1] 参见《自卑与超越》中的《生命和神经症的攻击本能》。

[2] 从那时起，许多科学家支持我的观点，反对福克斯在一些细节上的不同意见，尤其是J.扎佩特（J. Zappert）（发表于《维也纳临床周刊》1920年第22期）。

第26章　个体心理学的教育

（1918年在苏黎世医师协会上发表的演讲）

从神经专科医生的治疗角度来看，完全、彻底地理解教育问题的巨大重要性，以及每位医生在一定程度上掌握这些问题的必要性，具有极其重要的意义。医生必须特别了解人性，我们知道，如果医生对人性缺乏了解，或者未能掌握一些教育的手段，就无法处理好医患关系这个至关重要的问题。正是基于这种态度和对医生角色的诠释，魏尔肖[1]（Virchow）医生总结道："医生最终会成为人类的教育工作者。"

医学和教育学问题在我们这个时代已经变得非常尖锐，而且短时间内必将变得更加尖锐。我们有必要在涉及的所有问题上达成某种一致的意见，并从宏观角度来看这些问题，这两个领域的工作有重叠之处，但没有完全重合。

如果我们只询问教育的目的是什么，所有涉及的问题肯定都属于医学的范畴。对儿童进行教育，培养他们成为遵守道德规范的个体，并且让他们服务于社会，这是每位医生不言而喻的人生前提。我们也可以要求医生的一切行动、应对措施和各种治疗

---

[1] 鲁道夫·魏尔肖（Rudolf L.K. Virchow，1821—1902），德国病理学家、政治家和社会改革家。1843年获柏林大学医学博士。他为疾病的病理学诊断和病理学本身的发展做出了举世公认的划时代的重大贡献，被誉为"病理学之父"。1858年他的《细胞病理学》出版，成为医学的经典。——译者注

策略都符合这一目标。教育的直接方向永远掌握在教育者、教师和父母的手中，我们可以假定他们熟悉患者身上出现的问题和困难，但只有医生能真正走入患者的内心深处，因为他们必须从患者精神生活的病理关系中发掘出问题的根源。我要特别强调一个事实：医生不可能在短时间内熟悉并掌握这么多领域的知识，除非这么多领域的内容能够达成统一的概念，否则医生只能简单地谈及某些问题，而更广泛的讨论有待未来的几代人去完成。虽然如此，医生必须了解个体心理学中有意义的观点。如果医生没有正确理解这些观点，儿童在成长过程中就会出现心理问题。

医学与教育学最密切接触的问题是心理健康和身体健康之间的关系，尽管这些健康不是医学通常意义上的健康，它们是指一个健全的身体里有一个健全的大脑思维，但其实医学中根本没有这种概念。我们经常见到身体健康的儿童和成人，但他们的心理状况一点也不健康。一个性格柔弱的儿童要想达到其他身体正常发育的儿童所期望的健康状态，即便有可能成功，也会困难重重。我们以天生消化系统不良的儿童为例，他们从出生的第一天起，就受到最细心、最体贴的照顾，因此，这些儿童显然是在充满爱的环境中长大的，他们会发现自己总是受到保护，他们的行为被各种各样的命令和禁止所指导和限制。因为食物的重要性被明显夸大，所以他们学会了重视，甚至高估了食品的营养问题，以及自身的消化问题。这些问题正是有消化问题的儿童在成长过程中遇到的困难，有经验的医生已经熟知这一事实。有人提出，当儿童遇到以上问题时，他们一定会变得紧张不安，但我们怀疑这种明显的强迫是否存在。然而，生活中的"敌对"思想确实严重影响到营养不良的儿童的心灵，使他们对世界抱着一种不友善的悲观态度。他们意识到自己被剥夺了一定的权利之后，会要求周围的人对其重要性给予更多的保证，因而他们变得更加自负，很容易远离同伴，因为他们常常发现自己所处的环境存在着某种敌对的因素。

儿童被一种巨大的诱惑所困扰，这种诱惑来自他们与环境的关系、他们对学校的态度，以及由于胃肠道的虚弱所引起的身体的强烈不适，他们就想通过证明自己确实生病了，来获得补偿性的优势。例如，他们会养成一些特殊的性情让大家来善待自己。从很小的时候起，他们就习惯了让别人为自己排忧解难，对他们来说，绝不可能只靠自己解决生活中的问题。就算生活中遇到危险，他们也拒绝付出更大的努力。当他们自己去解决问题时，他们所展现出的勇气和自信几乎能动摇到生活的根基，这种态度会一直持续到晚年。要想把一个十年、十五年或二十年来一直被家人娇养放纵、弱不更事的孩子，改变成我们这个时代所要求的具有首创性、进取心和自信心的勇敢者，简直是痴心妄想。

当然，这类人对社会造成的危害实际上比我们所看到的要大得多，我们不仅要医治患有胃肠虚弱的儿童，还要医治那些先天性器官缺陷的儿童，如感官缺陷等，如果不医治，最终的结果就是他们更难在社会上生存下来。我们经常在传记文学或患者身上发现这样的难题。在这种病例中，医生不仅要关注儿童的心理教育问题，还要竭尽全力用某种补救方法或治疗方法去修正他们身上存在的这些缺陷，使孩子在成长初期不再重蹈覆辙。如果我们认识到，在治疗中不仅要处理儿童身上存在的永久性缺陷，还要处理儿童遇到的大大小小的困难，那么必须牢记一点：我们一定要积极努力地修补儿童的先天性器官缺陷。但是，在生活中，个体的心理可能永远存在着一种软弱感，使得他们无法适应社会。因为儿童自己会在不同程度上努力做出一些补偿和纠正，所以他们的病情会变得异常复杂。只有少数儿童能够成功地获得完全的补偿，大多数儿童会尝试着以某种方式消除自己与健康儿童之间的差异。为了弥补自己的缺陷，他们要么努力学习，取得好成绩，要么强化自己的主动性和心理力量。

在这些病例中，我们发现儿童都有明显的性格缺陷，这些缺陷给他们的生活造成了极大的困惑，例如，他们的心理特别敏感，生活中总会遇到各种冲突，所以我们必须记住，在处理患者日常生活中无法轻松解决的问题时，绝不能掉以轻心，否则他们心理上就会出现更大的问题。

其实我们很难理解儿童的心理存在着多么大的痛苦和紧张，如果我们假定那些对社会无益的人，他们的心理习惯是与生俱来的，那么我们就很容易理解那些对社会无益之人的心理习惯。儿童生病和这个疾病的事实对于儿童来说，比我们通常想象的要重要得多。任何人如果从这个角度研究儿童心理，他们很快就会发现对于儿童来说，生病是他们生命中非常重要的经历。在几乎所有的儿童病例中，生病似乎并没有增加儿童的心理问题，反而缓解了他们的心理痛苦，甚至成为他们在家里或在学校变得更加温和，以及获取某种权力和优势的手段。

很多儿童认为自己一直都有病，总觉得自己很虚弱。在所有这些病例中，症状的持续无法用任何医学知识来解释，这足以说明儿童想要利用自己的疾病来突显自己，以便让周围人都能认识到他在家中的优势地位和重要性。例如，在那些得了百日咳的儿童中，当他们已经痊愈了很长一段时间后，仍然有一些还会出现类似的咳嗽症状，我们发现这些孩子在用这种生病的手段来吓唬家人，因此，在这种情况下，医生有必要使用教育手段对这些儿童进行干预。

　　另一方面，也有一些家长和教育工作者持相反的意见，他们对待生病的儿童非常严厉，甚至到了残忍的地步，或者至少他们给儿童留下了非常严厉的坏印象。

　　生活是如此的多样化，它能够弥补教育工作者在处理这些儿童问题时出现的失误。然而，如果一个人在没有爱的环境中度过自己的童年时代，那么即使到了耄耋之年，我们也能从他身上看到那些没有得到过关爱的迹象。他总是怀疑周围的人，认为他们对自己的态度很不友善，他会把自己与他人隔绝开来，和他们互不来往。我们常常将这类人的表现归因于无爱的童年，他们的这种行为似乎产生了某种不可抗拒的力量。很显然，因为父母的严苛要求，所以他们一定不会对周围人产生任何信任，而且对待别人的态度冷淡，甚至还会对自己的能力产生怀疑。因此，在这样的家庭环境下长大的儿童，更容易患上神经症和精神类疾病。因为在这样的环境中，总是有些人的身上会表现出一些令人不安的疾病特征。这些人要么是由于缺乏对疾病的了解，要么是出于内心阴暗的意念，最终的结果是他们毒害了儿童幼小的心灵。在这些病例中，除了医生，几乎没有人能够改变这些儿童所处的环境，于是医生采取了一些措施，包括建议儿童的父母换个地方住，或者对儿童及其家长进行长期的心理疏导。

　　然而，只有通过对个体进行更深入的了解，我们才会发现儿童疾病中存在某些复杂性。一旦我们掌握了这些复杂的情况，就会对个体的病情有非常清晰的认识。

　　例如，在儿童的心理发展过程中，我们发现家中老大和老二或老幺之间存在着根本性的差异，独生子女的个性特征也很容易描述出来。在只有男孩或只有女孩的家庭，和在只有一个女孩或只有一个男孩的多孩家庭中，这些家庭中的孩子都能用明确的方式表达自己的思想，正是基于这些事实和他们在家庭中所处的位置，孩子们形成了其独特的人生态度。通常情况下，我们可以根据一个孩子的行为来判断他是家中的老大还是老幺。我发现老大通常比较保守，他总是考虑在家里拥有的权力，并且深知权力的意义，所以他会表现出一定的社交能力。举个例子，冯塔纳[1]（Fontane）在自传中写到，如果有人能解释清楚他总是愿意站在强者一边的缘由，他愿意付给这人很多的报酬。我也由此推断出，冯塔纳一定是家中的长子，他认为自己比弟弟妹妹们都优越，这是他不可侵犯的权力。

至于老二，他的哥哥姐姐或弟弟妹妹比他干活干得多、地位也更高，通常也拥有更大的行动自由。如果老二在生活上要想有任何发展，他必定会有一个不断努力超过哥哥的目标，这样他将会不断地努力工作，好像开足了马力，全速前进。事实上，在很大程度上，老二通常容易患上躁动不安的神经症，而长子通常会心不甘、情不愿地容忍这个竞争对手。

家中老幺的态度可能最明显、最突出，在他们身上可以看到冷淡矜持和犹豫不决的态度，就好像他们根本不相信自己能做成一些值得称赞的事情。如果做出了值得夸赞的事情，他们却会认为别人已经看到自己做的事情，那也没有什么可夸耀的，或认为别人也能做出同样的事情。这样的人很容易让人认为，他们要做的就是保持最初就有的稳定局面。他身边总是有比他更能干的人，他只交结那些比自己更重要的人。而另一方面，他通常能得

---

[1] 亨利·特奥多尔·冯塔纳（Theodor Fontane, 1819—1898），19世纪德国杰出的批判现实主义作家。早年就对文学产生强烈的兴趣，曾参加过柏林剧作社并发表诗作，1850年开始以写作为职业，后来当过民谣诗人。1876年任德国艺术科学院秘书。他的作品很多，其中有长短篇小说，也有自传。——译者注

到周围所有人给予的爱和温柔，但他从来不想付出任何回报。他认为自己没有必要发展这方面的能力，而且他自然而然是这个圈子的中心。这样我们就很容易理解，他的这种行为对整个身心的成长所造成的伤害，因为他不付出，只期望别人为他做任何事情。家中排行老幺的孩子也有属于这一种类型，即"约瑟[1]型"（Joseph type），他们一直不停地向前行，他们的积极主动性常常超越所有的正常人（昆斯塔特医生的观点），最终成为开路先锋。无论是在《圣经》还是其他童话故事中，我们读到的一般都是家长会给老幺最好的礼物，如神奇的靴子等。

在众多兄弟环绕下长大的家中唯一女孩，其行为举止也值得研究。我们观察到她出现过很多次紧张的情绪，于是我们就假设，可能她会出现一种异常的态度，但是，我在此不谈论最终得到的结果。这个女孩从小就清楚地知道，她的天性与男孩完全不同，有很多事情她永远都不能做，因为这些都是男孩与生俱来的权利，也可以说是男孩的特权。在这种情况下，我们很难用表扬或溺爱来取代那些禁止她去做的事情，因为我们在这里所关心的是她的情感价值，对于女孩来说，它代表着某些必不可少的、无法替代的东西。女孩在成长过程中，总是受到外界的干扰，她每走一步都会接到来自外界或家庭的一些命令和指示。在这样的女孩身上，我们发现她对他人的批评特别敏感，她不断地努力着想要表现出自己坚强的一面，想要远离所有的不良习惯，同时又担

---

[1] 约瑟是《圣经》中雅各与拉结所生的儿子，因父亲的偏爱，赐给他一件华美的彩衣，因而遭到众兄弟的嫉恨，17岁那年他被哥哥们用计卖到埃及当奴隶，后来因为他给埃及法老解梦而得到重用，30岁当上埃及的宰相。任职期间，凭借管理能力让埃及仓满粮足。当时他的故乡迦南遭遇饥荒，哥哥们来埃及籴粮，于是弟兄相认而和解，随后他接父亲与众兄弟家人到埃及居住。他与众兄弟被称为以色列十二支派的始祖。——译者注

心被人发现自己在家中的地位是那么的微不足道。这样女孩将来有可能会成为神经症患者。

　　这些特点同样出现在家中只有一个男孩的病例中。在这样的家里，这种反差似乎更大，男孩通常享有特权，但是他的姐妹们会齐心协力共同对付唯一的兄弟。男孩经常遭受姐妹们的折磨，他常常感觉自己好像落在巨大的魔爪之中。他说的每一句话都带有姐妹们的印记，从来没有人认真地对待过他，他身上具有的良好品质遭到姐妹们的责难，缺点被突显放大出来，结果这个男孩常常会失去自控力和自信心，他在生活中的表现通常也很差。后来，见到他的人都会说他好逸恶劳、无精打采，然而，这只是一种外在的表象，他出现了器质性的病态异常，这种症状是由于他对生活充满了恐惧。有一点我们要记住，我们所面对的是那些要么对自己失去信心的人，要么是那些有可能对自己失去信心的人。这样的男孩会习惯性地畏缩不前，他们害怕被人取笑，即使没有任何道理可言，他们很快就会放弃所有的工作，学会消磨时光，人也变得意志消沉。在兄妹一起长大的家庭，孩子们经常会遇到同样的困难。

　　医生需要考虑的另一个重点是如何向孩子们解释性别的问题。由于孩子们去的托儿所不同，个体的身体状况不同，以及成长的环境也不同，目前针对性别的问题，我们还没有一个统一的答案。然而，有一点我们应该记住，如果孩子们长时间不知道自己的性别角色，会很容易受到不公正的待遇。让人奇怪的是，这类事情经常发生。患者经常告诉我，他们都十岁了，还不确定自己是哪种性别。在患者的整个成长过程中，他们似乎不像其他人，出生的时候就知道自己是男孩或女孩，也不像其他人一样正常地成长发育。我们在患者所有的行为中都能察觉到，这些想法给他们来了巨大的不确定性。女孩遇到的事情也是如此。有些女孩长到八九岁、十岁、十二岁甚至十四岁，都不确定自己的性别，她们总认为自己仍然会以某种方式变成男人，相关主题的文献对这种现象有过许多论述。在一定程度上，我们的研究也支持了这个事实。

我们了解到，在这些病例中，患者身上正常的生长发育都受到了干扰。童年的岁月都被人为地用来改变了她们的性别角色，以便让她们沿着男性化的路线去成长，避免因为女性身份而做出任何导致失败的决定。她们沉迷于那些自命不凡且夸张的男性行为，我们可以轻易看出或推断出她们对自己天生是女性的本质产生了不确定性。女孩常常采取一种男性化的态度，并且强迫自己在整个生活的环境中表现出一种具有男孩特性的举止行为。她们喜欢到处嬉闹，不仅喜欢玩男孩们酷爱的疯狂但不会伤害自己的游戏，并且是以仿佛受到某种约束而想要表现出强烈抗争的方式去玩这些游戏。她们一直都愿意这样玩，甚至较早的时候连父母都认为她们有这些病态的特性。同样地，男孩们也表现出好像被某种疯狂的想法所控制，但是，他们会从自己所遇到的各种艰难险阻中学习到有益的经验教训，通常很快就会从疯狂的游戏中停下来，开始摇摆不定、患得患失，或者把注意力转向女孩。然而，男孩和女孩会对性欲开始觉醒，表现出不自然的、往往是变态的特质，与他们对待其他问题的态度非常一致。

现在我来谈一下，通常人们所认为的孩子们身上叛逆行为的某些表现形式。医生认为孩子们身上的各种疾病是叛逆的迹象，于是把大量的疾病现象归结为孩子们的叛逆行为。正是出于这些结论，医生常观察到孩子们的叛逆行为包括拒绝进食，甚至包括与排便、排尿等有关的行为。我们发现，在孩子们的遗尿症的病理症状中，或者还有一些我们无法解释或无法确定的便秘的病理症状中，孩子的行为表现出他们的这种反叛行为，这些反叛行为通常都是因为孩子们根深蒂固的叛逆心理，他们希望利用一切机会摆脱遭受到的各种强迫，因为他们觉得任何形式的暴力都是一种侵犯和羞辱。当拒绝周围环境的要求时，他们能够获得一种满足感，似乎这是衡量他们在生活中是否举足轻重的一个标准，我们把它解释为叛逆的标准。如果我们要想检验这个标准，非常简单，因为我们总能发现他们其他的叛逆迹象。同样的道理也适用于他们身上的一些无恶意的坏习惯，比如挖鼻孔、流鼻涕和啃指甲。这些坏习惯清楚地表明孩子们的成长过程和发展方向都与社会需求背道而驰。反对这种观点的不乏其人，因为孩子们的疾病症状几乎都是他们身体里这些机能低下所导致的。

当我们研究儿童选择职业的问题时，发现他们在职业选择的本质上会有各种各样的转变，我们跟踪并研究了他们择业的整个过程，这是一件非常有趣的事情。例如，在一个小女孩的病例中，她的理想职业先后从公主、舞者到教师等连续转变了几次，最后多少有点儿无奈地变成了家庭主妇。我们经常发现，对于成年的子女来说，他们的职业选择是由自己的愿望所决定的，而这些职业通常都与其父亲的期望恰好相反。当然，他们的这种对立做法自然不会直接地表现出来，因为他们合理明智的选择最终还是会受到周围客观压力的限制。他们会特别强调某一种职业的优点，同时也会清楚地突显另一种职业的缺点，这样，我们就有可能对他们提出的每一个观点发表赞成或反对的意见。同样，我们在研究他们的病症时必须明确考虑到他们的这种态度。但从另一个角度来看，医生既要考虑患者对这个职业提出的建议，同时也要考虑到他对这个职业的实际选择态度。我们必须首先以患者对自己身体状况的了解作为做出诊断的指导思想；另一方面，我们还要意识到患者的心理因素同样重要。在某些特殊的情况下，这一点可能是更本质的原因。

当然，对每个身体生病的个体来说，医生对每一位患有神经症或精神病的患者进行追踪治疗，直至其病情得到改善或身体得到痊愈，这绝不是一项很轻松的任务，而是一个既费时又费力的治疗过程，因此，我们明确提出要把注意力从治疗转到预防措施上。目前我们已经获得足够多的有利证据，例如，我们一直在努力通过教育父母和医生来达到预防先于治疗的目的。然而，鉴于目前与道德沦丧有关的神经症和精神病患者人数急剧增加，我们必须付出更大的努力来完成这项任务。也许我们要做的第一件事就是将对人的了解以及通过个体心理学获得的教育理念传播给大众，然后运用到医学治疗上，如此一来，所有人都能以自己的力量和一切可能的方式来帮助医疗工作者。因为个体在生长发育的过程中表现出的精神异常，一开始似乎只是小的坏习惯，但是后来这些小的坏习惯有可能会引起神经症类的疾病，或者甚至会严重到违法犯罪。

第27章　卖淫的个体心理学

一、批判性观察者的前提和立场

　　就像在科学研究中一样，在现实生活中我们不断地发现，对最简单和最重要的问题的讨论往往变得徒劳无益，因为我们选择和决定支持或反对某一立场时，往往是从个人的主观偏见和未经证实的角度出发。这不是因为对手有敏锐的感知，而是他有广泛的兴趣，这种兴趣使他能够提出批评或驳倒批评、提供数据和统计资料、评价或提出新的观点。无论我们表示自己多么客观，或者多么希望保持这种客观性，首先给予我们验证和讨论的科学资格，对个人态度进行有意识的批判，以及通过个人视角对每一种利弊进行评价，同样也为我们发展自己的行业提供了系统的可能性。如果我们没有认识到这一点，那么整个探索精神就会在一定程度上原地打转，人们会认为它最初所假定的东西，在现实生活中只是代表着一个结论。在统计学中，如何倾向性地利用各种方法来达到这一目的，已经有足够多的评论。

　　为了明确界定我们的调查范围，我想指出，我所说的妓女指的是利用自己的性交易来谋生的女性个体。从人类亲属关系的角度来看，卖淫是一种基于以下事实的职业，即卖淫不要求性行为者承担任何责任和后果，而是把它与交易相提并论，视其为货币的等价物。

从这个概念可以进一步得出一个明确的推论，至少在未来的一段时间里，社会已经迫使两性之间的交往有了明确的形式，并使它们与某些经过考证的责任联系在一起，这些责任被认为是社会生存所必需和有用的。婚姻关系的维系似乎成为大家认可的形式。如果我们指出这种自愿接受的强迫行为容易形成友谊，建立家庭，那么我们就很容易理解，为什么性交易及其产生的后果都不言而喻地被视为社会的需要，而社会正试图通过这些方法来维护其存在。

这种观察法与历史、法律和社会学的研究完全一致，事实上，它是我们能够理解卖淫所涉及的道德问题的唯一途径，这是一个至今仍未解决的老问题，为什么一个能容忍和助长这种现象的社会却始终把它当作一种不光彩的事情，甚至惩治它？从我们的观点来看，我们坚持认为社会从卖淫中找到了一种出路、一个特殊的出口来摆脱它所面临的困境，许多群体认为他们必须接受这一渠道，因为这似乎与他们所谓的某些目标背道而驰，而这些目标又有不同的导向，他们发现有必要将其置于道德禁令之下。

二、公众与卖淫

在最糟糕的意义上，两种相互对立的社会倾向分别会谴责和助长卖淫，使卖淫既有形态又有变化方式。作为与我们的社会结构相适应的一种折中，我们发现公开卖淫的心理状态对于许多人来说就是一种大众现象，这似乎是一种特殊的现象，个体对这个问题的态度主要取决于他们对最初问题的立场，即这些人在多大程度上肯定或否认现有社会中存在的某些影响。个体对卖淫所采取的立场，会让我们更好地了解他对社会需求的态度和社会的适应程度，而不是主动用言语所表达出来的。一般来说，那些衣食无忧、踌躇满志的资产阶级会把卖淫当作合法婚姻的调和剂，这在他们的宇宙观中被看作一个"不言而喻"的预设。凡是持保守观点、一心要维持家庭状况的人，特别是那些旨在巩固和增加人口的人，自然会认识到卖淫的弊端。另一方面，如果有破坏家庭关系的趋势，就其性质和重要性而言，卖淫反而会得到更多的同情，甚至可能使它进一步地发展。

这些不同类型的个体很难区分或理解卖淫这一社会现象，因此，如果我们不自觉地强调它与社会问题的关系，那么卖淫就可能在整个社会中消失。事实上，在所有这类调查中，我们都必须确定妓女对社会采取的立场，而不是她们可能发表的任何个人的声明。我们非常有必要深入研究她们对异性的态度，因为她们对卖淫所持有的态度直接取决于她们的社会立场。

到目前为止，我们对所有卖淫观察者的错误预设进行了查验，主要包括三种偏见，每一种偏见在其实际后果的检验下，都得出毫无价值的、无益的，甚至有害的看法。

第一类人包括那些对世界怀有敌意的作家、观察员和非专业人员。换句话说，他们都是悲观主义者，不再关心社会文化的进步，与其的生活态度相对应的是，他们从未真正地理解过这种生活的态度，他们的这种态度实际表现在情感历程上。他们只看到卖淫是现实生活腐烂的另一个证据，强调所谓的"必要之恶"，而且只强调问题的邪恶方面。他们坚持认为人性先天缺陷，以敌对的态度来强调人类的一切努力都是徒劳无益的。有时，那些伪装成伦理、道德或宗教批评的暴力谴责取代了这种站不住脚的迷信观念。但是，如果大家注意到前面提出的观点，我们对卖淫采取的立场是依赖和基于对先前问题的解决办法，即我们对待社会的态度，那么就会发现，我们所有表达的方式都只运用于以前有些偏见的观点，然而世界上所有的道德说教都无法消除卖淫，甚至武力也无法做到。但是，一旦认识到人类社会需要卖淫这种形式，我们就会从自身内部创造出这种形式的卖淫，并且某些因素发挥了促进作用，可是其他因素则会对它加以阻挠或谴责，这样我们就能够理解所有抗议卖淫的主张都是徒劳的原因。迄今为止，我们所采取的法律措施和社会的一般道德与这一折中的政策非常一致。

　　然而，无论如何客观地看待卖淫的性质，我们总会发现，它只能源于人类的环境中，而在这种环境中，妇女被认为是满足性欲的一种工具，或者仅仅是男人手中的尤物或玩物，它与卖淫这个事实并不矛盾。换句话说，卖淫只能发生在以满足男人性欲为目的的文明社会里。因此，女权主义者和妇女参政议政者认为卖淫是对妇女的一种侮辱，并反对卖淫，这样我们更容易理解她们的观点。这个观点中有一种无意识的预设，其目的就是反抗和破坏现有的社会秩序和男性特权，我们对这种观点持同情的态度，在上面已经讨论过。

　　由于卖淫和性病有着不可分割的联系，我们预料那些关心公共卫生、下层社会和民族主义的人会坚决反对卖淫行为的继续存在。在一些人口较少的国家，这些人的不懈努力尤其明显，因为这些小国仍在花费大量的精力来增加人口的数量，以保证其继续存在。如果我们研究这样一个群体中的个体与现有环境的关系，还将发现其中有些人，虽然人数不多，但却证实了他们想要努力实现社会生活的根本转变。

　　如果有人问哪种文化历史能够完全接受卖淫，我们将在那些圈子中找到答案，而那些圈中之人则认为目前的社会文明受益于卖淫，所以不愿改变这一社会现象。这是一个由庞大阶层组成的圈子，被人浪漫地戏称为腓力斯丁人[1]。由于他们中大多数是城市居民，其主张就成了当局政府部门的意见，因此，他们对待卖淫就好像它是一种不变的法规条文，只不过是增加了与性病斗争的部分而已。在这群人中，也有许多医生和父亲，他们希望孩子们不要拥有太强烈的情感，而对于青年人沉迷于习惯性的性交，他们却认为是青年人的某种恋物癖，甚至还鼓动他们去找妓女。

然而，这些支持者同样也表现出对妓女的蔑视。事实上，他们甚至建议对妓女的非人道待遇可以运用到与其所进行的性交之中，因此，他们最真实地反映出一种文明社会的受众心态，这种文明无法让人理解。这种有辱人格的卖淫行为体现出其目的，就是阻碍社会文明的发展。

尽管如此，总有一些人的心理特质是渴求卖淫的。我们可以无视上述的医生和那些父母，他们认为自己在引导青年人走最省力的人生之路，同时避免了青年人出现更多的矛盾心理。在我们看来，这些人的尝试也是徒劳无益的，青年人刚刚走过了童年时代，他们渴望证明自己已经进入青春时代，他们有权力去嫖妓。然而，我们已经从三个不同的男人群体的心理特质中发现了更清晰的元素，所有这些人都与卖淫有过密切的接触，只有当我们掌握了这些人的个体心理后，才能理解其中所涉及的心理问题。

三、与卖淫有关的组织

下面我们要讨论的是三类群体：

第一类：那些需要妓女的人。这些人拥有非常大的群体，是

---

[1] 腓力斯丁人，居住在地中海东南沿岸的古代居民，被称为"海上民族"，意指市侩、平庸之人。——译者注

一种明确的神经症类型，我已在《论神经症性格》和《同性恋问题》两篇论文中详细描述过。我现在只作一些简要说明。

这些人表面的态度往往非常相似。在这些人当中，有的很容易大发脾气，并且对权力有强烈的欲望。这些人在调整自己适应社会时，在一定程度上表现出极大的不耐烦和超敏感性。同时，他们还有明显的预防措施，通常他们会选择安全的职业，非常明显地表现出对他人的不信任，因此他们永远无法与人友好相处。他们的病理状态和嫉妒心理相当明显，有时他们感到自己被迫接受公职。总的来说，他们常常借助欺骗的手段、采用阴谋诡计和提高个人威望的策略来完成自己的任务。他们也会因为一时的失算而建立起家庭，对待妻子和孩子非常严厉，通常不顾及别人的感受，和家人不断地争吵，总是对他们不满意，最终又会回到妓女的身边。另一方面，他们可能把妻子当作妓女，每一次遇到困难时，要么逃避困难，要么试图用诡计来规避困难。他们人生的全部目标似乎是获得廉价的胜利，并非常心安理得地接受一些原则的指导，而这些原则就是让他人犯错误。他们总在抱怨别人，对别人品头论足，他们的性格跟我们最初描述的差不多。然而，他们对社会的拒绝，甚至对卖淫的排斥，比前一部分中的第一类人更为明显。他们的不满情绪延展到普通的女性身上，他们就像那些极力反对女权主义者的人一样，认为女性低人一等，女人是他们达到目的的一种手段。他们利用女性，因为女性无力反抗，所以他们才能最佳地展现自己的男性优越感。正是这种类型的男人觉得自己需要妓女，并包养着妓女。我们发现，在这些个体的精神生活中，性本能至高无上的信念非常突出，尽管这种信念常常伪装在相当怪异或所谓的科学的外衣之下。实际上，虽然我们尚未确定个体人生的真正动机，但他的思想和行动都体现出一些潜在的假设。一旦他的男性情绪发作，也只能是为了逃避生活中的巨大困难，以便轻而易举地战胜那些天生或注定低人一等的女人。人们发现明确支持卖淫的那群人都属于出身良好家庭的人，他们往往被描述为"道德上疯狂"和无可救药的一类人。但根据我们的经验，他们确实属于上述群体，即由于潜在的敏感和狂傲而逃避生活要求的那一群人。由于自己的不稳定性，他们更愿意接受道德的谴责，而不是在诚实的询问上表现出个人的失败。这些人与那些觉得自己被迫去嫖妓的人之间的本质联系，将会在以后变得更加明显。显然，那些嗜酒如命的酒鬼对妓女来说，有相当大的吸引力，因为他们像我们一直在讨论的这一群人一样，同样渴望自己对生活做出一点点妥协，乐于为自己没有履行职责找到好的借口，并且成为推卸所有重责的高手。有犯罪倾向的一些人往往表现出同样的卖淫倾向。我们发现，犯罪倾向的根源在于他们更喜欢逃避，一旦遇到生活中的重大问题，他们会选择逃避问题，并以自己的方式来解决问题，但这是违反社会法律的。某些形式的神经症和精神病与卖淫之间存在着一种特别密切的联系，我们从他们疾病的症状可以看到，这些个体都有自卑感、缺乏自信、病态地渴望成功、逃避责任、钟爱奇思妙想与实践，以提升自己的自尊，就像他们征服了一个女人，即使为此付出巨大的代价也在所不惜。他们会寻找没有教养的妻子，甚至是妓女，这样他们就不再对女人有恐惧感，永远可以满足自己的统治欲。

　　毫无疑问，在那些络绎不绝前往妓院的访客中，除这些明确界定的类型之外，我们还发现了其他类型的人。我们应该记住，偶尔的和短暂的造访可能会让一些不同类型的人建立起一种关系，在这种关系中，强烈的自卑感可能会夺走那种快速、轻易获得的满足感。同样，一个不太适应这个角色的女孩也有可能成为妓女。在这些病例中，患者都努力地去建立其他的社会关系，这些行为也表现得相当明显。但是，不是这些人，而是数量非常庞大的那些人需要妓女的性服务，从制度的层面上构成了卖淫业的支柱。

第二类：老鸨。如果我们认定了老鸨的基本心理特征，是这些人证明了卖淫与民众行为之间的关系，这样人们就会同意我们的观点。因为这些老鸨缺乏社会情感，只想着自己可以不劳而获，轻松获得利益，于是她们就利用女性作为达到目的的手段，进而可以轻易满足自己权力的意愿。这类人对卖淫业的维护与支持是无法测算的。老鸨主要负责调停妓女与嫖客之间发生的争端，她们或皮条客将那些有可能成为妓女的女孩子引上卖淫的道路，培养女孩子的床上技巧，扼杀掉她的最后一点羞耻感。如果让女孩子自己决定是否从事这一行业，她通常都会犹豫不决，拿不定主意。这些老鸨与嫖客具有同样的心理，这一点很明显，因为这两种人的奋斗目标都是想从事不需要费心费力的职业，但是她们与罪犯之间的差异通常很小。那些软弱、敏感的人会突然出现酗酒和暴力倾向，我们通常认为这些是对名利欲望不满足的补偿行为。老鸨对社会充满了批判，将其视为对立面，甚至要进行彻底的变革，她们坚持认为自己承担着拯救妓女和保护妓女的重要作用，这也有力地证明了她们想扮演伟人的愿望。老鸨背负着法庭对其所施行的惩罚，就像决斗者必须承受决斗中的创伤一样，她们觉得自己得到了回报，同时也得到了安慰，因为她们从自己当老鸨的这个卖淫业的圈子里获得越来越多的尊重和钦佩。因此，她们为自己获得并构建了一个远离严酷现实、虚构的、主观的世界，这个世界能够公正地对待她们的病态渴望并满足她们的权力意志。所以，如果我们强调她们与"神经质"的患者之间有一定的联系，我希望人们不要误解我们。总之，这样的调查研究清楚地揭示了那些老鸨的心理特质。

第三类：妓女。关于卖淫的动机有几种常见的观点，但几乎都没有什么有用的心理学数据。有人认为贫穷和不幸是卖淫的决定性原因，这个观点是站不住脚的。因为上面所述的这种假设并不能说明什么样的生活方式易于让女孩子沦为妓女；或者说，她们处于什么程度的贫困才有可能去当妓女？如果是这样的话，我想我们一定低估了——我在这里不涉及道德或品质的问题——人们多么厌恶妓女这一类人所引起的社会羞辱。这种错误分析的背后可能是一种可悲的情况，在这种情况下，女孩经常会在担忧和贫穷的双重压力下，将自己的贞操暂时或长久地出卖给她所遇到的第一个人，她根本没有考虑过自己的喜好和意愿，或者也可能考虑过这些问题。这些女孩和甘心情愿做妓女的人之间是有差异的，职业妓女对自己这份工作一直非常专注用心，这就使她们变得富有，于是，她们会积极努力地继续从事自己的工作。是什么样的牢固枷锁把这些人固定在这种职业上呢？商人从做生意中获得的难道不是同样的满足感吗？这难道不是所有人都想拥有的对威望的渴求吗？同样的"扩张趋势"，但在那些我们习惯称之为"神经质"的人群身上，不正是如此吗？在前一部分内容中，我们描述了一些人不顾一切地去嫖妓或成为老鸨，并且表明了他们利用这些欺骗性的热情去逃避权力和虚构的幻想。这些老鸨通过非正常的工作表现反映出她们对社会正常要求的恐惧，这些要求一直遭到她们的拒绝，她们认为自己缺乏能力去满足社会的期望，最后只有通过性关系，不引起人们的注意，这样她们就能获得高度人格的主观感觉。这种自我充实是建立在对完美男子气概的强烈幻想之上，这种观点已经有人提出过。如果有可能在妓女的构成上找到同样的心理动机，会怎么样呢？如果仅仅是这些事实让一个女孩子愿意卖淫，并指引她走上卖淫的道路，那又会怎么样呢？

在开始讨论这些问题并给出答案之前，我先说一下另一个广为传播的关于妓女心理构成的理论，并说明它不能成立的理由。当然，如果无知的非专业人员希望忠实地履行自己的社会义务，他们会把自己所谴责的妓女描绘成一个欲望的无底深渊、一个永远充满激情的个体，这些人的观点是可以原谅的，然而，如果这个结论出自专业的科学家，那就只能说明他们粗心大意，盲目地做出结论。但是，由于这一概念经常出现在科学专著中，经常与隆布罗索关于卖淫遗传性的不真实的调查结果交织在一起，我们必须指出妓女在从事卖淫活动时完全缺乏激情，当然，如果她们沉溺于一段真正的爱情或经常陷入与同性之间的恋爱关系时，她们会充满激情。我们可以说只有在最后一种关系中，她的性取向才能真正表现出来，而且会经常以变态的形式充分表达厌恶自己的女性角色。当她从事卖淫活动时，她扮演着女人的角色，只是为了轻易地欺骗她的嫖客，因为她离自己的角色相去甚远，她不过是一个肉体的卖家，没有任何的情感。这样，当男人需要妓女时，他认为自己比女人更优越。而妓女只知晓自己的商业魅力、需求本质，以及金钱价值，所以，妓女同样也会贬低男人的地位，并且认为卖淫不过是自己的谋生手段，因此，这两个人都通过虚构的方式获得了各自虚幻的个体优越感。

认识到这一点，我们就更加接近上述问题的关键点，将性交易转变为货币等值交易的大胆想法，同上述卖淫行为一样，都是卖淫的一个特点。就像男人嫖妓一样，他们获得虚构的胜利、不断地体现出自己地位的重要性，是构成卖淫这个行业一直存在且不可改变的原因，这也正是所有参与卖淫这一行业的人的主要动机。

然而，将女性的肉体和灵魂这一不可剥夺的功能转化为金钱的想法，只会存在于那些心理生活中女性自卑的预设根深蒂固的人身上。这体现在所有的社交形式和每个妓女的演变之中。这些女孩从小就已经堕落，她们觉得自己是"优秀男人"的受害者，而侵害她的男人仍然是受人尊敬的"嫖客"，她却遭到社会唾骂。因此，那时候女人期待一个男人被认为是一种弱点，是一种敌人，还是一种致命的欺骗，同时她们也会尝试着模仿男人，想要拥有一份职业，并抛弃所有女性的观念和道德，对此我们一点儿都不奇怪。但是，这些对于天真幼稚的女人具有强大的吸引力，由于女孩的过往经历或许让她们认为男人在家里没有多大作用，反而是她们自己的女性角色、婚姻生活，以及母亲的身份得到了强化，她们对社会的期望如果能够得到满足，那么卖淫这种现象就不可能出现。每个长期从事妓女职业的女人都有一个共同的特点，那就是通过卖淫获得一条生活出路，但是卖淫也让她们名誉扫地。她们曾经尝试着去当女佣、家庭教师或职场女性，但都是徒劳一场，没有人雇佣她们，于是她们才开始卖淫。然而，她们所梦想的事情总是"主动"男人的，而不是"被动"女人的。

卖淫现象之所以在社会上继续发展，最根本的原因就是人们普遍接受了"优秀男性"人生观中那些有害的思想。这种思想也渗透到潜在妓女的家庭生活中，父亲会行使专横残暴的权力，并把妻子和母亲变成自己所期待进行性行为的女人，这样的方式就将家中男孩的地位提升到了令人羡慕的高度，因此女孩会觉得女性气质对自己来说，简直就是一种耻辱和责备，自信心会不断地减少。通常情况下，一个不老练的嫖客会遇到一个毫无抵抗力、羞涩软弱的女孩子，而她对男人充满了恐惧，或者她是在对自己女性命运的困惑与愤怒中长大的，那么她可能因为同样的原因——反抗父母对自己的限制——也就无法在正常的人生路上长大成人，再加上她从事卖淫这一行业，所以她更加无法茁壮成长。然而，她们这样的结果值得我们认真研究。她总结出的人生哲理并非总是以纠正错误为目的，而是为了加强自卑感、对自己力量的不信任感，以及对自己女性角色的恐惧感。现在，卖淫这条看似宽阔而舒适的道路，就摆在她的眼前，如果她选择了它，在那里，她可以陶醉于各种活动，比如，她可以拒绝社会的任何要求，逃避一切难以实现的目标，但是她也会直面男性活动带来的各种压力和不安。卖淫这条路注定了她一生都声名狼藉，而且会把她从一种绝对虚无的感觉中拉回现实来。在我们看来，这个解释可能是不正确的，但是，你可以亲自去问妓女和老鸨！

第四部分　卖淫与社会

研究问题的循环到此已经完成了。现今，我们看到人类社会仍然无法以严苛的方式对卖淫提出任何要求，或者社会也无法使这些要求得到满足。由于女性的存在，所有这一切都变得更加复杂，因为害怕生活中的艰难困苦而畏缩不前，她们也尝试着寻找更加惬意的生活出路。此外，加上我们这个世界现存的这种文明，越来越多的人把人类的所有理想与国际市场的贸易形式混为一谈。我们看到这种文明的受害者（妓女）却把卖淫视为一种社会的必需品，她们认为卖淫填补了正常社会生活中的一个空白。妓女在被社会接纳的同时，也遭到人们的唾弃，直至走向死亡。

第28章　坏小孩

（1920年4月发表的演讲）

第一次世界大战爆发后，随之而来的一系列问题中，青少年的道德沦丧问题可能更为明显。大家都注意到了这种道德败坏现象，许多人对此感到惶恐不安。官方公布的统计数字足以引起人们的重视，让我们驻足思考这一现象。我们会发现自己认识到这一现象所造成的危害，只是其中的一小部分，而数月乃至数年后这些危害仍会潜移默化地影响许多人。直至最后，我们将要面对的不仅有道德沦丧的坏人，还有影响力极大的犯罪分子。这些统计出的数字简直骇人听闻，而那些从未列入统计中的数字会更令人震惊。在个体成长的早期阶段，大多数的道德败坏事件常发生在家庭内部，人们采取了某些措施，希望能日益改善这一现象。尽管道德败坏的青少年有许多犯罪的行为，对家庭造成了很大的伤害，但是他们的这些行为却被掩饰过去，未能受到法律或青少年法庭的直接惩处，没有让罪魁祸首受到法律的制裁，因此他们的本质没有发生任何细微的改变。虽然我们完全没必要因为年轻人所犯的错误和违法行为而对他们不抱任何希望，但是在解决这些问题时，考虑到人们普遍的不理解以及缺乏解决问题的方法，所以我们不能乐观地看待这些问题。即便如此，我们应该指出一点，在一个人的成长过程中，尤其是在青少年时期，不是每件事都能沿着理想的路线行进，仍然会出现偏离正道的情况。如果我们回到青少年时代，回到年轻的同伴身边，就会发现自己在那个时期曾经犯过许多错误，甚至是犯罪，但是我们这些孩子后来都能长大，成为有些能力的人，甚至成为杰出的人。我做了一个粗略的总结，也许能让大家了解青少年犯罪行为向周围蔓延多么迅速。我偶尔也会在学校里用非常巧妙的方法进行一些调查研究，避免伤害到其他人。学生们在一张纸上不用写出他们的名字，只需回答下列问题：你曾经撒过谎或偷过东西吗？结果表明：所有的孩子都承认自己曾有过小偷小摸的行为，其中最有趣的一个插曲是，一位女教师也参与了答题活动，她回忆起小时候曾经偷过东西。现在让我们注意一下这个问题的复杂性！一个孩子的父亲可能是和蔼可亲、聪明睿智的，他知道如何与孩子达成谅解，并且在许多情况下，他都可能获得成功。另一个孩子可能也做过同样的错事，然而，也许他做得更笨拙、更引人注目或更明目张胆一些，他会立即感受到来自家规的压力，他的脑海中也会留下深刻的印象，并且确信自己就是一名罪犯。这样，我们就不会感到惊讶了，惩罚性质的不同与家长所采用的措施不同之间存在着的关联。最糟糕的教育方法就是告诉一个孩子，他将永远一事无成，他天生就是罪犯。虽然也有一些科学家在犯罪学中谈及犯罪具有家族的遗传性，但"天生是罪犯"的观念基本属于迷信范畴。由此，我们已经认识到了这一点，德国目前的教育体系没有任何方法可以控制道德败坏发展的初期或后期阶段。对此我们不会感到惊讶，因为我们现在所关心的是儿童心理生活的问题。但是，能理解这一问题的人太少了。

一般来说，当我们谈到道德败坏时，通常会认为它发生在个体开始上学的时候。然而，专家级观察员可能会指出在一系列案件中，违法行为是在上学前就存在的。我们不可能总是把道德败坏归因于教育出了问题。我们必须告知父母，无论他们多么谨慎小心，他们可能忽视了来自其他圈子的影响，这对孩子的影响远远超过他们对孩子的有意识的优质教育。

在托儿所也能发现这些外部影响，代表了来自生活和环境的所有事件和条件。儿童看到父亲为了谋生而面临重重困难，这会给他留下深刻的印象。这时，他也能意识到来自生活的敌意，只是他们没有说出来而已。他会从自己幼稚的理解和经历中笨拙地建立自己的世界观。这样的世界观便成为儿童的一种评价标准，在他成长的每个阶段，他会把这个标准作为判断事物的基础，并得出相应的推论。但是，这些推论在很大程度上是错误的。现在我们正在处理的是没有任何经验的儿童问题，他的推理能力还没有得到充分发展，因而他很容易做出错误的推论。你可以想象一下：一类儿童的父母出生在贫困的家庭，受到来自社会的各种压力，这会给孩子留下多么深刻的印象；与之形成对比的另一类儿童，还没有那么明显地感觉到生活的敌意。将这两类儿童进行对比，你就可以发现外部因素给他们造成了不同的影响，你甚至可以从表情和说话方式来推断他们属于哪一种类型。这两种类型的儿童对生活的态度，以及他们表现出来的自信心和勇气也有很大的不同，这明显反映出他们的整个人生态度。第二种类型的儿童会充满善意，容易与周围的人成为朋友，因为他们不知道生活中的各种艰辛，或者他们能轻易地克服生活中的困难。我曾问过来自工人家庭的孩子最害怕什么，几乎所有的孩子都回答"害怕挨打"，换句话说，挨打在他们家里时有发生。如果儿童在害怕父亲、继父或母亲的环境中长大，那么这种恐惧感会一直持续到青春期。普通工人并不像中产阶级那样满足于所处的世界，而后者更具有胆识。这种可悲的容忍态度在很大程度上可以追溯到一个事实：儿童是在一个惧怕惩罚的生活环境中长大的，这是让儿童产生悲观情绪的最毒的药，因为它会使悲观情绪伴随儿童的一生，使他变得没有自信，而且优柔寡断。要想在长大后获得勇敢、积极的乐观态度，个体就需要花费一定的时间和精力。那些来自富裕家庭的儿童在回答最害怕什么时，通常会说最害怕做作业。这表明他们既不害怕人，也不害怕所处的环境，他们只会觉得生活中有害怕的任务和工作。这不由得让我们猜想，学校存在不合理的规条，它们没有教会儿童快乐勇敢地面对生活，反而使他们充满了恐惧。

现在让我们回到个体在上学前就表现出来的道德败坏这个问题上。我们会毫不惊讶地发现，鉴于所有导致生活恐惧、令人不安的关系会唤起个体的兴奋情绪，以及将自己的邻居想象成充满敌意的人，那么他们将会努力地去赢得声望，却不敢表现出自己是一个无足轻重的人，否则别人就会试图征服他们。鉴于这些情况，我们就不会对个体在上学前表现出道德败坏的现象感到十分惊讶。在所有的教育体系中，最重要的原则之一是，我们应该认真、平等地对待儿童，不能羞辱和取笑他们。正如弱者往往比心理和身体都处于优越地位的人更加敏感一样，儿童更容易把自己受到的对待看成是周围环境造成的压力，而且他们也确实这样认为。人们不允许儿童做的事情，孩子们却惊奇地看到自己的父母、兄弟在日常生活中经常做。这对他们影响非常大，但现在我们还无法详细地描述这种影响。那些有能力读懂儿童心理的人都必须认识到，每一个孩子都十分渴望得到权力和他人的重视。他们的自我意识正不断地增强，他们希望在每件事上都能施加自己的影响，并表现出自己的重要性。年轻人自称英雄的现象也反映出所有的人都希望获得权力。

　　我们可以很容易地解释儿童之间的差异。在一种情况下，儿童可能与父母和睦地相处；而在另一种情况下，为了避免产生一种自己一无是处、什么都干不了、完全被忽视的感觉，儿童可能会对父母产生一种敌对的态度，并对社会提出的要求产生敌意。如果儿童真的成长到这个阶段——他们意识到自己的渺小，不再那么重要——他们便会立即进入自我保护的模式。所有的孩子都会这样做，而且可能很早就出现道德败坏的迹象。我曾经遇到过一个五岁的儿童犯，她杀死了三个孩子。这个智力有些障碍的女孩曾采用以下方法"作案"：她会寻找比自己小的女孩下手，因为她住在乡下，所以她会带着"受害人"一起去玩，然后把"受害人"推入河中。直到第三个孩子遇害后，人们才发现她就是凶手。最后，人们把她送进了一家疯人院，她丝毫没有意识到自己的行为是犯罪。她大声哭喊，但是她的注意力很容易就会转到其他的话题上去。后来我们费了好大的劲才弄明白整个事情的原委和她杀人的动机。在四岁以前，她是家里唯一的女孩，而且排行老小，因此她一直受到过分的宠爱。后来，她的妹妹出生了，父母就把所有的注意力都放到刚出生的妹妹身上，因此身为姐姐的她受到了冷落，不再是父母关注的焦点。她无法忍受这样的待遇，开始憎恨妹妹。由于妹妹被悉心地保护着，也可能意识到她的所作所为会被人轻易地发现，因此她无法实施杀人计划。于是，她把自己的仇恨泛化，并转移到所有比自己小的女孩身上，她把所有这些女孩都视为自己潜在的敌人。在这些女孩身上，她都看到了自己妹妹的身影，正是由于妹妹的缘故，她不再受宠。在这种心理的驱使下，她产生了杀死这些女孩的冲动。人们曾经尝试着让这样的儿童在短时间内重新回到正道上，但他们的努力失败了，因为这样的儿童有时候心智不健全，而且往往比人们想象的还要严重。我们必须做好准备，为这些孩子进行长期的治疗，为此我们只有通过无数次特殊的训练，才能使他们重新参与社会生活。很多常见的病例都与心智不健全有关，但我们对此不做深究。我们必须在某种程度上把他们的行为看作生物活动，因为他们永远都不能适应人类的社会。但是大多数道德败坏的青少年没有受到任何心理自卑感的影响，相反，我们经常发现他们中的很多人天赋异禀，他们在一段时间内成长进步得相当好，并将某些能力发展到极致；不过，一旦出现问题，他们又没有能力阻止自己的生活偏离正常轨道。在每一种情况下，我们发现了同样的特质，它们会有规律地反复出现：尽管没有外部表现，但是很明显能看出儿童有远大的抱负，他们因为自己受排挤或被忽视而变得非常敏感；个体的怯懦不仅表现为畏缩不前，还表现为逃避生活以及逃避生活对他们提出的要求。我们可以从这几个为数不多的特质出发，勾勒出一幅孩子从小到大完整的生活画面。只有野心勃勃的儿童才不会被一件可能超出其能力范围的任务吓倒，在这样的孩子看来，好像选择了另外一条道路就可以掩盖自己的怯懦。这就是我们通常在学校里发现的孩子误入歧途的过程。这种道德败坏与某些已经发生或即将发生的失败有关，最初的表现是旷课。由于儿童不能明目张胆地逃学，所以我们发现，他们最开始是伪造假条，后来又开始伪造签名，但是，他们会在逃学的时候做些什么呢？他们必须找到某种消遣方式。一般来说，所有旷课的儿童，即所有被同一种命运压倒的孩子都会拉帮结派，这些小团体中的儿童通常都有极大的野心，渴望发挥自己的本领，但他们不相信自己沿着人类共同奋斗的主干道前行，就能实现自己的宏伟目标，因此他们会另寻出路，从事各种能满足自己野心的活动。我们通常会发现，某些个体确实具有领导才能，他们能够平衡好成员之间的竞争。通过模仿年长者的管理方法，他们最终制定出一套适用于坏孩子群体的行为准则。每个人对应该如何行事都有一定的想法，他们会努力地进行尝试，运用自己的聪明才智，去完成想要做的事情，以提高在同伴心目中的地位。因为非常胆怯，不相信自己能够公开地实现自己的目标，所以他们通常会利用欺骗或诈骗的手段来实现自己的目标。一旦走上了这条路，他们就没有回头路了。在偶然的情况下，心智不健全的男孩也会加入这个群体。他们会被取笑和捉弄，然后自尊心就会驱使他们付出额外的努力和行动。还有一种可能性，那就是因为已经习惯了人们对待自己的方式，即接受了专门训练，学会服从命令，所以他们的任务就变成了接受命令并执行命令。常发生这样的一种情况：有人负责策划具体的违法行为，然后由那些年轻的、没有经验的、自卑的儿童去执行这项任务。尽管人们认为有些诱惑（比如充斥暴力的书籍和电影院等）与道德沦丧有关，但直到最近它们才成为导致个体变成坏小孩的主导原因，因此我略去这些具体的诱惑。如果影剧院没有使用特殊的技巧选择放映的主题，它们就没有办法激发观众的兴趣，也无法吸引儿童。不论是犯罪片，还是侦探片都会刺激观众，从而吸引观众去增加票房。个体过度使用花招和诡计体现了他们面对生活时所表现出来的怯懦。

　　因为小团体的形成十分普遍，所以我们想到这些道德败坏的青少年时，首先想到的就是聚众闹事，但是个体的道德败坏现象也是很常见的，它不同于群体的道德沦丧。这种个体的生活类似于在前面所述的那一类人的生活，只不过他们的动机可能不同。在我们描述过的群体性道德沦丧的情况下，一旦个体遭遇到某种挫折或想象自己遭受了某种挫折，就可以预知这些个体的命运。对于单一的个体而言，道理也是如此。对于简单的人与复杂的人来说，这个规则也是通用的。儿童的自尊心受到某种冒犯，他们害怕出洋相，感到自己的权力或获得权力的意愿都有所下降，这些都会成为个体偏离主线，走上非法道路的借口。这些儿童看起来似乎是在寻找某种辅助的行动领域。此处的道德败坏常常表现为一种特殊形式的懒惰，我们既不能将这种懒惰视为遗传的特质，也不能将其视为后天习得的坏习惯，而应该把它看作个体为避免自己受到考验而采取的手段。一个懒惰的孩子总能以懒惰为借口。如果考试不及格，那么就是因为他太懒了。但是，这样的儿童宁愿把不及格归咎于懒惰，也不愿归咎于自己的无能。因此，就像一个有经验的罪犯被迫证明自己不在犯罪现场一样，儿童必须证明其所有的失败都是因为懒惰。他的懒惰掩盖了自己的失败，从某个角度来看，这样做就能保护自尊，所以他的精神状况就会得到改善。

我们知道德国学校存在的各种劣势，比如教室过于拥挤，教师缺乏正规的培训，有些教师因为收入微薄而生活拮据，对上课缺乏兴趣，所以我们很难对他们有更多的期望。然而，这些学校最大的弊端在于，学校的教师和领导普遍不重视学生的心理发展，这就是迄今为止教师和学生之间的关系比生活中其他任何地方存在的关系都更令人绝望的原因。如果一个学生犯了错误，他要么受到惩罚，要么会被扣分，这无异于一个摔伤的人去看医生，医生对他说："你骨折了，再见！"这确实不是教育的目的！总的来说，儿童努力在这些可怕的环境中成长进步，但是，什么原因造成他们在成长过程中的差距呢？儿童会继续进步，直到他们到达一个阶段。在这个阶段，他们会因为自身的缺陷而不得不停止前进。即使是最优秀的儿童，也很难取得进步，在多年积累的困难的重压下，他们痛苦不堪，无法完成其他人已经完成的任务，最后他们只能目睹自己伤痕累累、自尊心屡次受到冒犯。当我们意识到这些时，我们痛心疾首。虽然许多人都成功度过了这样一个阶段，但也有很多人选择了另外一条道路。

　　由此一来，个体的道德败坏就以群体性道德沦丧一样的方式发展起来。同样，对道德败坏的个体而言，他们更容易感受到自卑、毫无用处和羞辱。我在此向大家讲述一个案例，案例中的男孩是独生子，父母为了他的教育付出了巨大的努力。在他五岁的时候，父母不在家时常常会把柜子锁上，他就把父母的这种做法看作是对自己的侮辱，他不知从哪儿弄到了一把"万能"钥匙，把所有的柜子翻了个底朝天。这种行为为他争取了独立，他的权力意志在与父母和社会法律的对抗中表现了出来。即使到了十八岁，他仍然沉溺于家庭里面的偷窃行为，尽管父母对他的一些行为并不知情，但他们认为对男孩的所有偷窃行为都是知情的。父亲质问他："做这些事情对你有何好处？每次你偷东西的时候，我都会发现。"男孩骄傲地意识到，总有一小部分是父亲没有发现的，于是他继续偷窃，因为他坚信只要别人觉察不到，他就没有问题。这个例子展现出一种经常发生在儿童与父母之间的斗争，这种斗争的结果迫使儿童做出违反社会道德准则的行为。这样的儿童长大成年后，无疑会继续使用这种心理保护机制，为自己的错误行为找借口，从而在犯罪的时候没有任何良心上的愧疚。男孩的父亲是一个商人，虽然父亲不允许男孩去参观自己的工厂，但男孩知道父亲从事的是链条的制造。当男孩与人交谈时，他说父亲对他的抨击是不公正的，因为父亲跟自己做的事情是一样的，只不过规模更大一些。这个例子为我们提供了证据，说明环境因素对儿童有着教育性的影响，而父母却完全不了解这一点。

我再举一个工人家庭的例子。案例的主人公是一个六岁的男孩，是个私生子，亲生父亲失踪后，母亲就与现在的继父结了婚，他跟着母亲一起住在现在的家里。继父是个脾气暴躁的老头，虽然他对抚养孩子没有多大的兴趣，但他对自己的亲生女儿很有感情，他会轻抚女儿的头发，并给她买糖果吃，而男孩只能在一旁看着。一天，母亲的一大笔钱毫无缘由地丢了。不久之后，又丢了钱，这时她才发现钱竟然是自己的儿子偷走的。男孩用这笔钱买了糖果解馋，偶尔也为了炫耀而拿着糖果去跟伙伴们分享。这又是一个心理补偿的例子。男孩之所以偷钱并和伙伴们分享糖果，是因为他想取得成功，获得威望。这些偷窃行为发生过很多次，继父也没少揍他。我见过这个男孩，他全身满是鞭痕、抓痕。尽管受到了惩罚，父母希望他不再偷窃，但是正如人们预料的那样，他的偷窃行为并没有停止。的确，母亲非常粗心，所以男孩可以轻而易举地偷到东西。但是有多少母亲能在这种情况下面面俱到呢？邻村的一位老农妇曾经照看过这个男孩，她总是让男孩跟自己待在一起，偶尔还给他糖果吃。后来，当男孩的母亲结婚后，他和母亲来到了一个新的环境，他发现自己的处境比原来更差。他看到妹妹十分得宠，又有糖吃，而且妹妹不喜欢他。继父的注意力不在他这儿，而是全放在妹妹身上。尽管男孩在学校的成绩非常好，却无法吸引继父的关注。我们发现，他开始寻找敌人的时候，恰恰是他密谋做坏事的时候，这样一来，他做坏事几乎是不可避免的。在很多情况下，事实也是如此。道德败坏会让儿童实施报复行为，从而给他们带来精神上的宽慰。

　　我再强调一个事实：除了个别例子，道德败坏的个体所犯的罪行不是积极、勇敢的行为，这也表明这样的个体身上存在着怯懦的特性，他们最常表现出来的违法犯罪行为就是偷窃，而这本质上往往是怯懦的人选择的犯罪形式。

　　如果我们既希望清楚地了解儿童与社会之间的所有关系，又想了解儿童在社会中的地位，那么我们应该牢记两件事。首先，他们的野心和虚荣心表明了对权力和优越感的渴望，因此，一旦成长道路的主线出现了问题，他们就会尝试在一些辅道上获得威望。其次，他们不擅与人交往，也很难调整自己去适应社会，他们会用尸位素餐的态度面对生活，而且很少接触外部世界。有时，他们对身边人表达爱的方式只剩下毫无意义的作假或例行公事。通常情况下，他们连这一点都懒得做，他们甚至会攻击自己的家人。这类人的社会情感是有缺陷的，他们不了解与同伴交往的意义，而是把同伴视为敌人。他们总是表现出怀疑一切的特质，总是很警觉，担心有人占他们的便宜。我经常听到这样的儿童声称，他们为达目的将不择手段，即他们会不顾一切地获得优越感。他们对所有的关系都充满猜疑，因而增加了与人一起生活的难度。由于他们缺乏对自己的信任，因此怯懦的托词自然而然扩展开来。

　　我们现在要解决的问题是他们对权力的渴望，这种有缺陷的社会意识是否是由不同的原因造成的呢？我们可以肯定回答"不是"，因为它们确实代表了同一种精神状态的两个方面。如果个体渴望得到权力，那么合作一定会有痛苦，因为一个被权力欲控制的个体只会想到自己、权力以及威望，而完全不会顾及别人的感受。一旦个体能成功地培养出合作精神，那么就能保证自己不会走向道德败坏。

在这样一个道德败坏严重的时代，我不知道还能做些什么。显然，立即采取行动是正确且恰当的做法。即使在完全和平的时期，我们也很难有效地阻止道德败坏和控制犯罪。在通常情况下，我们只能实施惩罚，震慑一下大众，却不能从根本上解决问题。这样做只是让我们与道德败坏的人保持一定的距离。如果可能的话，想象一下这些人的可怕命运，他们的孤独本身必然会驱使他们犯罪，仅仅因为失去与社会的联系而成为罪犯，由此发展成为惯犯。例如，在审问过程中，把一群道德败坏的个体与他们的同类或罪犯聚集在一起，这完全是愚蠢的行为。

我们估计大概有百分之四十的犯罪活动尚未被发现，在道德败坏的人群中，未被发现的犯罪活动的比例甚至会更高。不久以前，一个年轻的杀人犯被判了刑，他的律师知道这是他的第二起谋杀案。当罪犯相互见面时，他们讨论的是自己有多少次没被抓住，这自然而然地增加了我们打击犯罪的难度，并且使罪犯鼓起勇气重新犯罪。

社会对恶行采取的态度是显而易见的，在德国，法院和警察的工作经常都毫无意义，因为他们总是把注意力集中在那些表面而非真正起根本性决定作用的问题上。为了改善这种情况，我们首先要做的就是建立一支不同以往的、更加人性化的工作人员队伍。我们应该设立一些专门机构来照顾这些道德沦丧的儿童，使他们浪子回头，而不是将他们与社会隔绝开；相反，我们要让他们更加适应这个社会。只有在我们充分了解他们的特点时，才能实现这一点。如果任何一个人（例如退休军官或副官）仅仅因为享有政治上的保护权，就被任命为这类机构的主管，那结果将是一无所成。只有一种人才能承担这些领导职位，那就是具有强烈的社会意识，并且对这些儿童有充分了解的人。我的理由是，在这个人与人之间都是敌人的文明世界，道德败坏是难以根除的毒瘤，因为道德败坏和犯罪是个体为了生存而斗争的副产品，这一点在我们整个工业化的文明中特别明显。这种斗争的阴影很早就笼罩在儿童的心灵上，破坏了他们的心理平衡，助长了他们对成为伟人的渴望，但这也让他们变得更加胆怯，并且没有能力与他人合作。

为了限制和消除这种道德败坏，我们应该设立一个治疗性的教育机构，目前这种机构尚未成立，这确实不可思议。现在，极少有人真正理解这个问题，所有能够找到方法解决这一问题的人都应该积极地参与进来。这个专门机构可以交换信息，帮助人们预防和打击犯罪行为。

此外，对于罪行较轻的案件，我们也要设立咨询性质的基层机构；对于较严重的案件，罪犯的亲属必须对其进行治疗，因为患者自己永远找不到合适的方法。

总之，教师应该熟悉个体心理学以及相关治疗性的教学方法，这样他们从一开始就能辨认出儿童道德败坏的迹象，从而为其提供有益的干预，最终巧妙地把危险扼杀在萌芽状态。我们还应建立一所示范学校，对全体教师进行实践教育。

译后记

阿尔弗雷德·阿德勒（Alfred Adler，1870—1937），奥地利精神病学家，人本主义心理学先驱，个体心理学创始人，曾追随弗洛伊德探讨神经症问题，但也是精神分析学派内部第一个反对弗洛伊德心理学体系的心理学家。

阿德勒曾先后出版《自卑与超越》《神经症的性格》《个体心理学实践与理论》《器官缺陷及其心理补偿研究》等著作，他对弗洛伊德的学说进行了改造，将精神分析由生物学定向的本我转向社会文化定向的自我心理学，为后来西方心理学的发展做出了巨大贡献。

阿德勒所谓的个体是将人放在整体论的语境中加以理解的，他认为人与人、人与社会、人与自然以及人与宇宙之间都同属于一个整体。同时，阿德勒还强调人的自主性、能动性和创造性，认为人有选择的自由和创造的力量。阿德勒在本书中的学说是以"自卑感"与"创造性自我"为中心，强调了"社会意识"，其主要概念是创造性自我、追求优越感、自卑感、心理补偿和社会兴趣。

阿德勒在其个体心理学中提出的诸多议题和概念，已经融入当今心理学的主流研究之中，如自卑感、优越感、出生顺序、教养方式、家庭教育等。阿德勒的个体心理学是一套完整的心理学理论，强调社会文化的力量与心理发展的能动性是一种辩证的整体，个体心理学的这一观点在当代心理学的"文化转向"趋势中得以体现，因此将阿德勒的原著《个体心理学实践与理论》翻译成中文，通过考察原著中阿德勒的个体心理学思想的形成过程，对于今天的心理学理论的建构以及国内心理学的发展完善有着重要的启示作用。

本书翻译之后，承蒙陕西科技大学的任慧君教授在百忙之中进行审校，在此深表感谢。同时，也对出版社各位老师为本书的出版所做的辛勤工作谨表感谢！

鉴于原书中夹杂了多种语言文字，如德语、法语、希腊语、拉丁语等，再加上译者对心理学领域的知识储备有限，在翻译过程中难免存在瑕疵和不妥，敬请专家和读者不吝指正。

谈艺喆

于陕西科技大学沁园小区